"十三五"普通高等教育本科部委级规划教材

U0189771

服装生产工艺与设备

APPAREL MANUFACTURING PROGRESS
TECHNOLOGY AND EQUIPMENT
(3th EDITION)

（第3版）

姜　蕾　汪　苏　｜　编著

国家一级出版社　　中国纺织出版社　　全国百佳图书出版单位

内 容 提 要

本书系"十三五"普通高等教育本科部委级规划教材。

本书系统阐述了服装工业化生产的过程、特点及基础理论，结合国内外服装工业生产实际，介绍批量服装生产流程、工艺技术和方法、设备的种类和应用、生产组织、计划和控制等内容；引入国际标准化组织（ISO）、国家（GB）、行业（FZ）等制定的有关服装标准，详细讲解了服装成品技术文件的制订方法。每章穿插的背景知识、相关链接、拓展阅读等栏目，可为读者扩充专业知识、开拓眼界和思路；所附思考题、练习以及课外阅读书目，可帮助读者对书中内容理解和掌握，并做到举一反三、灵活应用。

本书适合高等院校服装及其相关专业学生，以及从事服装研发、技术、生产、贸易、管理等企事业人员的培训和学习。

图书在版编目(CIP)数据

服装生产工艺与设备 / 姜蕾，汪苏编著. --3 版. -- 北京：中国纺织出版社，2019.6（2022.5重印）

"十三五"普通高等教育本科部委级规划教材

ISBN 978-7-5180-5862-4

I. ①服… II. ①姜… ②汪 III. ①服装—生产工艺—高等学校—教材 ②服装工业—生产设备—高等学校—教材 IV. ① TS941.6 ② TS941.56

中国版本图书馆 CIP 数据核字（2019）第 004741 号

策划编辑：李春奕　　责任编辑：杨　勇　　责任校对：江思飞
责任设计：何　建　　责任印制：王艳丽

中国纺织出版社出版发行
地址：北京朝阳区百子湾东里A407号楼　邮政编码：100124
销售电话：010—67004422　传真：010—87155801
http://www.c-textilep.com
E-mail:faxing@c-textilep.com
中国纺织出版社天猫旗舰店
官方微博http://weibo.com/2119887771
三河市宏盛印务有限公司印刷　各地新华书店经销
2000年4月第1版　2008年11月第2版
2019年6月第3版　2022年5月第3次印刷
开本：787×1092　1/6　印张：20
字数：346千字　定价：49.80元

第3版前言

在衣、食、住、行中，"衣"是人类生活必需品占首位的产品，其种类较为繁杂。随着生活条件的改善以及服装市场的日趋成熟，人们对"衣"的要求不断提高：在追求时尚的同时，服装产品的工艺技术和质量水平，成为消费者挑选服装时最基本的要求，对此也更为挑剔。而"衣"的质量，特别是批量生产的工业化成衣的质量，与其形成过程的每个步骤息息相关。与此同时，科技的迅猛发展，服装面辅料品种日新月异，令服装工艺和生产加工技术不断更新——更加专业化、高科技化。相应地，服装工艺技术、加工设备、产品标准等也在不断升级。

此次修订，以《服装生产工艺与设备》（第2版）为基础，依据国际、国内服装行业的发展和变化，更新了相关标准的内容；补充了大量服装生产工艺与设备方面的最新信息和资料，如智能制造、绿色生产、非机织类服装工艺特征等。尽量体现教材的专业性和前瞻性，力求与时代发展相适应，以满足社会在不同时期对服装行业人才的需求。

为与教学改革的目标相适应，教材在内容编排上更加丰富，如能开拓学生视野的背景知识、相关链接、拓展阅读、课外阅读书目等栏目；在形式上更适合教师组织教学活动，如每章附有思考题、练习题、实验等。

在编写过程中，得到中国缝制机械协会、中国服装协会、中国纺织信息中心以及部分服装企业等单位的大力支持，在此深表谢意。

由于水平有限，教材中难免出现错误和疏漏，诚心欢迎各位专家、同行、及广大读者给予批评和指正。

编著者
2018年10月

第2版前言

　　服装工艺和质量是消费者在挑选服装时最基本的要求，服装市场日益成熟使得消费者在这方面也更为挑剔。在摆脱手工作坊式加工形式之后，服装工艺水平不再仅仅依赖于作业人员的技能和经验，加工技术和设备在服装批量生产中的地位和作用逐渐凸显。

　　近年来，由于科技的迅猛发展以及服装面料、辅料品种的日益更新，服装加工工艺有了较大的变化，变得更加专业化；相应地，服装加工设备也在不断地更新换代。作为专业类教材，更应依据国际上新的行业发展状况，及时更新相关内容，使教材更能体现时代的发展、贴近企业的生产，为行业与企业服务。

　　此次教材的修订是在原教材的基础上，从教学内容与生产实践相结合的角度出发，增补了实践活动内容，使教材中既有理论知识，又有实践活动，以便让学生充分发挥自身能动性、学以致用，以满足社会对复合型人才的基本要求。与原教材相比，新版本增加了多媒体教学辅助光盘，以丰富教学内容，加大教学的信息量，提高教学的效率和直观性、生动性；同时，补充进服装生产工艺与设备方面最新的资料和信息，以体现高校教材的前瞻性和专业性，并对教材的内容做了相应的调整，增加了能开拓学生视野的相关链接、背景知识、思考题、课外阅读书目等栏目。在形式上改变了以往平铺直叙的论述，使之更适合教师组织教学活动。

　　本教材在编写过程中，得到了中国服装集团、中国服装协会、北京威克多服装公司、北京衬衫厂、英超工贸（中国）有限公司等单位的大力支持，在此深表谢意。

　　由于水平有限，教材中难免出现错误和疏漏，诚心欢迎各位专家、同行及广大读者给予批评和指正。

编著者

2008年9月

教学内容及课时安排

章/课时	课程性质/课时	节	课程内容
第一章（4 课时）	基础理论 （4 课时）	●	服装工业简介
		一	服装工业基本概念
		二	服装企业运作概况
		三	服装工业发展
第二章（8 课时）	应用理论与实践 （38 课时）	●	生产准备
		一	款式结构分析
		二	原辅材料分析与选用
		三	服装技术标准
		四	生产技术文件
第三章（6 课时）		●	裁剪工艺流程
		一	裁剪方案的制订
		二	排料划样
		三	铺料工艺与设备
		四	剪切工艺与设备
		五	验片、打号与分包
		六	黏合工序
第四章（4 课时）		●	缝纫基础知识
		一	缝纫机针
		二	缝纫线迹
		三	线接缝口
		四	非机织材料工艺特点

章/课时	课程性质/课时	节	课程内容
第五章（6课时）	应用理论与实践（38课时）	●	缝纫设备与选用
		一	缝纫设备简介
		二	通用缝纫机械
		三	装饰用、专用及特种缝纫机
		四	车缝辅助装置
第六章（8课时）	应用理论与实践（38课时）	●	缝纫生产线设计与组织
		一	缝纫生产方式
		二	缝纫流水线类型
		三	工序编制
		四	生产线布局
		五	在制品处理与传递
第七章（6课时）		●	烫整工艺流程
		一	服装的熨烫和平整
		二	成品整理与包装
		三	服装成品检验

注 所标课时数不包括学生参观、实践及实验课程，各院校应根据条件配备一定学时的参观实践环节。

目录

基础理论——

服装工业简介

课题名称：服装工业简介

课题内容：服装工业基本概念

服装企业运作概况

服装工业发展

课题时间：4课时

训练目的：引导学生将以往所学有关单件服装加工的知识与工业
化批量生产联系起来，了解单件服装制作与批量服装
生产之间的区别。使学生建立服装批量生产模式、服
装产业与产业链等概念。

教学要求：1. 让学生掌握服装加工的主要途径、方法以及各种加
工途径的特点。

2. 让学生了解服装工业化生产流程所经过的步骤和周
期，认识服装产业链各环节。

3. 让学生对国内服装业现状及发展有一定的认识和
理解。

课前准备：阅读与纺织—服装产业及其发展相关的报刊、杂志和
书籍。

第一章 服装工业简介

第一节 服装工业基本概念

本节主题：

1. 服装生产工业化进程。

2. 纺织—服装产业链概念。

3. 服装业的快速反应计划。

一、服装生产工业化进程

从提高劳动生产效率的角度看，服装生产方式的演变是历史的必然。例如，一件男式西服若交由名牌店铺定做，其实际缝制时间至少需要 3 天；而在服装企业中，按标准尺寸规格、标准生产工艺、分工序以流水线形式批量生产，直接生产的工人人均一天（8h）能生产 1.5~2 套西服。虽然定做服装能吻合个人体型，在缝制技巧上也有独到之处，但工业化生产由于集中了科学技术的成果，如标准人体尺寸规格、先进的加工技术、市场信息与预测等，使得其生产的服装不仅在色、款、料等方面体现时代感，而且质量稳定、价格适宜。

（一）服装生产工业化的起步

欧洲工业革命促进了机械制造设备的生产与应用，服装生产工业化也伴随着缝纫机的诞生而开始。服装工业的变革与服装机械的革新密切相关，服装加工设备是现代服装工业发展的基础。

1790 年，英国人托马斯·山特（Thomas Saint）从皮匠制靴操作中获得启发，发明了世界上第一台单线链式线迹手摇缝纫机。它虽然十分简陋，但已具备现代缝纫机的基本工作原理。

1804 年，英国人托马斯·斯通（Thomas Stone）、詹姆斯·汉德森（James Handson）和巴尔萨扎·克雷姆斯（Balthazar Krems）在此基础上又改进发明了双线链式线迹缝纫机。

1829 年法国人巴泰勒米·蒂莫尼耶（Barthelemy Thimonier）将经过 4 年研究设计成功的一台具有实用价值的缝纫机向法国政府申请专利权，获得批准后，于 1831 年生产出世界上最早成批生产的 80 台缝纫机，供法国陆军军服厂缝制军服，充分显示了缝纫机比手工缝纫效率高、质量好的优势。美中不足的是，此时的缝纫机属于链式缝纫机，其耗线量比手工缝纫多 4.5 倍，缝纫的牢固度及缝迹耐磨性亦较差。

1832 年，美国人沃尔特·亨特（Walter Hunt）受到织布机用梭子织布的原理的启发，发明了锁式缝纫机，其成缝原理类似于纺织厂的织布机。这种缝纫机的耗线量很低，仅为手工缝纫的 1.5~2 倍，而且其缝纫牢度比手工缝纫要好。这些优势，使得缝纫机的实用性大为提高。

1843 年，美国工人埃林斯·豪（Ellius Howe）设计了一台手摇锁式缝纫机，其速度达到了 300 针/min，超过了 5 名技艺熟练的缝纫工工作量之和，由此取得了政府的专利权。缝纫机的发明和生产取得了新的进展。

1851 年，美国机械工人列察克·梅里瑟·胜家（Isac Merrt Singer）兄弟经过两年努力，设计了一台全部由金属材料制成的缝纫机，其缝纫速度提高到 600 针/min，缝纫机高效率的特征愈加明显。此款缝纫机于 1853 年取得专利后，开始批量生产并作为商品成批出售，大量应用于服装的缝纫加工中。

1862 年，美国的布鲁克斯兄弟（Brucks Brothers）创造了成衣裁剪纸样技术，从而为现代服装的批量化、规格化生产奠定了基础。

1875 年电动机诞生后，于 1890 年出现了电动驱动的缝纫机，从此开始了服装工业的新纪元。

我国的服装工业起源于手工作坊，近半个世纪以来发生了巨大变化。20 世纪 50 年代，我国的服装生产以家用缝纫机为主，部分采用工业缝纫机。60 年代、70 年代家用缝纫机和工业缝纫机并举，逐步实施了半机械化、机械化生产。从 20 世纪 80 年代至今，服装生产经全面技术改造和现代化技术研究攻关，形成了由机械化生产转向半自动化、自动化生产的格局。

（二）服装生产方式的演变

服装工业是 20 世纪初开始的新兴工业。第二次世界大战后，随着科学技术的迅猛发展，服装工业前进的步伐不断加快。

过去，服装的制作是依靠缝衣匠灵巧的双手量体裁衣，设在繁华街市上的衣铺，也只是家庭作坊式的服装加工点。19 世纪初，英国商人将缝制成形的裤子和衬衫出售给港口船员，形成了早期服装市场交易的雏形。

到 19 世纪下半叶，缝纫机的发明推动了成衣生产的发展。1880 年，成衣的男式标准尺寸规格已经确立，但此时的成衣生产仍属家庭作坊生产方式，工作条件差，工作时间长，劳动者收入微薄。

随着脚踏缝纫机改为电动缝纫机，以操作缝纫机为主的半机械化服装加工方式逐步显示出速度快、效率高的优势。而以小作坊形式为主的加工方式很快暴露出一些缺陷：一个作业员要完成裁剪、缝纫、整烫等整个服装加工的全部工作，即作业员在加工过程中，需不停地更换工作内容，这势必导致作业员对各项工作环节的熟练性降低、影响加工速度，因此极大地限制了加工能力的提高。

第二次世界大战爆发后，短时间内需求大量军服，这一现实要求服装加工速度及产量必须大幅度提高。一些服装经营者特意聘请机械行业的工程师对此进行指导。在考察了许多服装加工厂后，机械工程师们按照机械零件的加工方法，改进了服装作坊式的加工方式，将加工过程分解为具体的工序，由数人或数十人组成生产流水线，按服装缝纫的先后顺序进行加工，每个工人只负责完成其中一个或几个相关工序。于是，作业分工的改进方案——让不同的工人完成不同的工作任务——成为服装生产流水线的雏形，服装的生产能力有了较大幅度提高。由此，服装工业化生产方式逐步成形。

（三）服装加工途径的多元化

目前，人们解决穿衣问题通常通过如下几种途径。

1. 家庭制作

家庭制作即自己购料、量体、裁剪及制作服装。随着经济的发展，生活条件的改善，采用这种形式获得服装的需求比例越来越低。

2. 定做

以个人体形为准，将量体尺寸加入适当的放松量后，单件裁剪、单件制作成衣的定做方式有如下特点：

（1）根据个人的体形量体裁衣，成品较为合体。若采用较好的设备，且制作者有较高的手艺，服装质量即可达到预期水平，但价格相对较高。

（2）对制作者要求较高，从裁剪、缝制、整烫到锁钉，制作者需有能力完成整件服装的加工，即必须会"全活"。但是，定做的生产效率低，制作周期长，成本较高。

3. 工业化服装

工业化服装即成衣（Ready-to-wear），是按一定的工艺标准、通过规定的工序流程、将成批的面料由专用的机械设备生产的服装成品，消费者买后即可穿用。

（1）成衣生产的优势：

①利用专业科学知识进行标准化连续生产。例如，在缝制加工时，工人需按规定的工艺标准，将各个衣片进行连接，而不能像单件服装制作那样，按个人习惯随意改变工艺，因而，成衣生产的同批产品同一性较高。

②有效地利用人力、物力及各种专业化、机械化、自动化程度较高的设备提高服装的生产效率及质量。由于在生产线上各个操作人员一直在进行同一个或几个工序的作业，其熟练程度较高，且工业生产中的设备较好，如果管理得当，服装的加工速度及质量较单件制作

要高。

③成衣生产效率较高，即单位时间内的产量相对较大，使服装的生产成本下降、价格适中。

（2）成衣生产的劣势：

①初期投资费用较大。

②在某种程度上，流水线加工的形式限制了人的主观能动性的发挥。

③对设计、管理、技术等人员的整体素质要求较高。

需要注意的是："工业化服装"不能与"大批量生产服装"画等号。随着人们对个性化穿衣要求的提高，服装企业在生产同类款式时，批量开始逐步减少，特别是女式时装类，尽管批量较小，但其加工过程仍采用工业化流水线模式。

4. 半定做（个性化定制）

半定做，指由消费者对服装某部位提出特殊要求，如腹部突出的体型要求服装成品的腹围较大，此时便可单独裁剪衣片，而后再投入生产线，按工业化生产方式制作成衣。

由于工业化服装的规格尺寸是按照科学手段测量归纳后，用相对标准的人体尺寸加放一定活动的松量设计而成，因此使特殊体形的人很难买到合适的成衣，而这种半定做形式，正是解决特殊体型人穿衣问题的途径之一。半定做形式可以得到较为合体的、质量好的、价格适中的服装，国内许多中、小型服装企业均接受此类订单。

拓展阅读·服装规模定制的探索

规模定制（Mass Customization），指个性化定制产品和服务的规模化生产。市场竞争和需求的变化，促使企业开始探索以规模化生产的价格实现产品多样化甚至个性化的定制，提高产品制造过程的"柔性"。

服装规模定制源于 20 世纪 90 年代中后期。由于市场价格与款式的迅速变化、消费者偏好不易捉摸、新面料的普及等因素，造成李维斯（Levi's）处于动荡的环境中。1999 年公司与戴尔（Dell）计算机公司合作建立起公司内部的信息网络管理系统，称为个人裤型服务系统（Personal Pair），逐步改变了服装零售的模式和格局。

直属李维斯总公司的李维斯老店（Original Levi's Store）利用计算机科技为客户量身定做，将顾客身材的重要数值转化为服装样板。软件内备有 2 万多组模式，以符合衡量臀部、腰身、内部接合、拉链衬布、色彩搭配等基本剪裁要素。软件中陆续添加了更多样式的选择，改良后的系统重新命名为"Original Spin"。过去李维斯店面最多库藏 130 种各式腰身的裤子，计算机个人化定做后可达 430 种变化，依靠"Original Spin"软件协助后，可提供高达 750 种款式。

当设计完成后，顾客可用电子邮件下订单，统一汇集到李维斯坐落于田纳西州山市（Mountain City）的面料厂，缝制后的成品再寄往方便顾客取货的各个分店，或由联邦快递

（Fed Ex）送抵顾客家中。由于尺寸资料已保存在数据库里，下一次该顾客若还有需要，可在任何一家李维斯分店订货。

李维斯这种规模生产加个性定制的柔性制造思路，是服装工业4.0的基础。在智能技术高速发展的今天，柔性制造成为中国服装行业转型升级的重要方向和契机。

资料来源：1.【美】B. 约瑟夫·派恩著，《大规模定制：企业竞争的新前沿》，中国人民大学出版社，2000.

2. 赵平、姜蕾等编著，《服装营销学 第2版》，中国纺织出版社，2015.

二、纺织—服装产业链
（一）产业链各环节及其关系

纺织—服装产业链包含从纤维原料生产开始，到将服装成品传递到消费者手中所经过的一系列相关活动。这一活动过程主要分为4个环节：原辅材料供应环节、服装制造环节、销售和渠道环节以及为整个过程提供服务的辅助环节（图1-1）。

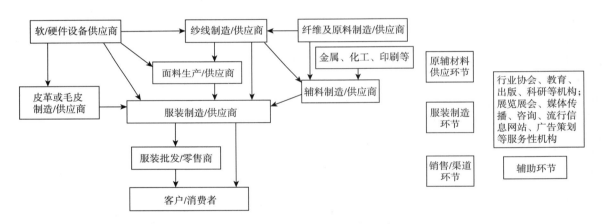

图1-1　纺织—服装产业链及相互关系

从图1-1可以看出，纺织—服装产业链不仅包含纺织与服装业本身，还涉及化工、金属、印刷、机械等行业，并与皮革业、零售业、传媒、教育研究机构等密切关联；纺织、皮革工业为服装提供基本原材料，如面料、里料、衬料、缝线、装饰品等；金属、化学和印刷业为服装提供拉链、纽扣、包装材料、标志等附件；在服装制造环节所使用的加工设备则是由机械电子工业所提供；此外，在各环节中还会涉及一些专业研究、技术开发、产品推广、销售策略等，需要教育和研究机构提供基础的人才和技术支持以及媒体、展会和广告等机构提供有效的服务。

因此，服装业的发展，与其他相关行业有着密切的关系。服装业只有与各相关行业相互渗透，建立并形成良好的合作关系，才能使纺织—服装产业链步入良性循环的轨道。

在纺织—服装产业链中，服装制造环节是将服装从设计概念到成品实现的过程，因此也是服装工业中十分重要的核心环节，服装制造商应具有较强的对流行趋势的预测能力，否则在新一季的产品销售中可能会损失惨重。

拓展阅读·服装——艺术与技术的交叉与融合

服装的内在因素往往互相对立，在专业上，既需要艺术创造又要通过科学实现；在市场上，个性化与大众需要并存；在产品实现上，流行与长周期生产需要协调。也正是这些对立因素的冲突与组合，使服装业富于活力和挑战。

服装是一门艺术，统一与规范是基本要求，而革新与创造是其发展的生命力；服装也是一门科学，技术促进了服装生产方式的进步。而且，从服装设计到销售的各个环节，或多或少都依赖于技术。科技发展与应用，使服装设计更具想象力和挑战性。

个性化只是服装的一个侧面，如今，借助现代传媒手段，服装业可迅速广泛地传播新的观念和流行信息，并在短期内让人们接受。因此，服装仍属于大众化的行业，服装产品应以满足大众消费群体的需求为根本。

从服装业自身特点来看，还面临一个不可回避的问题：尽管近年来高新技术，如 CAD（Computer Aided Design）/CAM（Computer Aided Manufacture）、CIMS（Computer Integrated Manufacturing System）以及规模定制、柔性制造、智能制造等先进的生产技术和理念不断研制与应用，但服装的制造加工仍属于劳动密集型，新款服装产品的批量推出不仅需要较长的生产过程，还会涉及纺纱、织造、印染甚至新型纤维的研制生产，这些都与时装上市的短周期需求相矛盾。

因而，如何协调时尚与批量与成本、流行与运作流程与价值等各因素之间的矛盾和冲突，是当今服装业面临的重要课题。

（二）服装业的快速反应（Quick Response）计划

面对快速变化的时尚与长加工流程、个性化与批量生产、低成本与高质量和经济效益、设计创新与工艺实现等的矛盾冲突，传统服装业运营模式的变革迫在眉睫，各种缓解这些矛盾的快速反应计划应运而生，包括服装产品研发、生产、销售等过程中的技术创新（如面料、设备、工艺）、管理变革（生产模式的变化）以及艺术与技术结合的探索。进入 21 世纪，这些努力已取得令人瞩目的效果。

利用计算机网络，服装公司可以随时收集世界各地的各种时装情报、流行趋势、市场销售和需求反馈等资料，根据最新统计分析的数据，制订出应时的商品计划，令企业从产品开发的初始阶段就打下良好的基础。与此同时，与百货公司或服装门店联网，调查和掌握市场动态，便于及时组织生产和调货。

拓展阅读·沃尔玛：快速反应的供应链系统

沃尔玛利用电子数据交换（EDI）和配送中心，将货物和信息在供应链中始终处于快速流动的状态，以提高供应链的效率：在沃尔玛一家商店里出售某种品牌的粗斜纹棉布衬衫，其供应商的计算机系统已与沃尔玛的POS/MIS系统连接在一起，供应商每天可以到沃尔玛的信息系统里获取数据，包括销售额、库存情况、销售预测、汇款建议等。沃尔玛的决策支持系统（DSS）会向供应商提供这种衬衫在此之前100个星期内的销售历史纪录，并跟踪此产品在全球或某个特定市场的销售状况。此后，供应商根据订单通过配送中心向沃尔玛的商店补货。

在美国，沃尔玛的计算机系统可与服饰厂商连接，顾客直接在沃尔玛的商店里量身定做该品牌的新款服装，3天内定做服装就会送到。零售商通过将POS/MIS系统与厂商的计算机系统相连，实现降低库存加快资金周转的目的；而对于厂商，供应链快速反应系统的建立，将最真实、最新的顾客需求信息提供给厂商，最大限度地避免了因偏离市场需求而造成的产品积压。

要实现"顾客需要什么，我们就生产什么"这个承诺，以前至少需要3个月以上的研发时间，最终可能还是一句空话，因为时尚风向可能已发生变化。现在，借助科技的力量，可以在短时间内向顾客提供他想要的产品。

由于中国的供应商数目多、规模小，沃尔玛很难与这些供应商实现电子数据交换，而且沃尔玛更多的是与供应商的代理打交道，即使向供应商开放了数据库，供应商也无法给予快速响应。要达到这个目标，服装供应商需要建立面向零售终端的计算机管理系统，收集并分析宝贵的顾客信息和销售明细记录，以便对市场需求做出正确、快速的响应。

资料来源：1. 谢永佳、游超，《从沃尔玛供应链管理看"快速反应"机制》，商品与质量，2011.7

2. 沃尔玛供应链系统——豆丁网，http://www.docin.com/p-1921855137.html 2017.5

有效的快速反应通常包含三个重要元素：短周期生产、敏捷的信息综合与反馈能力、高效的上下游管理体系。

1. 短周期生产

进入信息文明时代，纺织服装行业从纤维、纺织到配件等各个环节正在被数码技术改造，如果一个服装制造商不能以快速反应的方式提供产品，就不可能有效地参与竞争。现代服装科技的发展，主要是围绕如何使企业适应快速变化的服装市场、提高综合竞争力而进行。

随着机械化、自动化等高新技术在服装工业中的应用，服装加工过程更为精确和简化。在前期的生产准备阶段，利用计算机可进行款式、图案设计以及纸样绘制、修改、推板和排料工作，使服装企业从效果图到排料图阶段的工作时间大为缩短（图 1-2）。

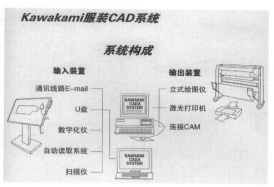

图 1-2　现代服装企业设计制板室

　　计算机技术在服装生产中快而准确的优势越发明显，服装 CAD 技术的研发主要集中于利用计算机实现三维款式设计、二维纸样绘制及纸样完成后的立体造型显示。其优势在于：可看出所设计的服装款式在三维人体上的穿着效果，同时，可检查纸样绘制的合体与否，省去了许多中间环节。

　　在综合自动化裁剪车间，可通过计算机制订裁剪计划，采用具有自动对齐布边、自动控制铺布张力、甚至能自动对条对格功能的全自动铺布机完成铺布工序，铺布质量也会提高。利用全自动裁剪机（CAM）与服装 CAD 设备联机，进行样板或衣片的自动裁剪，原本半天的裁剪任务可缩短在半小时内完成，不仅免除了工人繁重的体力劳动，裁片的质量也更易于保证。最后，由裁片标签机完成打号任务（图 1-3）。

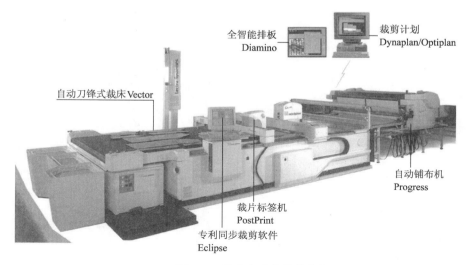

图 1-3　综合自动化裁剪车间

图1-4 服装加工柔性吊挂线

在缝制车间，可采用柔性材料传送装置，如柔性吊挂线（图1-4），将某款服装的所有衣片，按设定的程序依次吊挂传输到指定工位，免除了以往将衣片成捆传递带来的车间半成品堆放混乱、解捆和扎捆时间浪费较多，衣片容易出现折皱、整烫工序工作量加大等弊病。

此外，自动开袋机、自动绱袖机、自动省缝机等技术含量较高的缝纫机种在生产线上的应用，使服装缝纫加工的质量更容易保证，并使生产速度加快。

以往服装生产中，高新技术及设备只是起辅助操作的作用，以达到提高生产效率的目的。如今开发的自动化设备重点放在智能化上，旨在取代某些工序中技术要求较高的手工操作，降低服装加工过程中的人为因素，即人逐渐成为辅助的角色，产品加工质量的稳定性大幅度提高。如六工位自动衬衫袖头缝合机（图1-5），能按衬衫袖头形状定位及两片的缝合等作业动作设计成六个工位的连续作业自动完成，从而减少了大量的手工操作。

在服装后整理阶段，具有各种形状烫模的熨烫机，令服装的立体造型更加容易，免去了以往传统"推、归、拔、烫"的手工技巧，外观质量易于保证。立体人形架熨烫机（图1-6）使服装外观效果良好，更具立体感，由于不会破坏织物表面状态，熨烫绒面织物或毛感较强的织物时，表面毛感不会丧失。

图1-5 自动衬衫袖头缝合机

图1-6 立体人形架熨烫机

立体真空包装、吊挂储运等方式的采用，能消除因折叠包装运输而造成的折皱，进一步提高了服装档次，进而提高服装的价格。

随着成衣染色、数码印花技术（图1-7）的日渐成熟，成衣染色的应用范围已从天然纤维发展到黏胶、维纶、锦纶和涤纶混纺成衣的染色；而数码印花也不仅仅用于化学纤维的成衣打印，还可在天然纤维的成衣上进行数码印花。成衣染色、数码印花的优势主要体现在：①生产周期短。以往先染色、印花后制衣的周期至少需要8~12周，甚至更长，而先制衣后染色、印花的周期只需2周左右。②生产灵活性高。适应多品种、小批量加工。

图1-7　灵活的数码印花

2. 敏捷的信息综合与反馈能力

信息与网络技术的高速发展，为服装快速反应计划的实施提供了十分有利的技术支持，利用网络，企业可随时收集世界各地的各种时装情报、流行趋势、市场信息以及产品销售信息等相关资料。通过对反馈资料的分析、归纳与处理，企划部门可提取有效的信息，制订适应的商品计划，同时可即时组织生产和调货。如 MIS［Management Information System（管理信息系统）］和 CIM［Computer Integrated Manufacturing（计算机集成制造）］的研究开发，以及 ERP［Enterprise Resource Plan（企业资源管理）］系统的应用，都力图将企业内外各部门之间联系起来，使信息的传递与交流更加直接和通畅，不但比传统的运作模式节省时间，而且提高了信息传递的准确性。

在零售阶段，快速反应计划所需的技术支持包括条形码（Bar Code）及电子数据交换EDI（Electrical Data Interchange）。条形码用于控制成品流动、协助销售点的买卖；电子数据交换是在贸易伙伴间互相交换资料，如采购表、订单、确认信、发货通告等均通过电子网络从一方电脑终端（买家采购系统）移往另一方电脑终端（卖家订单输入系统），整个过程之中没有其他人参与，因而可减少信息传递的错误、减少工作量。由于顾客能通过电子数据交换系统迅速在全世界订货，因此可获得较高的效率。

3. 高效的上下游管理体系

ZARA 的出现，打破了传统服饰品牌的运作模式，其核心价值在于"速度"。"速度"虽然是 ZARA 占领市场的法宝，但其背后却是集约式的高效管理。

通常，一批服装产品的上市要经过面辅料生产及采购、产品加工生产、成品运输、终端销售 4 个基本环节。如果其中一个环节在管理及运营方面能够达到高效，而其他上下游合作企业无法与其配合，最终仍然会形成"效率堵塞"。

ZARA 在品牌创建之初也曾面临过此难题，在找到运作的瓶颈之后，ZARA 投巨资设立了自己的纺织厂及服装加工厂，并在欧洲一些主要地区建立独立的物流运输企业。14 个工厂联结着一个超大型自动化配销仓库，完全自制自销，虽然生产成本比外包生产提高了 15%～20%，但高效率的作业管理使其整体速度得到提升，也减少了存货带来的滞压成本。当 ZARA 的专卖店扩展到美洲及亚洲之时，为了解决同样的问题并减少固定资产的投入，他们采取参股的方式，与一些生产能力强、在管理及产品质量上有一定保证的生产企业建立了合作关系，而物流则由销售区域内专业的运输公司解决，因此形成了今天一件产品从设计到选料、剪裁、缝纫、整烫、运送直至成品上架，最长只需 3 周的快速供应体系。

对于缺少资金实力的国内企业来说，ZARA 的这一经验也许不能直接使用，但其所依靠的高效的上下游管理体系却是值得借鉴的，建立这一体系的关键是要与上下游企业保持真正的伙伴关系。

真正的伙伴关系必须基于信任，除了与伙伴间保持稳定的联系外，也要避免以往常常出现的资金拖欠、赔偿及退货等问题。此外，当出现问题时，上下游企业之间应共同面对，不应是供应商或零售商孤军奋战，双方在问题发生时都要分担责任。在传统关系中，只有制造商与零售商之间的营业人员才有联系；而在真正的伙伴关系中，两家公司内的所有部门都要互相联系。目前，越来越多的零售商与供应商已从对立、防备的相处方式，逐步趋向真正的商业伙伴关系。没有调整好的企业关系，会导致整个系统成本提高、利润降低，因为复杂的商业关系通常要面对大量退货及检查程序，而随着企业间关系趋向合作，这种情况自然便会改变，双方都会从中收益。

第二节　服装企业运作概况

本节主题：

1. 国内服装企业类型及特点。

2. 服装企业运作流程及各步骤工作要点。

一、我国服装企业类型

（一）按服装企业所有制性质不同分类

目前，我国服装企业以国营、集体所有制、私营（以独资、合伙、有限责任公司三种形式存在）以及中外合资型等不同经济模式谋求发展，同时，由于服装行业本身的特点，企业形成以多种类型竞争发展的局面。

（二）按服装企业生产的原料不同分类

由于加工工艺和设备不同，企业按服装面料种类分有机织类服装企业、针织类服装企业和以皮革、裘皮等特殊材料生产为主的服装企业。

机织类服装企业根据生产的品种还可分为男、女西装类，男、女衬衫类，家居、睡衣类，牛仔服类、休闲装、夹克类，运动装类，风雨衣、滑雪服类，时装、套装、裙装类等服装企业。一些较大型的企业，一般都配备不同的生产流水线，以使自己具备不同品类服装的生产能力。

按所生产的面料品种分类，针织类服装企业可分为毛衫类服装（横机编织）企业和裁剪类针织服装企业。裁剪类针织服装企业生产的产品有男、女内衣、裤类，背心、汗衫类，睡衣、睡袍类，婴幼儿装类，运动装类，休闲装、时装类等。两种针织服装的加工工艺有较大的区别。

（三）按企业运作模式分类

1. 纯加工型服装企业

纯加工型服装企业以加工服装产品为主，只要按来料来样及订单要求，在规定的交货期内完成服装加工即可，企业只赚取加工费，无须考虑产品的销售渠道和市场，风险较低，但利润亦较低，国内服装行业以外加工起步并发展，故大部分服装企业属于此类。

2. 品牌型服装企业

品牌型服装企业以品牌服装推广销售为主，企业负责服装款式设计、制样、出样、下订单及销售，其主要精力致力于产品的设计和销售，而产品的加工则委托与其合作的工厂完成。由于有市场销售的压力，其投资风险较大，但利润相应较高。

3. 品牌与加工一体化型服装企业

对于有一定经济和技术实力的服装企业来说，更愿意在已有的加工或设计、销售能力基础上将品牌和加工结合为一体，用自己的工厂加工自己的品牌产品，并建立自己的销售网络和渠道从而将产品推向市场，有些企业甚至包括面料的开发与生产。

4. 外贸型服装企业

外贸型服装企业以承接国外服装订单为主，企业自身没有生产单位，接单后，按客户订单上的要求组织购买面辅材料、制订服装工艺技术文件等，而后再向服装加工厂下生产订单，由专门的质量控制（QC）人员验收产品，合格后向外商交货。

5. 独立服装工作室

制造业生产体系在全球范围内垂直分离的现象，使纺织行业的分工出现了巨大变化，设计与制造越来越细分化、专业化。随着市场竞争的白热化，服装企业认识到要满足市场的快速变化，需要联合产业链的上下游，充分利用外部资源，如与独立的服装设计工作室合作，协同研发产品，以达到缩短研发周期，提高产品研发成功率的目的。因而，以产品设计研发为核心业务的独立服装工作室悄然兴起。

拓展阅读·生产经营性企业管理模式

企业内部所有的运作都应围绕消费者需求进行，企业经营者在制定经营决策时，需要基于深入细致的行业、市场、消费者、流行趋势等多方面大量的调研数据，以保证产品能被市场及消费者接受。

从图1-8可以看出，企业生产经营性管理模式主要由以下子系统组成：

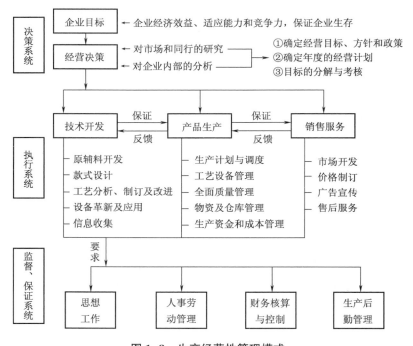

图1-8 生产经营性管理模式

（1）经营管理系统：由决策系统和监督保证系统组成。其中，决策系统负责制定企业目标和经营决策；监督保证系统包含思想工作、人事、财务以及后勤等管理内容。

（2）生产管理系统：亦称生产技术管理系统，与经营管理系统相比，属于执行系统，包括技术开发、产品生产以及销售服务管理内容。

在企业管理体系中，各管理子系统之间相互密切配合、纵横交错，形成全企业、全过程、全员的管理系统，亦称之为全面管理系统。

二、工业化成衣生产运作流程

作为"品牌与加工一体化"的服装企业，其运作流程如图1-9所示，分别为工业化成衣生产运作基本流程、现状、发展中的技术以及未来可实现的技术。

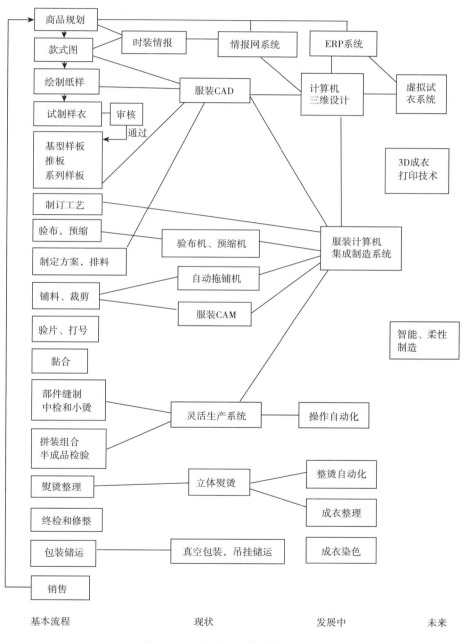

图1-9　工业化成衣运作流程示例

（一）生产准备

1. 商品规划

根据服装市场的销售情况、时装情报以及流行预测情报等因素，制订本企业下一年度或季度生产何种主题的产品以及每种产品大致的生产数量等计划。

随着消费者的日益成熟、服装流行的变化多端，生产准备这一环节逐渐成为品牌型和品牌与加工一体化型服装企业生产的最为关键的步骤，其涉及的不仅仅是对流行预测信息的收集与分析，更重要的是对以往销售市场信息的收集、整理、分类与归纳，从中分析得出未来市场所需的商品和数量。这一环节的决策影响着企业最终的利润，应该予以格外重视。

2. 款式设计

款式设计主要由服装设计人员完成，设计人员应经常进行市场调查，了解市场对服装的需求情况，并能及时掌握国内外服装流行的信息，以便设计出既适合市场消费需求、又有创新内涵的服装产品。

服装款式设计图应包括服装的效果图和服装正、背面结构图，并附上面料的品种、色彩和图案等内容（图1-10）。此外，服装设计人员进行款式设计时，必须考虑服装成品的成本，否则，昂贵的价格会令众多的消费者却步。因此，企业设计师掌握简单的成本核算知识十分必要，如面辅料费用、加工费、运输费以及生产周期（影响贷款利息）等基本财务知识。

3. 纸样绘制

纸样绘制是将款式图上的

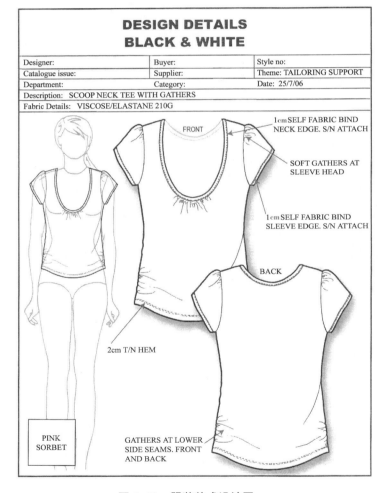

图1-10　服装款式设计图

服装制作成成品的第一步，是服装成品与款式图之间的桥梁。在生产中，纸样绘制是一项关键性的技术工作，它不仅关系到服装产品能否忠实地体现设计者的要求和意图，同时对服装加工的工艺方法也有很大的影响。目前，纸样绘制方法主要有原型法、比例分配法、立体裁剪法等。

4. 试制样衣

纸样绘出后，须通过制作样衣来检验服装款式和纸样设计是否合乎工业生产的要求，或看订货的客户是否满意。如不符合要求，则需分析是何处发生问题。若是设计的问题，需重新设计款式；若是纸样的问题，如制成的样衣没能体现出设计者的思想，或是纸样本身不合理，如样衣板型不好、制作工艺复杂等，则需修改纸样，直到制成的样衣符合要求为止。

5. 绘制生产用样板

当样衣被认可、符合要求并审核通过之后，便可根据确认的样衣纸样和相应的号型规格表等技术文件绘制基型样板，并推出所需号型的样板。

基型样板的尺码常选用中心号型（如男装 170/88A）的尺寸，这样便于后面的推板工作。一般在纸样绘制阶段，其规格尺寸就选用中心号型的尺寸，以减少重复工作。

在已绘制好的基型样板基础上，按照号型规格系列表进行推板和卸板，最后得到生产任务单中要求的各规格生产用系列样板（图 1-11），供后面排料、制订工艺文件、裁剪及缝纫等后续工序使用。

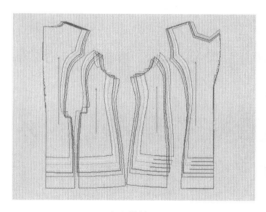 

（a）推板　　　　　　　　　　　　　　　（b）系列样板

图 1-11　绘制生产用样板

6. 制订工艺

根据服装款式或订单的要求以及国家制定的服装产品标准，并根据企业自身的实际生产状况，由技术部门确定某产品的生产工艺要求（工艺标准）、关键部位的技术要求及辅料的选用等内容。

此外，技术部门还应制定出缝纫工艺流程等有关技术文件，以保证生产更加有序、有据可依。

7. 面料处理

面料进厂后，为确保所投产的面料质量符合生产要求，必须经过验布工序，这是服装成品质量的基本保证。经检验的面料如果遇水收缩变形较大，应进行预缩处理。

以上所有工作均属于生产前的准备，当面料进入裁剪车间，具体的生产活动才真正开始。

（二）裁剪工艺流程

1. 裁剪方案的制订

此工序亦称为分床工序，当面料被真正开裁之前，一定要确定裁剪工作如何实施，切不可毫无计划地盲目裁剪从而造成不必要的浪费。

制订裁剪方案时，首先要决定某批生产任务需在几个裁床上完成，每个裁床铺几层面料，每层面料上排几个规格，每个规格排几件。有了上述具体计划，下面的工作便有据可依。

2. 排料

按确定的裁剪方案，将一层面料上几件服装的所有衣片样板进行科学的排列，在尽量提高面料利用率的同时，还要考虑裁剪的难易程度等加工因素。

3. 铺料、剪切

当排料图被确认无误后，按照排料图的长度和裁剪方案所确定的层数将面料平铺到裁床上，用相应的剪切工具将面料裁成所需衣片（图1-12）。

图1-12　批量裁剪

4. 验片、打号和分包

经裁刀裁出的衣片不能立即送至缝纫车间，为保证裁片的质量，还应检查所裁衣片是否符合裁剪工艺要求。为防止各匹或同匹面料间的色差影响成品外观，需对衣片进行打号，以确保同层同规格的衣片能缝合在一起。

5. 黏合工序

裁片在进入缝制车间前，利用黏合设备对需加黏合衬的裁片进行黏合加工。然后，所有裁片经过打包捆扎，由裁剪车间送至缝纫车间继续加工。

（三）缝制工艺流程

在服装工业生产中，各裁片缝制的方法和加工顺序与单件制作有所不同，各部件不能随意缝合，必须先制定出工艺流程、工时定额和分配方法。衣片的缝制加工也应严格按照生产技术文件中要求的先后顺序，依次加工完成（图1-13）。各个部件分别加工后，再进行组合加工。

对某个缝纫工来说，只需完成一个或某几个工序的加工。为保证最终产品具有较高的质量，在整个缝制过程中，要加强中间熨烫（小烫）和中间检验工序，力求将不合格产品量控制在最低点。

缝制流程所涉及的人员、设备较多，工艺也较复杂，是整个服装生产的主要部分。

(四) 整烫工艺流程

经缝制车间加工出的服装成品，若直接运到商场出售必定会影响销售业绩，因服装未经熨烫整理，没有良好的外观。所以，此时的服装仍被称为半成品。虽然在缝制加工中有中间熨烫，但衣片在加工过程中需要传递，必然受到挤压、揉搓等外力而出现皱

图1-13　缝纫流水线加工

折、压痕或污染，以致造成服装成品外观欠佳。因此，整烫工序（图1-14）对服装的外观质量影响很大，占有较大的比重。

经整烫并通过终检确定合格的产品，经过清扫、整理、装吊牌（图1-15）后，包装待运；对不合格产品，经修整后再做处理。终检时要按照产品标准严格控制，不让残次品混入正品之中，以免影响企业信誉。

图1-14　整烫工序

图1-15　装吊牌

最后，企业应及时了解产品销售情况，掌握分析新的市场信息，以便制订新的商品规划。

从以上成衣生产流程可以看出，从面料到成衣要经过一系列的生产过程，其中涉及的工艺技术问题很多，与服装的单件制作有较大区别。目前，服装市场竞争激烈，服装企业必须不断推出新的款式，并能在较短的时间内，以高质量打入市场，才能具备良好的竞争力。

第三节　服装工业发展

本节主题：

1. 服装工业 4.0。

2. 服装工业的技术升级。

3. 可持续时尚。

中国服装工业发展正在从赚取简单的加工费向有设计、技术含量的高端制造转变，服装制造不只是将衣片简单地缝合，更重要的是研究如何实现高品质、高效率，并在面料、剪裁及缝制等工艺技术上有所创新和突破的高端制造。巴黎、纽约等城市已占据时尚领域的制高点，意大利已将服装工艺技术研究的深刻且玄妙；中国虽是生产加工大国，但对制造的理解、定位和思维的转变迫在眉睫，服装制造业的升级应致力于做高品质制造、某个专业领域的专家型制造以及有品牌的制造，而"品牌制造"更需要理念、管理和技术等的更新。

一、服装工业 4.0

2010 年，德国联邦政府制定《德国 2020 高技术战略》；2012 年，该行动计划发布，"工业4.0"一词首次出现；2013 年 6 月，德国汉诺威国际工业博览会展出了工业 4.0 的样板，以全方位的网络化、智能化、绿色化等融合为代表的第四次工业革命已经来临（图 1-16）。

图 1-16　工业 4.0：中国服装产业升级的契机

在工业 4.0 计划中，未来工业生产形式的主要内容和特征是：

（1）规模定制：在生产要素高度灵活配置条件下，规模生产高度个性化产品；

（2）良性互动：顾客与业务伙伴对业务过程和价值创造过程广泛参与；

（3）集成：生产和高质量服务的集成。

德国提出工业 4.0 的柔性制造和规模定制思路，恰与时尚行业个性化、对市场的快速反应、服务体验相吻合。在互联网时代，迫使服装企业将传统流程大幅简化，以顾客需求为导向，让制造跟随顾客的需求做出动态反应。

服装的特殊性还在于，顾客可以参与其中表达自己的设计思想。"定制"满足了现代消费者的核心需求：互动、个性化、量体裁衣，为消费者带来更好的穿衣体验和感受。而科技的发展，使定制时尚更易实现。

拓展阅读·人工智能，比你想象的更快

"Hi, Siri，你是机器人吗？"你可能会收到一条略带情绪的回复："认识这么久还被问这个问题有点尴尬，我是你的助理。"类似 Siri 一样的人工智能语音助手正越来越多地走入消费者生活。人们对人工智能的态度，也从 AlphaGo 屡战屡胜顶尖棋手时的震惊，到 AI 赢了德州扑克大赛冠军时的"习以为常"。

虽然现在影响不大，但到 2030 年，人工智能技术每年将为亚洲创造 1.8 万亿~3 万亿美元的经济价值。其中包括引进新产品服务和项目、产品改良所省下的成本，使整体价格下降以及生活方式的改变。

人工智能是第四次工业革命的核心，这是依托高度自动化和互联互通的一场革命。瑞银把人工智能的发展分为三个阶段：初级阶段——支持工业自动化和机器人产业的狭义智能（ANI），如自动化生产线、网购个性化推荐等；中级阶段——通用人工智能（AGI），能够处理多个领域的工作，如推理、解决问题和抽象思维能力，是多种技术的交织与融合，如神经网络、自然语义处理、机器学习和认知计算的融合；最高等级——人工超级智能（ASI），能在众多复杂的线索中做出比人类更好的决策，并先一步看到未来。

资料来源：陆佳裔，《人工智能，比你想象的更快》第一财经周刊，2017（5）：15.

二、服装工业的技术升级

2016 年 4 月白宫网站刊文称，美国国防部长宣布成立美国国家制造创新网络中的第八家制造创新机构——革命性纤维与织物制造创新机构。该机构由国防部牵头组建，麻省理工学院（MIT）负责管理，包括了 89 家工业界、学术界和非盈利组织成员。将提供超过 3 亿美元的公私合作资金，支持开发面向未来、具有与众不同属性的纤维和织物创新，例如，可为消防队员制成不受炽热火焰影响的消防服、将一块智能手表具备的传感能力复制进一片轻质纤维中等。旨在为美国纺织品制造业在复杂纤维和织物技术领域生产中的全球领导地位与创新奠定基础。

回顾中国服装企业的 30 年有很大的变化，但大多集中于对品牌、市场、商业模式等的研究，产品和技术逐渐被置于并不重要的位置。实际上，没有掌握产品核心技术就不具备获取利润的利器，而核心技术则需依靠企业在产品研发与制造过程中的长期积累。因此，积累

并掌握核心技术应是企业不懈的追求，也是技术升级的重点所在。

拓展阅读·成衣 3D 打印技术

从 2001 年开始研发的英国 Tamicare 公司的标志性纺织品 3D 打印技术"Cosyflex"，已拉开大规模实施的帷幕（图 1-17）。

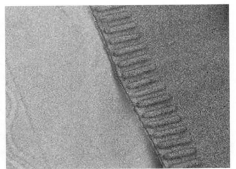
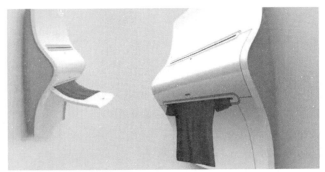

图 1-17　灵活的服装 3D 打印技术

"Cosyflex"是一种多功能、多阶段的 3D 打印技术，目前，智能材料的应用方式多是被编织到传统服装的表面。而 Cosyflex 却能够根据具体需求，选择使用液态聚合物和纺织纤维制造纺织品，以全新的方式将智能技术整合到纺织品当中，以层层叠加的方式制造服装，其中的每一层都可以是织物、聚合物、乳胶或电子元件（如传感器），以完全自由的方式，轻松实现服装定制化设计。

为进一步开发这种技术的应用，Tamicare 公司与石墨烯和智能织物方面的专家——Tim Harper 公司展开了联合研究，将石墨烯墨水加入纺织品直接嵌入到服装打印过程中。由于具备超高的强度、导电能力等优点，石墨烯有望成为最具发展潜力的智能材料。

拥有 3D 打印技术，服装企业能在同一个地点完成整个服装产品的制造，大大缩短了供应链，轻松实现对市场的快速反应。目前，该公司的 3D 打印服装具有年产 300 万件的能力，无须裁剪和缝制等工序，几乎不会造成材料浪费。也许，在不久的将来，我们就能穿上炫酷又时尚的 3D 打印的智能服装，获得一种全新的生活体验！

资料来源：文中伟，服装生产大变革——英国 3D 打印衣服可年产 300 万件，无须裁剪和缝制！［OL］，中国纺机，2015-12-28.

三、可持续时尚

绿色消费是指以绿色、自然、和谐、健康为宗旨，有益于人类健康和环境保护的消费行为和理念。一是从个体利益考虑，为了保护自身健康和安全；二是从承担社会责任考虑，旨在保护生态环境，在消费中减少资源浪费及对环境的破坏与污染。

图 1-18　无印良品所倡导的生活方式

10 年前，"无印良品"进入中国时并不被消费者认同，销售业绩不佳。今天，这个品牌在国内的销售呈快速上升趋势，个中缘由应该与雾霾、环境污染相关疾病比例大幅提高相关。生存环境的恶化，迫使国人对环保问题更加关注。而无印良品的品牌价值主张便是强调环保、自然、简单的生活方式（图 1-18），关注人类生存的空间和明天，这与目前很多消费者所推崇的价值理念不谋而合。因而，喜欢并成为这个品牌的拥趸者增多。

随着消费者对低碳生活方式的推崇、生态环保意识的加强，可持续性时尚理念会逐渐盛行。更多消费者从被动受限制转向主动环保的意识，丢弃粗制滥造的低端服装、选择持续可穿用的产品会更加流行，这也是生活品质的一种体现。因此，围绕可持续性时尚理念进行服装设计、生产与营销，应成为时尚企业重要战略之一。

拓展阅读·为环保买单，你准备好了吗？

英国媒体 Daily Mail 曾发布一篇名为《如何区别 200 刀和 20 刀的牛仔裤》的报道，从五个方面分析了牛仔裤成本的体现。

材质：牛仔裤的布料通常为牛仔布，由靛蓝色经纱和白色纬纱交织而成，大多为全棉材质。面料的差异体现在纺织密度以及交织方式和所用染料的质量上。

牛仔布处理：好的牛仔裤会对牛仔布进行不同程度的做旧、颜色差异、破洞、纹路感等再处理，以达到需要的设计和质量。

细节：一条牛仔裤的配件包括铆钉、纽扣、拉链，带有品牌信息的皮牌、红旗标等。此外还有根据不同设计添加的刺绣、珠片等辅料。注重细节的牛仔裤，纽扣要用 25mm 铁制工字扣，拉链要用 YKK 白铜，针脚不仅要整齐，还得计算到 7~10 针/英寸（图 1-19）。

图1-19　如何区别200刀和20刀的牛仔裤

产地：大部分牛仔裤都来自于意大利、美国、墨西哥、西班牙、中国和孟加拉国，一般情况下，牛仔裤的价格会依此递减。

工厂生产环境：工厂生产所达到的环保水准，对牛仔裤价格有很大影响。国内对环保的意识似乎还没有很强烈，但在国外这是评价牛仔裤好坏的标准之一。如工厂生产过程是否使用废水处理，衣服标签是否使用可再生纸张等。

资料来源：1000块和100块的牛仔裤区别到底在哪里？［J/OL］．时尚COSMO，2015-08-14. http：//toutiao.com/a5361601377/？tt_ from＝copy&iid＝2536951386&app＝news_ article_ social.

本章小结

服装生产过程实际上是一个将原材料进行再创造的过程，服装工业的任务就是将来自于其他工业的原材料转变为服装成品，并适时地卖给消费者。

尽管现在仍然保留着度身定制、单件加工的传统方式，但对于大多数国家解决人们穿衣之道的主要途径，还依赖于工业化的现代生产加工方式。依据社会经济的发展阶段、市场需求及服装业特点，服装企业的类型不尽相同，但其整体运作流程大同小异。

随着机械化、自动化、智能化等高科技在服装工业中的应用，服装加工过程更为快速、精准、简化。服装生产从传统的劳动密集型生产方式逐步转向资本密集型、知识密集型。科技人员仍在不停地探索和研究，让新技术、新理念更广泛地应用于服装工业之中，实现产业整体升级。

服装工业4.0和智能化柔性制造的精髓，不是追求"投资少、周期短、见效快"带来的短期利益，不应仅仅作为服装企业营销推广的噱头，而是脚踏实地的实现制造业变革的契机。时尚产业与政治、文化、时代环境和社会现象紧密相关，服装企业需要敏感地捕捉市场的变化，具有前瞻性，才能立于不败之地。

思考题

1. 分析服装业快速反应兴起的原因。

2. 服装业与哪些行业有着相关关系？

3. 服装工业化生产与单件制作有何异同点？

4. 你对我国服装工业有哪些认识和了解？

5. 分析四种服装加工途径的优劣势。

6. 就国内服装业现状，分析实施规模定制的前景。

7. 面对劳动力和原材料资源优势的逐步丧失，国内服装企业如何解困？

8. 服装企业需具备什么条件？

9. 目前国内有哪些种类的服装企业？各自具有哪些特点？

10. 品牌加工一体化型服装企业的运作流程包括哪些步骤？

11. 服装工业4.0、智能化、柔性、规模制造的精髓是什么？

12. 什么是可持续时尚？

课外阅读书目

1. 张远昌. 裂变——中国企业突围和走向卓越之路. 东方出版社。

2. 【美】B. 约瑟夫·派恩. 大规模定制：企业竞争的新前沿. 中国人民大学出版社。

3. Gini Stephens Frings. Fashion：from concept to consumer / 9th ed. Publisher Upper Saddle River，NJ：Prentice Hall.

4. 【德】克劳斯·施瓦布. 第四次工业革命——转型的力量. 中信出版集团。

5. 【德】奥拓·布劳克曼. 智能制造——未来工业模式和业态的颠覆与重构. 机械工业出版社。

6. 【美】李杰. 工业大数据——工业4.0时代的工业转型与价值创造. 机械工业出版社。

7. 科瓦冬佳·奥谢亚. ZARA：阿曼修·奥尔特加与他的时尚王国. 华夏出版社。

8. 姜蕾. 工业4.0：中国服装制造业不止于"秀".《中国纺织》，2016.08。

9. 《中国纺织》《中国服装》《中国服饰报》《纺织服装周刊》《第一财经周刊》《三联生活周刊》等。

应用理论与实践——

生产准备

课题名称： 生产准备

课题内容： 款式结构分析

　　　　　　原辅材料分析与选用

　　　　　　服装技术标准

　　　　　　生产技术文件

课题时间： 8 课时

训练目的： 通过对所收集的相关资料的分析与讨论，结合生产中的一些实际案例，让学生学会如何对批量生产的服装款式结构进行分析；掌握服装原辅材料选用标准、相关技术文件的内容，及其发展动态和趋势。

教学要求： 1. 掌握批量生产的服装设计加工时应考虑的因素。

　　　　　　2. 了解服装原辅材料的基本要求。

　　　　　　3. 熟知服装技术标准的内容。

　　　　　　4. 学会制订相关的服装生产技术文件。

课前准备： 阅读服装原辅材料、款式结构、标准等相关的书籍。

第二章　生产准备

第一节　款式结构分析

本节主题：

1. 服装经济性包含的内容。

2. 服装使用性的含义。

3. 服装加工性应考虑的因素。

从设计角度看，产品研发是创新的过程，是对流行的理解和应用过程；而从技术和市场层面上看，对服装款式进行经济性、穿用性和加工性等分析，是基于消费者需求出发的产品研发过程中一个重要的环节，是确保产品成功的基本要素。

一、经济性分析

服装产品的经济性，指通过合理利用材料和减少服装制作的劳动量，确保服装制作的经济合理性，即尽可能降低成本。产品经济性分析主要包括以下两方面。

（一）合理利用材料

在批量生产的服装价值中，基本材料（如面料、里料、缝线、衬料、纽扣及拉链等）的价值占80%左右；而在基本材料的所有花费中，面料的价值占90%左右。所以，合理利用材料是降低服装成本的首选方法，一般可从以下两方面考虑：

1. **设计**

设计款式时尽量考虑采用简单结构，不同的服装结构，其面料耗用量相差较大，款式结构复杂，面料耗用量会相应增加。

2. **排料**

排料时运用各种技术和方法，紧密排列，尽可能提高面料利用率，降低面料的损耗。

（二）减少服装制作的劳动量

减少服装制作的劳动量是指在确保服装高品质的前提下，尽量减少服装加工所耗用的时间。要做到这点可从以下几方面考虑：

1. 设计

尽量设计相对简单的服装款式结构。款式复杂的服装，制作时所需的劳动量较大，厂方用于工时工资的支出增多，而且生产时间加长、成本增加。

2. 工艺

制订工艺时，要考虑采用最为有效的服装制作方法，因同一结构可以有许多种不同的制作方法，这时就要选用加工方便、省时且符合本厂习惯的加工工艺，如加工衬衫的"宝剑头"工序（图2-1）。

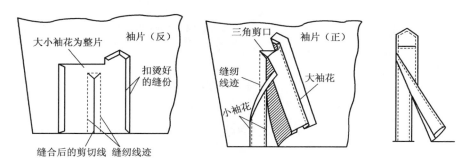

图2-1 加工工艺的选择

3. 设备

应采用相对先进的设备。自动化、机械化程度较高的生产设备，不仅能提高服装的质量及生产效率，而且能减少劳动量、降低人工费用支出。

由以上分析可以看出，服装款式结构是决定服装经济性的重要因素，服装设计师在设计、选择和确定款式结构时应予以重视。

二、穿用性分析

服装穿用性，指所生产的服装穿着是否方便、服用是否可靠。服装穿着方便是指通过正确选择服装的结构，合理地设置纽扣、口袋等部件的位置，以确保人体运动、呼吸的自由以及穿脱方便。

市场上服装成品结构不合理的例子很多，例如，婴儿服、宝宝服被设计成套头衫，在使用时穿脱非常不便，因婴儿骨骼很软，头部不易直立，套头的动作较难操作。另外，下摆很窄小的裙装也属此列，如裙长较短，骑车或登高时极不雅观，穿着场合有限；若裙长过膝，即所谓的"一步裙"，在走路、骑车，甚至上汽车、上楼梯时都相当困难，根本无法保证人体正常运动的需要。如图2-2所示的服装，从外观上看与正常服装没有区别，但由于前片剖缝线设计得较高，领宽尺寸也不够，导致领口太小，正常头围的人很难套入，最终降价处理仍难以售出。

（a）背面

（b）正面

图2-2　因结构设计问题而降价的服装

服装服用可靠是指：①服装材料和缝口在断裂载荷下有一定强度，即结实、不易开裂；②缝口和衣片经洗涤或熨烫后不变形、不收缩；③材料和服装组件结构耐磨损，不易脱纱和散边。

三、加工性分析

服装的加工性，指工业化服装应尽可能系列化、规格化，适合批量生产加工。

（一）成衣系列化

成衣系列化是指成衣企业通过市场预测，在产品定位的基础上，使一批或几批产品具有相近或相似的外观特征，同时注重成衣的整体搭配方式，并在销售环节中，强调这种成衣要素的成组配套关系，从而形成一品多种、互有关联的产品系列。

从生产角度看，首先，一个系列之内的成衣产品只需一份工艺技术文件，某些变化的部位可专门提出，单独注明其工艺要求，避免了以往对每一个产品品种准备一份工艺文件而带来的烦琐，从而在保证产品质量的前提下，简化了生产准备步骤，产品成本亦可随之降低。其次，一个系列的成衣资料存入一档，简单明了，方便管理。最后，因一个系列的服装总体变化不大，工人缝制时容易适应，熟练率提高，生产速度加快，有利于加工周期的缩短。

（二）成衣规格化

成衣规格化是指投入市场的服装成品尺寸应有一定的标准和规范，让消费者购买成衣时"有据可依"，且穿在身上合适。如我国有关部门在测量大量人体尺寸后，制订了号型标准，其总体覆盖面可达90%，有较强的代表性。因此，各服装企业在生产成衣时，首先应依据此号型标准制定出相应的服装规格系列，以使生产出的成衣能有更大的覆盖面，即能有较多的消费者可购买到适合自己体型和尺码的成衣。

（三）适合批量生产

适合批量生产即要求技术人员设计的服装款式、打出的样板，尽可能结构简单，使批量加工方便，降低成本。如图2-3（a）所示为某款儿童披风，其最初设计的样板如图2-3（b）中实线所示为一整片。此样板在单件裁剪时，用普通剪刀是可行的；但批量生产时，面料被铺成很厚一摞用电动裁剪刀裁剪，

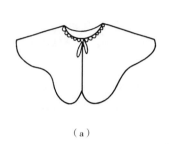

（a）

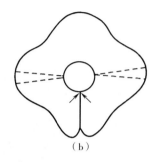

（b）

图2-3 样板设计实例

因电剪刀的整体面积较大，无法在领口处拐直角剪裁，因此，该披肩的工业样板必须分为两块，如图2-3（b）中虚线所示。后者在面料利用率方面也相对高些。

所以从加工性来看，设计批量生产的服装，不能一味追求外观效果而不顾生产的难易。若设计的服装不宜批量加工，或加工复杂、难度大，则会使服装的加工周期延长，服装成本提高。

第二节　原辅材料分析与选用

本节主题：

1. 原辅材料性能测试的内容和意义。

2. 面料检验方法。

3. 材料整理方法。

4. 缝纫线的选择。

服装用原辅材料包括面料、里料、衬料及各种附件，如缝纫线、纽扣、拉链、花边等。目前服装款式的变化，不仅对面料，同时对里料、衬料及各种附件的要求也不断提高，企业应根据需要，选择与品牌、款式、档次、价位等相适应的原辅材料，以提高产品的竞争力。

拓展阅读·贴身衣物就可作电极

只要穿件汗衫，就戴上了用来监测心电图和脉搏的电极——这样的产品已经问世，那就是日本电报电话公司（NTT）、NTT DoCoMo 和东丽共同开发的"体征信息监测用服装"（图2-4）。使用在纳米纤维布料上涂入导电性高分子"PEDOT—PSS"做成的布料"hitoe"制成汗衫，只要穿上就能轻松监测心率及心电波形等体征信息。该产品还可水洗，据 NTT 介绍，"装入洗涤网用洗衣机可洗 30 多次。手洗 50~60 次也可以保持导电性"。

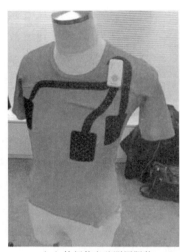

（b）无线装置的连接部分

（a）体征信息监测用服装　　（c）hitoe

图2-4　日本开发的可穿戴新材料

导电性功能材料"hitoe"其基础技术是导电性高分子"PEDOT—PSS"，它不仅具有柔软性、亲水性和一定的强度，还具有生物相容性，因此，即使紧贴皮肤，也不会感到不舒服，但有洗涤后容易脱落的缺点。东丽的纳米纤维解决了这个问题，耐洗涤性得以提高。另外，通过采用 PET 纳米纤维，面料与皮肤的接触面积比使用普通纤维时大，因此能够获得可靠的监测结果。

汗衫本身就是电极，获取体征信息时，需要在服装左肩附近的金属按钮上连接小型监测专用装置。该装置内置连续监测心率和心电波形，并具有以短距离无线通信方式发送到智能手机上的功能。据称，若将电极换装于其他位置，还可监测肌电图和脑波。

资料来源：中日技术产业信息网. 2014-02-19.

一、原辅材料性能测试

各种纺织品均具有各自的物理化学性能，这些性能与服装的样板制作、加工工艺及成品性能有很大关系。因此，在绘制样板及制订工艺之前必须对原辅材料性能进行测试，以保证制成的服装成品有较高的质量。

（一）收缩率的测试

织物在受到水和湿热等外部因素的刺激后，纤维从暂时的平衡状态进入稳定的平衡状态，在这个过程中织物发生了收缩，其收缩程度用收缩率表示。

面料收缩对成品质量的影响较大：①对成品规格产生影响，如原来衣长为 66cm、胸围 98cm 的纯棉成衣，若面料缩水率为 8%，则水洗后衣长只剩 61~62cm；②对服装拼接部位产生影响，如果某服装成品有面料的拼接，而两片面料的缩水率不同，水洗后在拼接处会有皱折产生，影响成品外观；③对"挂里儿"服装产生影响，若服装面、里料的缩水率不一样，水洗后便可能会出现里子收缩严重，服装表面拱起、不平整，或面料收缩严重，出现里子外露或"倒吐"的现象，这些都会影响服装成品的质量。

织物收缩率的大小，主要取决于织物原料的特性、加工方法及后处理手段等因素，因此，织物的收缩率通常是不稳定的。对于即将投产的面辅料，服装企业应测定出较为精确的收缩率数据，以便让制板及制订工艺的技术人员有可靠的依据。从服装加工和穿用的角度，应对原辅材料作下述项目的测试。

1. 干烫收缩率

干烫收缩率是指对面料进行加工时，面料受温度作用而产生的收缩指标（如在黏衬加工中参考用）。

2. 湿烫收缩率

湿烫收缩率是指将原料喷水使之受潮后，再进行熨烫加工所产生的回缩指标（如在熨烫加工时参考用）。

3. 水浸收缩率

水浸收缩率又称缩水率，具体实验步骤是：取一段长度 50~100cm 的面料，仔细测量幅宽，并做好记录；将试样浸在 60℃ 的清洁温水中，用手揉一揉，浸泡 15min 后取出，把试样对折成方形，压去水分（不要拧绞），然后晾干、烫平，计算出缩水率。收缩率大小可按下列公式计算：

$$收缩率 = \frac{测试前试样的尺寸 - 测试后试样的尺寸}{测试前试样的尺寸} \times 100\%$$

（二）色牢度测试

色牢度测试俗称褪色或不褪色实验，其内容有三个方面：

1. 摩擦色牢度

摩擦色牢度是指经过摩擦后，面料色泽发生变化的程度。

2. 熨烫色牢度

熨烫色牢度是指试样经过熨烫加工，冷却后面料的色泽发生变化的程度。

3. 水洗色牢度

水洗色牢度是指试样经过洗涤后的变色程度，分清水洗实验法和皂洗实验法两种测试方法。色牢度测试时，需按 GB 250《评定变色用灰色样卡》评定。

（三）耐热度测试

耐热度是指面料所能承受的最高熨烫温度，其测试方法是让试样在承受最高温度后，观察其质地、性能是否仍能保持下列特性：①不泛黄、不变色，或受热时泛黄变色，但在冷却后能恢复到测试前面料的色泽；②面料的各种物理、化学性能不降低，仍能保持织物原有的断裂、撕破等强度指标；③不发硬、不熔化、不变质、不皱缩、不改变原织物的手感。

相关链接·收缩率、色牢度、耐热度的测试

1. 收缩率测试

根据实验所需次数，准备规格为 50cm×50cm 的相应数量的面料试样，按照教材所述方法和步骤处理试样，将实验获得的数据经计算整理后填入表 2-1 中。

表 2-1　原辅料性能测试结果汇总

品号 _____　　品名 _____　　供应单位 _____

生产通知单号 _____　　要货单位 _____

产品型号 _____　　产品名称 _____

原辅料样：

耐热度：用 _____℃；熨斗停放 _____s；色泽 _____；牢度 _____
　　　　用 _____℃；熨斗停放 _____s；色泽 _____；牢度 _____
　　　　用 _____℃；熨斗停放 _____s；色泽 _____；牢度 _____

干烫缩率：将原辅料用 _____℃熨烫后
　　　　测试前长度 _____；测试后长度 _____；经向缩率 _____%
　　　　测试前幅宽 _____；测试后幅宽 _____；纬向缩率 _____%

湿烫缩率：将原辅料用水喷匀、喷潮，用手搓揉，后烫平
　　　　测试前长度 _____；测试后长度 _____；经向缩率 _____%
　　　　测试前幅宽 _____；测试后幅宽 _____；纬向缩率 _____%

水浸缩率：将原辅料水浸 2h，用手搓揉后烫平
　　　　测试前长度 _____；测试后长度 _____；经向缩率 _____%
　　　　测试前幅宽 _____；测试后幅宽 _____；纬向缩率 _____%

色牢度试验	白布干摩	白布湿摩	熨斗烫温度	水洗	皂洗

处理意见：

　　　　　　　　　　　　　　　　　　　　测试人：　　　　　　　年　月　日

2. 色牢度测试

根据实验所需次数，准备规格为 20cm×20cm 的相应数量的面料试样，按照教材所述方法和步骤处理试样，将试样用 GB 250《评定变色用灰色样卡》对照，评判其色牢度等级，并将结果填入表 2-1 中。

3. 耐热度测试

根据实验所需次数，准备规格为 20cm×20cm 的相应数量的面料试样，按照教材所述方法和步骤处理试样，将实验获得的数据和评判结果整理后填入表 2-1 中。

经过收缩率、色牢度、耐热度测试后的数据需及时通知技术、生产等部门，以作为后续工作的依据。

二、面料检验（验布）

验布的目的是使服装成品尽量少出次品。面料进厂时，首先要检验面料的质量和数量，如果不合格，可与来料单位交涉，要求赔偿或退货。否则，影响服装的质量，不利于企业声誉和利益。

（一）验布项目

1. 幅宽

面料在印染加工过程中，不可避免地要受到机械拉力的作用，若各段受力不匀，或烘燥不透彻，则会引起织物收缩不匀，使幅宽发生变化。因此，服装厂应重新测量同一匹面料的最大幅宽（B_{max}）和最小幅宽（B_{min}），并在相应处做出标识。若 B_{min} 太小，会出现裁片短缺现象，影响生产，造成不必要的浪费。

对于同一批面料，各匹之间的幅宽也会有差异，这不仅与印染加工有关，与织布时所用机器不同也有相当大的关系。对于不同匹次的面料需测出每匹面料幅宽（B），并做记录。技术部门可根据相应的报表将不同幅宽的面料分开，幅宽大的可铺排大号服装，这对节省面料十分有利，如图 2-5 所示。

2. 疵点

织物上的疵点对服装成品的外观有直接影响，若服装上的疵点过多或较为严重，产品会被降等或报废。因此，生产前对织物疵点的检查，不仅可将疵点在裁剪前验出，减少换片降低成本，还能减轻验片的工作量。

织物的疵点一般是在织造、染整及运输过程中产生的，可分为如下几类：

（1）织造疵点：如竹节纱、粗纱、跳纱、断经（纬）、双经（纬）、破洞等，以及织造时被机油或其他污染造成的污渍。

（2）染整疵点：指面料在印染和整理加工过程中出现的技术问题，例如，色花——面料局部染色深浅不匀（与色差不同）；脆化——面料在染整过程中经蒸化、酸洗或水洗等处理过度，造成坯布发硬，强度下降；搭色——印染时，若套色不准确，在面料表面出现同一图案边缘有两套以上颜色；漏印——在某些图案上有一套或若干套颜色没印上；脱格——印染时套版不准，花型错位。

（3）运输当中出现的污渍、破损等疵点。

3. 色差

坯布经过印染加工时，各匹面料之间的颜色会有一定的差异，即使是同匹面料间也会产生一定的色差。这与面料加工时的染色设备和条件、染整调配方法等许多因素有关。如果色

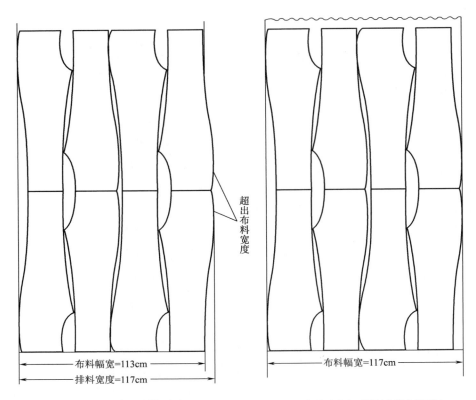

（a）衣片尺寸大而面料幅宽小   （b）衣片尺寸大可用幅宽稍大的面料

图2-5　分幅排料

差严重的面料做成一件服装，则会使服装整体颜色出现差别、降低服装档次。

4. 纬斜和纬弯（丝缕不正）

机织物在印染、整理过程中常常受到拉力作用，处于张紧状态，若拉力不均匀便易引起面料沿纬纱方向发生倾斜，出现丝缕不正，即纬斜现象。如果是条格面料，纬斜严重的会造成面料的条格扭曲，影响服装外观。

当面料中间所受拉力不均匀，便会出现纬纱呈弧状弯曲，即纬弯现象。纬弯的形式有三种：弓形纬弯、侧向弓形纬弯、波形纬弯。纬斜、纬弯较严重的面料必须经调直处理后才能使用（图2-6）。

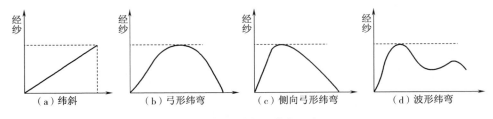

图2-6　织物纬斜、纬变示意图

5. 数量

检查进厂的面料匹数及每匹的长度与来料单是否一致。

（二）验布方式和要求

1. 验布方式

面料的检验主要是利用验布机或验布台，根据人的感官（眼睛和手）分析和判断面料的质量。因此，对面料质量的评价仍是主观的，带有人为因素。检验结果取决于检验员的实际经验、专业技能以及专心程度和责任心。

验布方式的趋势是逐步采用全自动验布机，减少人为因素，降低检验人员的劳动强度，同时，使验布的效率和准确性得到提高。

验布机（图2-7）的使用，大大减轻了检验人员的劳动强度，提高了工作效率。

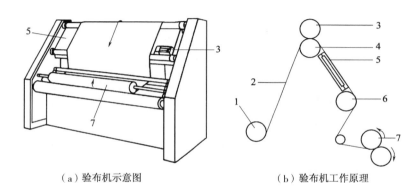

（a）验布机示意图　　　　　　　（b）验布机工作原理

图2-7　验布机

1—退卷装置　2—面料　3—复码装置　4—验布台前导辊
5—检验屏　6—验布台后导辊　7—成卷装置

验布机工作原理：将需要检验的布卷装在退卷装置1上，面料2被缓缓向前输送，经过复码装置3时，长度被记录下来，由此测出布卷的总长。当面料经过倾斜的检验屏5时，站在检验屏前的验布人员便可随时检查面料的质量，检验屏内装有照明装置。一些验布机在出现疵点时，会发出信号警示。成卷装置7按一定的速度把经过检验的面料重新卷成筒状待用。织物的宽度通常用普通的画线尺测量，也有的在机器上加装照相电子设备测量织物幅宽。

2. 验布要求

（1）检验台应具备良好的自然采光或人工照明。日光灯应挂在槽形导光装置内，避免光线四射，影响采光效果。为避免检验屏遭到太阳直射出现反光，可采用半透明的窗帘遮挡。

（2）一般情况下，应从正面检验织物的表面质量。只在个别情况下，如正反面均可使用的织物，要从正反两面进行检验。

（3）做标记。为对织物或裁片进行修整时方便查找，要求在验布过程中，针对不同面料采用不同的方法做出标记。如大衣和西装类面料，用粉笔标明疵点处，并在块料的边缘用布条做标记；连衣裙和内衣类面料，可在疵点处缝一段彩色线、白线，或缝上布条；绒毛类织物在拆包时，检验人员应用粉笔在块料的两端标明绒毛方向，便于铺料时辨认，以确保每层面料的绒毛顺向一致，避免同一件服装出现明暗、光泽上的差异。另外，要标明面料的色差程度、幅宽大小、纬斜纬弯部位等内容。

（4）确定织物质量等级。经过检验的布匹，需标明该匹面料所属等级（如外形等级分数）和物理化学特性（如缩水率、耐水洗性能、耐晒牢度等），作为评价面料的依据。

三、材料整理

当原辅材料经性能测试及检验后，对于发现的疵点和缺陷，应通过整理给予及时修正和补救，将有助于提高面料的利用率，降低服装成本。

（一）材料预缩

如果经检测的材料收缩率小于3%，可在制作样板时，将织物的收缩率考虑进去，给服装样板增加一个收缩量，当服装经过湿热加工或水洗后，服装成品尺寸才能与标注的规格一致。但该方法出厂的成品尺寸会大于标注的规格尺寸，因此只能用于要求不高的中低档服装加工。

如果测出的原辅料收缩率较大，超过3%，则要考虑采用相应的预缩手段。

1. 自然预缩

对于收缩率不大的面料，裁剪前将面料拆包后抖散，在无堆压的自然状态下，停放一定时间，使面料自然回缩，以消除其内部的张力。对于各种松紧带或具有张力的辅料，使用前必须抖散、放松，放置24h以上才能使用，否则，做出的成品松紧性不够。

2. 干热预缩

对一些在温度作用下收缩率较大的织物，可采用下述方法缓解其内部的应力。

（1）用电熨斗或呢绒整理机，对布面直接加热。

（2）利用烘房、烘筒、烘箱等设备，通过加热空气，以热风的形式对布料加热，或应用红外线的辐射热对布料进行干热预缩。给热的温度和时间一般应低于织物的热定型温度和时间。

3. 湿预缩

对美丽绸、机织棉麻布及棉麻化纤布，可直接用清水浸泡，浸泡时间的长短根据织物的品种和缩水率的大小而定。如果是上浆织物，要用搓洗、搅拌等方法给予去浆处理，使水分子充分进入纤维之中，有利于织物的吸湿收缩；精纺毛呢织物可采用喷水烫干的方法预缩，熨烫温度为160℃左右；粗纺毛呢织物可用湿布覆盖其上，熨烫至微干，熨烫温度为180℃左右。

4. 汽蒸预缩

使织物在蒸汽（给湿、给热）作用下，强迫恢复纱线原来的平衡状态，达到收缩的目的。

（二）预缩设备

常用的织物预缩设备有两种：呢毯式预缩机及橡胶毯式预缩机，均用于纯棉类、毛呢类及混纺类织物的汽蒸预缩，经预缩的织物不仅收缩率降低，而且手感较先前柔软。

如图2-8所示的面料预缩机，分为蒸汽区、加热区、冷却区三部分，各自协调进行工作。面料在各区内都有相对的宽松度，确保正确的收缩，无张力输送面料，可防止面料起毛。

图2-8 面料预缩机

（三）织补

织补是指对面料存在的断经、断纬、粗纱、污纱、破洞等织疵，用人工方法按织物的组织结构予以修正，从而使面料的质量合格。服装厂一般是对裁剪后的裁片疵点进行修补；对于较高档的服装，如毛料等，则是在材料检验之后即将验出的织疵进行修补。对于无法织补的疵点，可以采用贴花、绣花或调片等方法补救。

（四）整纬

若织物出现纬斜，可通过手工或机械的方法对面料进行校正处理，即整纬。

1. 手工整纬

在没有整纬设备的服装厂，或不能采用机械整纬的情况下，可采用手工整纬的方法。首先将面料喷湿，然后两人在纬斜的反方向对拉，待纬纱回复原位后，再用电熨斗烫干面料，使其形态保持稳定。如果一次不行，可反复几次。手工整纬的劳动强度大，速度慢，质量也难以保证。

2. 机械整纬

利用机械装置调整织物纬纱歪斜，以改善织物外观质量。其原理是按织物纬斜或纬弯的方向和程度，调整整纬辊的倾斜角度和位置，通过整纬装置的运行，使织物全幅内有关部分的经向张力产生相应的变化，使纬纱在歪斜部位超前或滞后，从而达到全幅内纬纱与经纱垂直相交的效果。

（五）整幅

对褶皱较严重的面料，需用熨斗或其他工具熨平，防止剪切衣片时出现偏差。

四、缝纫线选择

缝纫线是连接服装衣片的基本材料，由于缝线在缝纫过程中与面料直接接触，它对缝纫的质量（如跳针跳线、缝口皱缩等现象）有直接影响。生产加工时，应根据面料的性能、种类等因素，合理地选用相应的缝纫线。

（一）缝纫线的种类及规格

1．缝纫线种类

按构成原料分，缝纫线大致分为纯棉线、化纤线及混纺线三类。

（1）纯棉线：分为普梳线、精梳线、丝光线、蜡光线等。其缝线强度较低，缩水率大，主要用于纯棉面料的缝合。较常用的是丝光线，它是用氢氧化钠溶液对棉线处理，使棉线的天然扭曲消失，表面光滑而有光泽，同时对染料的吸收能力有所提高。

（2）化纤线：分为涤纶线、锦纶线、维纶线等，主要用于化纤面料的缝合。化纤线可防止成衣洗涤后线迹皱缩，其强度和耐磨性也比纯棉线高。但由于目前服装加工的高速化，缝纫过程中的温升较高，而化纤线的熔点较低，易产生熔融断线的现象，因此，缝制时要采取相应措施，以降低缝纫时的温升。如采用机针冷却装置、对缝线施加硅油乳剂冷却等方法，可使化纤类缝线的应用范围更为广泛。

（3）混纺线：分为涤棉线、包芯线等。混纺线综合了纯棉和化纤线的性能，既不像纯棉线易收缩、强度低，也不像化纤线熔点低，可用于各类面料的缝合。其中，包芯线用于较高级的面料，如高支的纯棉服装缝制。

2．缝纫线规格

各类缝线依照其构成的股数、细度、捻度及捻向的不同，标有一定的规格。使用时，应针对不同的服装面料（品种、厚薄及花色的不同），选择相应的缝线规格。

（1）股数：缝线大多由几根单纱合并而成，单纱缝线应用很少。组成缝纫线的单纱根数即为缝纫线的股数。如双股线、三股线、多股线等。生产中多采用双股或三股线，三股线比双股线成形好，强度高，但双股线价格低，一般链式线迹的下线采用双股线。

（2）细度：即缝纫线的粗细程度，有英制支数、公制支数、旦尼尔、特［克斯］等表示方法。其中，英制支数和公制支数为定重制，即在规定重量内缝线的长度值，支数越大，缝线越细；旦尼尔和特［克斯］为定长制，即一定长度缝线的重量值，其数值越大，缝线越粗。

Tt 为纺织专业中表示纱线粗细的物理量，名称为线密度，其法定计量单位名称为特［克斯］，用 tex 表示。今后不单独使用英支、公支、旦尼尔等单位。必要时，可在括号中加注。

（3）捻向和捻度：缝纫线大多由两根以上的单股纱加捻而成，如不加捻，缝线松散，不仅无法穿过针眼，其摩擦系数亦很大，而且强度很低，无法使用。

捻向是指纱线加捻时，捻回旋转的方向。捻向有 S 捻和 Z 捻两种方向（图 2-9）。缝纫线的捻向表示：单纱捻向/合股捻向。

捻度是指单位长度内缝线的捻回数，单位为捻/米。即：

$$捻度 = 缝线捻回数（捻）÷缝线长度（m）$$

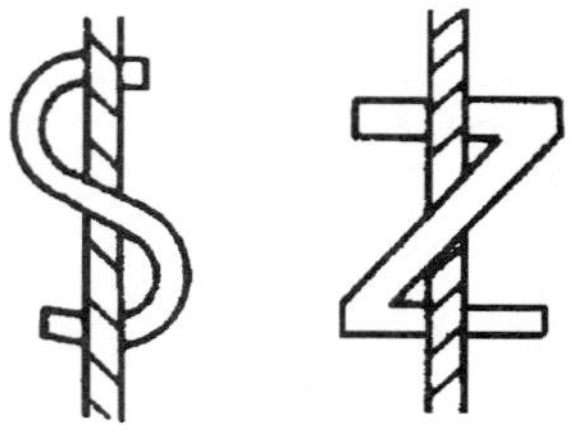

图 2-9　捻向

捻度大小对缝线的强度、柔软性、条干均匀度及光泽都有很大影响，且与服装的加工质量又有直接的关系，所以捻度是缝纫线较重要的工艺参数。

综合股数、细度及捻向等几项内容，缝纫线的规格可表示为：单纱线密度×股数　单纱捻向/股线捻向（单纱英支/股数　单纱捻向/股线捻向）。如：9.8×2　Z/S（60/2　Z/S），因大部分缝线为 Z/S 或 Z/S/Z 捻，上例缝纫线规格的表示可简化为：9.8×2（60/2）。

（二）缝纫线性能要求

加工衣片时，缝纫线一直处于高速摩擦状态，为防止产生熔融、断线或其他问题，对缝纫线的性能有一定的要求，如：较高的断裂强度和强力均匀度；捻度适中、均匀；光滑且细度均匀；良好的弹性、柔软性和耐磨性；适当的吸湿率和回潮率；较高的耐热性能；较高的色牢度及较低的缩水率；良好的耐腐蚀性；无结头或粗节等。表 2-2 列举了部分缝纫线的种类及相应的特点和用途。

表 2-2　缝纫线种类及特点和用途

缝纫线种类	说　明	用　途	特　点
棉线	普通棉缝线	天然纤维织物的普通缝合	与合成纤维缝线相比，具有耐高温、强度低、耐磨性差、收缩率高等特性
棉丝光线	经化学处理，比棉线强度高，有较大的光泽	同上。多用于上线（面线）及外衣装饰线	同上，且缝迹外观较光滑
棉抛光线、蜡光线	经特种整理，表面光滑	缝制帆布，服装上用得较少	同棉线特点，但耐磨性提高
丝线	连续长丝或绢丝	传统服装加工中大量使用。主要用于锁纽孔或定制服装的缝边	外观佳，但较合成纤维线强度低、耐磨性差
合成纤维复合长丝线（单根）	每根线内包括若干根单丝，并加以黏合处理，以防止单丝松散	暗缝线迹缝边，细薄织物包缝	细而强度高、光滑，对缝针的发热甚为敏感

缝纫线种类	说　明	用　途	特　点
合成纤维复合长丝线（多股）	每根线内包括两根或两根以上的单根线，每根线中又包括许多单根长丝	用于绗缝及女内衣	较单根丝线易于缝纫，其他同上
合成纤维单丝线	每根线中，仅有一根长丝	普通缝纫	耐磨性良好，比其他缝线更为硬挺，也更粗糙，能引起机械磨损
合成纤维变形丝线	经处理造成卷曲的长丝	用于高出的缝（凸缝），针织物及女内衣	较长丝及单丝线具有高度的延伸性，仅作为薄型缝
膨体长丝线	经处理造成卷曲的长丝	用于高出的缝（凸缝）及高张力时的缝合，女式紧身衣、游泳衣及针织衣	具有最大的覆盖性，手感柔软、张力好，用于装饰缝，较少作缝纫使用
短纤线	两种类型：纤维长度较绢丝纺的纤维长度低；强力介于棉及合纤长丝线之间	普通缝纫、免烫织物缝纫用；粗的一种可作为表面缝线及锁扣眼用	缝纫性能较其他合成纤维好，缝纫强度高，耐磨性强
包芯线	棉包芯长丝，强力介于棉及长丝线之间	免烫织物及细特（高支）织物缝纫用	易于缝纫，对缝针发热的适应性较其他合纤丝线佳；缝纫强力好，耐磨性良好

（三）缝纫线选用原则

1. 线的性能与面料的特性相配

缝纫线的强度、缩水率、颜色等性能应与面料的这些性能相一致。

2. 根据线迹的种类选用

例如，平缝线迹大多起连接作用，应采用强度较高的缝纫线；绷缝线迹要用较细的缝纫线，因缝纫线的根数较多；包缝线迹要选用较柔软的棉线，因其缝纫线在形成线迹的过程中总要弯曲变形；而链式线迹则要用弹性较好的缝纫线，因链式线迹弹性好，多用于针织物的缝纫上，要求缝纫线的弹性与线迹和面料的弹性相一致。

3. 考虑加工条件

由于工业缝纫机的机速高，加工时的温度升高，因此要求缝纫线需具备相应的可缝性，即耐热性能较好、强度高、不易断线等。

4. 根据成衣的穿用条件选用

对于不同用途的成衣，缝纫线选用要求不同，如工作服、运动服等，在穿用时常常受到较大的力，因此需选用高强度的缝纫线。

5. 考虑缝纫线价格

在不影响生产进度和产品质量的前提下，尽量选用价格较低的缝纫线，目的是尽可能降低服装成本，获得较高的经济效益。

相关链接·服装里料、衬料、附件及配件

一件完整的服装成品往往还需要由里料、衬料、附件及配件等构成，如：扣合件、花边、商标、洗水标志、吊牌等，如图2-10所示。

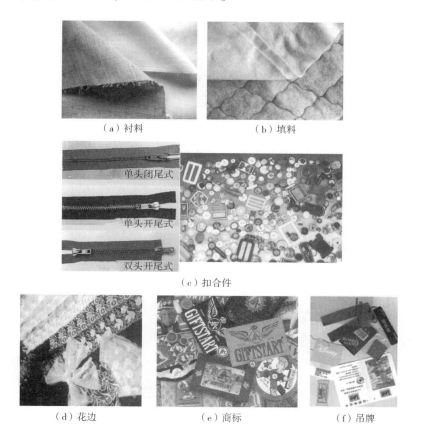

（a）衬料　　　　　　　　　　（b）填料

单头闭尾式

单头开尾式

双头开尾式

（c）扣合件

（d）花边　　　　　　（e）商标　　　　　　（f）吊牌

图2-10　服装辅料示例

1. 里料

服装里料的作用主要是使服装穿着更舒适，外表造型更美观。里料通常根据面料的质地及服装穿用方式等选择相匹配的材料，一般使用人造丝、醋酸绸、尼龙绸、细棉布等。

2. 衬料与填料

衬料是使服装造型美观、防止变形的服装材料［图2-10（a）］，一般有纺织品衬布（如毛衬、麻衬等）和黏合衬布，选择衬布时要注意防止由于面料的缩水而造成的变形，以及衬布与面料的颜色相匹配。填料是在服装面料和里料之间的填充材料，其作用是使服装具有保暖性［图2-10（b）］。

3. 扣合件

扣合件是将服装衣片结合在一起的附件［图2-10（c）］，如纽扣、拉链等。选用纽扣时要注意实用性和装饰性的结合，纽扣的材料有木质、石质、陶制、玻璃、金属、贝壳、合成树脂以及布面、皮面等多种类型。拉链的材质有金属、锦纶、聚酯等，从粗牙到细牙有多种形式可供选择，要注意与服装的风格相一致。

4. 其他相关配件

如装饰物，花边［图2-10（d）］、商标［图2-10（e）］、洗水标志、号型规格标志、成分标志、吊牌［图2-10（f）］等，均是在卖场销售的服装必不可少的配件，其设计也可体现出品牌经营的用心程度，不可小觑。

第三节　服装技术标准

本节主题：

1. 技术标准的类别。

2. 技术标准的等级与变化。

3. 服装号型与规格系列的制定。

4. 典型服装产品的国标内容与分析。

5. 企业工艺标准的内容。

背景知识·服装标准的意义和作用

服装标准是国家为了规范和约束服装产业的采购、设计、生产、仓储、销售等生产活动而制定，是一种既保障企业生产有序进行，又保障消费者合法权益的专业技术法规，通过其权威参照性，起到监督市场、保障生产、技术公证的重要作用。

世界各国，特别是发达国家，都非常重视各类服装标准的制定，将其作为规范生产、以法制形式管理生产的工具。如德国标准 DIN 61501～61506 为不同类型的工作服标准；日本标准 JISL 4006 为各类服装尺码的标准；美国标准 ASTMD 3778～3784 是对各类服装性能提出的标准；另外还有许多相关的服装性能标准。

我国服装专业的国家标准制定得较晚，在20世纪70年代前，只有《男西装大衣》《女西装大衣》等少量技术标准，更多的技术标准是以（国务院所属）部委、地区、行业等名义颁布，相互之间的包容性、内容的广泛性和权威性都受到制约，同时与国际标准不能很好地接轨，给国内服装生产、国际贸易带来一定困难。自20世纪80年代以来，随着改革开放进程的加快以及与国际上服装贸易业务的增加，我国服装标准的建设工作有了较大的发展和改观，同时，服装标准的制定、宣传、实施等工作形成了一定的规范性和制度性。

一、技术标准的类别

（一）基础标准

基础标准是指那些具有最一般的共性和广泛指导意义的标准，如："GB/T 1335—2008 服装号型""GB/T 15557—2008 服装术语""GB/T 29863—2013 服装制图""GB/24118—2009 纺织品缝迹型式分类和术语""GB/T 8685—2008 服装使用说明的图形符号""GB/T 14304—2008 男、女毛呢套装规格""GB/T 6411—2008 棉针织内衣规格尺寸系列""GB/T 2668—2008 男、女单服套装规格""GB/T 2667—2008 男、女衬衫规格"等。

基础标准是制定其他标准的前提，其水平高低不仅影响其他标准的制定，而且对整个行业的技术水平、产品质量水平等方面有着较大的影响。因此，不仅在制定时需十分慎重，同时，基础标准还要领先制定，以便使其他标准在制定时有统一的参照。

（二）产品标准

产品标准是指国家及有关部门对某一大类产品或特定产品的造型款式、规格尺寸、技术要求、质量标准以及检验、包装，运输等方面所做的统一规定。它是衡量产品质量的依据，如："GB/T 2660—2008 衬衫""GB/T 2664—2009 男西服、大衣""GB/T 2665—2009 女西服、大衣""GB/T 2666—2009 男、女西裤""GB/T 14272—2011 羽绒服装""GB /T 8878—2009 棉针织内衣""FZ/T 81010—2009 风雨衣"（原为国家标准现为行业标准）"FZ/T 73019.2—2013 针织塑身内衣调整型"等。

（三）工艺标准

工艺标准是指根据产品质量的要求，把产品加工的工艺特点、过程、要素和有关工艺文件，结合具体情况加以统一而形成标准。在实际应用中，工艺标准多数是企业标准。

二、标准的等级

按照技术标准的适用范围，分为国家标准（GB）、部颁或行业标准（如服装 FZ）或专业技术（ZBY）标准、企业标准（QB）等。服装企业可依照相应的产品技术标准，对成衣规格、缝制质量、整烫质量等内容进行检验。

（一）国家标准

国家标准是在全国范围内都必须贯彻执行的技术标准，是对全国经济技术发展有重大意义的技术标准。目前，服装工业系统中，经国家标准总局批准并已颁布的有"服装号型""男、女单服装"等数十种国家标准。

但上述在 20 世纪 80 年代针对当时市场产品短缺情况出台的一系列国家强制性服装产品标准，在服装已由卖方市场转变为买方市场的今天，显然已有些不适应。根据国家技术监督局、国家纺织工业局近年对标准的清理整顿和复查，服装产品的国家标准大多已确定为推荐性标准，如："GB/T 2664—2009 男西服、大衣""GB"为"国标"汉语拼音第1个字母的大写形式，斜线后的英文"T"表示此标准为推荐性标准，"2664"为标准号，"2009"表示该标准制定的时间。

随着社会环境、科学技术与消费需求的升级，以及与国际服装标准的进一步接轨，服装标准会不断修订、完善、更新与变化，如要求2010年起实施的"GB/T 2664—2009 男西服、大衣"，已替代了上一版标准的内容；服装企业应关注有关服装标准信息，随时掌握最新的国家或行业服装标准的变化，根据情况及时调整企业标准的相关内容。

（二）行业标准（或部颁、专业技术标准）

行业标准是在有关工业部门范围内，企业生产或提供的产品与服务必须贯彻执行的相关标准，如："FZ/T 81001—2007 睡衣套""FZ/T 81004—2012 连衣裙、裙套""FZ/T 81008—2011 夹克衫""FZ/T 81005—2006 绗缝制品""FZ/T 81006—2007 牛仔服装"等等。

或者，一些需要制订国家标准、但条件尚不成熟的，可暂定为行业标准。执行一段时间，待条件成熟后即可修订为国家标准，如原为行业标准的"FZ/T 73008 针织T恤衫""FZ/T 73007 针织运动服"，目前为国家标准"GB/T 22849—2009 针织T恤衫""GB/T 22853—2009 针织运动服"。

（三）企业标准

企业标准是仅限于本企业范围内适用的技术标准，是由企业按自身条件和产品特征自行规定的技术标准。有些产品虽有国家标准和行业标准，但企业为确保产品质量能顺利达到国家标准或行业标准，便对这些标准进行相应的补充和修订。通常企业在实际工作中，会在国家标准或行业标准的基础上，制订更加严格、细致的产品技术标准，以确保出厂的服装成品质量达到国家标准的技术要求。

相关链接·关注国际服装标准的发展动态

（1）在全球经济一体化的今天，服装企业执行何种等级的标准已显得并不十分重要了，特别是当我国加入WTO之后，服装业更成为完全竞争的行业，对服装企业的自我约束能力要求更高。因此，各类标准只能起到指导和推荐的作用，市场将是检验服装产品最好的标准。

（2）同时，国内服装加工及外贸型服装企业，更应着重关注相应进口国家的有关服装标准，例如，日本的"产品责任法"（1995年）中有关服装断针的严格处罚，美国联邦贸易委员会（FTC）法规要求中用于一般服装的燃烧性能标准"16CFR 1610"、用于儿童服装和睡衣的标准"16CFR 1615"和"16CFR 1616"以及"服装洗涤标签法则"等。特别是欧盟国家的有关"绿色环保"标准"Öko-Tex Standard 100"（图2-11），对所进口的纺织品服装的安全性及环保性实行严格的监控，主要针对纺织品服装用染料以及拉链等辅料中的成分，包括禁用偶氮染料、致癌染料、可萃取重金属、游离甲醛含量、pH值、含氮有机载体、杀虫剂、色牢度等进行监控。

图2-11 欧洲通行的绿色纺织品认证标志

2018年伊始，OEKO-TEX®协会发布了最新版 STANDARD 100 by OEKO-TEX®产品认证的检测标准和限量值要求。标准将在三个月的过渡期后，于2018年4月1日起正式生效。新版标准针对所有的产品类别，更多物质被列入"其他化学残留物"中，如：双酚A、苯酚、苯胺等，如果在纺织品服装样品测试中发现一种（或多种）为化学残留物并且超过各自的限量值，则无法对样品进行认证。

因此，及时了解并掌握发达国家相关的服装标准信息，不仅对国内服装行业有促进作用，更会对众多的外贸加工型服装企业起指导作用，以避免出现因信息不对称而发生不必要的索赔损失。

（3）据国家质检部门透露，国外客户对我国服装和纺织品的要求出现如下三大变化。

①从传统的重视外观质量检验趋向注重内在质量检测。由于纺织品服装的内在质量更能反映其使用性能，因此，有些国外商家已将内在质量指标列入了信用条款之中。

②对纺织品的质量要求更加严格。许多客户在合同中对影响使用性能的质量指标提出特殊要求，对染色牢度等项目的指标要求明显提高。在国内某出入境检验检疫局纺织品实验室近年1~7月所受理的321批纺织品服装中，共有201批产品的国外客户要求指标明显高于我国国家标准。

③对纺织品服装的质量要求从传统的实用性、美观性、耐用性，趋向更为重视安全性、卫生性。近年来，世界各国，尤其是欧美等发达国家纷纷出台了相关的环保法规和纺织品服装环保标准，对进口纺织品服装实施安全、卫生检测，美国、欧盟还相继提出了对非环保染料的限制。

随着环保意识的提高和绿色消费的普及，这种技术标准和环境贸易政策在名义上更具合理性，形式上更具合法性。出口到欧盟或美国的纺织品服装，如果达不到相应的质检标准，将会被禁止进口。

2015年10月22日，欧委会展开公众咨询，为的是日后可能取缔291种存在于服装及其他纺织品中的有害化学物。这项咨询是根据化学品注册、评估、授权和限制法规（REACH法规）引入限制措施的简化程序其中一部分。

资料来源：

1. 新年开工第一天，看看"OEKO-TEX ® 2018 年新规"有哪些变化？［J/OL］. 中国服装协会，2018-02-22. http：//mp. weixin. qq. com/s/wJ-MDX8anxhS6YqKbCibyQ.

2. WTO 检验检疫信息网 . 2015-11-24.

三、服装号型与规格

（一）服装号型

1977 年以前，由于我国各地区相互间的联系交流较少，服装号型规格较为混乱，没有统一的标准。服装企业的号型标志方法很多，如："甲、乙、丙""大、中、小""衣长×胸围"等，各相应号型的服装尺寸也不相同，消费者购买成衣时十分不便，难以买到尺寸合适的成衣。

为适应服装工业化成批生产及消费者购买成衣的方便，我国自 1977 年起制定了简单的服装号型系列标准和规格系列标准。1981 年推出了修改过的国家服装号型标准，在国内应用了较长时间。

随着人们生活水平的不断提高，国内各地区人体尺寸产生很大变化，故此后每隔几年，服装号型均会更新，而更新的标准也越来越细化，且更具实用性和指导性。

1. 类别

2008 年更新的国家号型标准有"服装号型 男子 GB/T 1335.1—2008""服装号型 女子 GB/T 1335.2—2008""服装号型 儿童 GB/T 1335.3—2009"三种。

2. 引用标准

GB/T 16160 服装用人体测量的部位与方法。

3. 号型定义

（1）号：指人体的身高，以厘米（cm）为单位表示，是设计和选购服装长短的依据。

（2）型：指人体的胸围或腰围，以厘米（cm）为单位表示，是设计和选购服装肥瘦的依据。

（3）体型：根据胸腰差划分，成年男子及女子的体型分别分为 Y、A、B、C 四类，同一类的男子和女子的胸腰差值不同，如表 2-3 所示。儿童则不分体型。

表 2-3　不同体型的胸腰差　　　　　　　　　　　　单位：cm

胸腰差　　体型 性别	Y	A	B	C
男　子	22～17	16～12	11～7	6～2
女　子	24～19	18～14	13～9	8～4

4. 号型标志

号型标准中明确规定，商店出售的任何服装均必须标明号型（图 2-12），套装的上下装须分别标明号型。号型表示方法为号与型之间用斜线分开，后接体型分类代号（号/型 体型），如170/88 A、160/84 A 等。

5. 号型应用

（1）号：服装上标明的号的数值，表示该服装适用于身高与此号相近的人穿用。例如：

170号适用于身高168～172cm 的人，即适合于身高在此号上、下约2cm 的人穿用。

（2）型：服装上标明的型的数值及体型分类代号，表示该服装适用于胸围或腰围与此型相近及胸围与腰围之差在此范围之内的人穿用。例如：

上装88A 型（男子），适用于胸围在86～90cm、胸围与腰围之差为16～12cm 的男子穿用，即该上装适合于胸围在此型上、下约2cm 的人穿用。

下装76A 型（男子），适用于腰围在75～77cm、胸围与腰围之差为16～12cm 的男子穿用，即该下装适用于腰围在此型上、下约1cm 的人穿用。

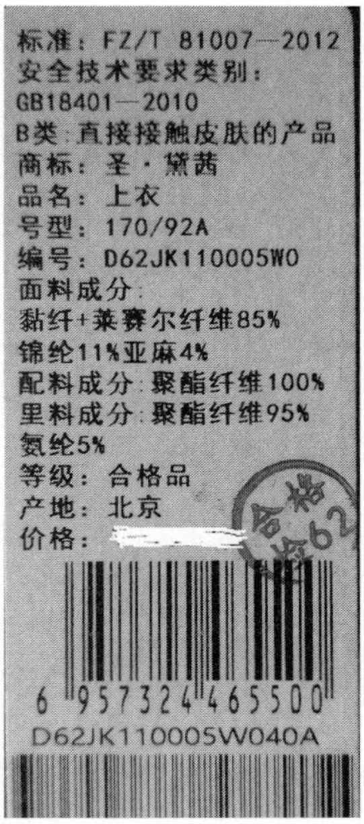

图 2-12 服装号型标志与应用示例

6. 号型系列配置

号型系列配置是指为使更多体型的人群能够购买到比较合体的成衣，服装企业在批量生产时，应将服装尺寸设计成每一个号配置相应的不同型，如中心号可配置全部的型，其他号可有选择地配置一定的型。

由于中心号型是编制整个号型表的依据，通常中心号型是人体测量调查中的中间标准体，如我国男子为170/88A。服装号型表则是以中间标准体的号型为中心，按各个系列的分档间隔值（档差）向左减、向右加而依次排列而成的。身高以5cm、胸围和腰围以4cm 和2cm 跳档，形成号型5·4系列和5·2系列，其中前一位数字表示每一个号的分档数，即每一个号的人体身高相差5cm；后一位数字表示每一个型的分档数，即每一个型的人体胸围或腰围相差4cm 或2cm。

服装的号型配置一般有以下三种形式：

（1）号和型同步配置：160/80A，165/84A，170/88A，175/92A，180/96A。

（2）一个号和多个型配置：170/80A，170/84A，170/88A，170/92A。

（3）多个号与一个型配置：160/88A，165/88A，170/88A，175/88A。

需要注意的是，标准中儿童的号型系列设置与男、女成人的不同：身高在80～130cm 的儿童号的分档数为10cm，型的分档数为4cm 和3cm；身高在135～155cm 的女童和135～160cm 的男童，号的分档数为5cm，型的分档数为4cm 和3cm。

标准: FZ/T 81007—2012
安全技术要求类别:
GB18401—2010
B类:直接接触皮肤的产品
商标: 圣·黛茜
品名: 上衣
号型: 170/92A
编号: D62JK110005W0
面料成分:
黏纤+莱赛尔纤维85%
锦纶11%亚麻4%
配料成分: 聚酯纤维100%
里料成分: 聚酯纤维95%
氨纶5%
等级: 合格品
产地: 北京
价格:

6 957324 465500
D62JK110005W040A

相关链接·标准中附录的使用

服装号型标准 GB 1335—2008 除以上内容外，还包括一些重要的附录，应学会正确使用。

1. 附录 A "服装号型各系列分档数值（规范性附录）"

此附录中的人体各部位分档数值是组成号型系列的基础，也是服装规格设计的基础以及样板推放的依据。

2. 附录 B "服装号型各系列控制部位数值（规范性附录）"

控制部位数值是指人体主要部位的数值（系净体数值），是设计服装规格的依据，即在各控制部位数值上加一定的放松量，便为服装的成品规格尺寸。

例：170/88A 的号型，其坐姿颈椎点高为 66.5cm（净尺寸），若制作上衣时，直接采用 66.5cm 作为衣长，会因人体的厚度，造成穿着时服装太短，故必须加上一定的放松量，如加 7.5cm，则制成服装的上衣长为 74cm（成品尺寸）。

3. 附录 C "各体型的比例和服装号型覆盖率（资料性附录）"

该部分是将各体型的身高与胸围、身高与腰围，在全国及各地区所占比例和覆盖率的统计数据一一列出，作为各地区服装企业在进行规格设计时，所选用体型和号型系列配置的参考。

如制作男风衣的某厂，其销售市场主要针对东北及华北地区，在进行规格设计时，便可查阅附录 C 中东北及华北地区男子各体型的比例和服装号型覆盖率表，查出 A 体型所占比例最大，即胸腰差在 16~12cm 的人较多，为 37.85%，故可选该体型作为中间体型。

再进一步查阅此地区 A 体型身高与胸围覆盖率表，可将所占比例很少的号型删除，列出适用的号型系列表，作为将生产的号型。此外，从覆盖率表中还可确定各号型的生产数量，如 170/88A 所占比例最多，为 9.74%，故此号型生产数量可最多，而其他号型的生产数量可按比例相应减少。

（二）号型与规格的关系

服装规格尺寸是指所制成的服装成品尺寸，它是在人体净尺寸的基础上加放一定的活动用松量而构成的成衣尺寸。服装的样板通常是依据成品规格表中各控制部位的尺寸绘制而成的，如表 2-4 所示。服装控制部位是指服装与人体曲面相吻合的主要部位，上装包括衣长、胸围、总肩宽、袖长和领大共 5 个控制部位；裤子包括裤长、腰围和臀围共 3 个控制部位。

表 2-4　某男风衣号型与规格系列表

（5·4A系列　中心号型170/88A）　　　　　　　　　　　　　单位：cm

成品规格　　　　型 部位名称	84	88	92	96	100
胸　围	114	118	122	126	130
总肩宽	43.6	44.8	46	47.2	48.4

续表

成品规格 部位名称	型		84	88	92	96	100
领 大			40.2	41.4	42.6	43.8	45
号	165	衣 长	—	116	116	116	—
		袖 长	—	58.5	58.5	58.5	—
	170	衣 长	118	118	118	118	118
		袖 长	65	65	65	65	65
	175	衣 长	120	120	120	120	120
		袖 长	66.5	66.5	66.5	66.5	66.5
	180	衣 长	—	122	122	122	—
		袖 长	—	68	68	68	—

服装规格尺寸的设计与服装类型、面料种类及流行趋势密切相关。例如，夹克、运动服装、风衣、休闲类服装的规格尺寸，通常在人体净尺寸的基础上加放较多的活动量，以适合人体运动的需要。如男式风衣的成衣胸围尺寸，通常是在人体净胸围的基础上加 30cm 左右的放松量，而西服等合体的正装类规格尺寸，则在人体净尺寸的基础上加放较少的活动量；又如 20 世纪 80 年代女装流行宽肩、大垫肩等男性化的服装，那时的成衣规格尺寸中，肩宽的加放量都较大，而近几年流行紧身的服装，需要窄小的肩宽相配，则成衣尺寸中的肩宽均在人体总肩宽的基础上加放很小的尺寸，甚至不加放；而针织服装由于面料的伸缩性较好，其放松量与机织面料有很大的区别。

因此，在人体净尺寸基础上的加放量，实际上是各服装企业核心的技术参数，从服装成品规格尺寸的变化，也可窥见服装流行的变迁。

为保证服装成品的规格尺寸与标注的一致，服装在制作过程中，各主要控制部位应制订相应的公差范围，如表 2-5 所示为某企业的成品尺寸允差值。

表 2-5　服装成品尺寸允差　　　　　　　　　　单位：cm

部位名称	极限偏差	备 注	部位名称	极限偏差	备 注
领 大	±0.6	—	胸 围	±2.0	5·4系列
衣 长	±1.0	—	肩 宽	±0.8	—
长袖长（短袖长）	±0.8（0.6）	—	—	—	—

四、服装产品标准的内容

随着市场需求及科技的不断变化和发展，各种服装产品的标准也在作相应的更新。以"衬衫"标准为例，国家质量监督检验检疫总局、国家标准化管理委员会批准发布，于 2009

年 3 月 1 日起实施的 "GB/T 2660—2008 衬衫" 替代了 "GB/T 2660—1999 衬衫"。

与 GB/T 2660—1999 相比主要变化体现在：①修改了标准的适用范围；②补充了规范性引用文件；③增加了成品使用说明的规定；④增加了对衬衫填充物的质量要求；⑤修改了针距密度、整烫等技术内容；⑥增加了成品中不允许含有金属针的规定；⑦增加了耐干洗、耐洗、耐摩擦、耐光、耐汗渍、耐水等色牢度允许程度的规定；⑧修改了成品主要部位缝子纰裂程度的考核指标；⑨修改了成品甲醛含量的规定；⑩增加了成品的 pH 值、异味、可分解芳香胺染料、成分和含量等规定；⑪充实和完善了成品质量缺陷判定的内容；⑫增加了规范性附录 A "检针试验方法"；⑬修改了规范性附录 B "缝子纰裂程度试验方法"。

（一）范围

主要规定了该标准的适用范围或应用领域，例如，此标准适用于以纺织机织物为主要原料生产的衬衫，但不适用于 24 个月以内的婴幼儿产品。

（二）引用标准

介绍了该标准所引用的相关标准，并明确这些标准也成为本标准的条文，强调当这些标准修订时，使用者应探讨使用最新版本的可能性。这些标准包括 "服装号型" "男、女衬衫规格" "服装标志、包装、运输和储存" 等。

（三）要求

在服装产品标准中，技术要求一项所包含的内容最多。

1. 号型规格

（1）号型设置按 "GB/T 1335.1~2　服装号型" 规定选用。

（2）成品主要部位规格按 GB/T 2667 规定，或按 GB/T 1335 有关规定自行设计。

2. 原材料规定

包括对衬衫面料、里料、辅料，如衬布、缝纫线、扣子、钉商标线、填充料等方面做出了具体规定。

3. 经纬纱向技术规定

成品前身（不允许倒翘）顺翘，后身、袖子允许程度按标准中所列表执行。

4. 对条对格规定

（1）面料有明显条格 1cm 以上的，需按标准中所列要求对条对格，如图 2-13 所示。

（2）倒顺绒原料，需全身顺向一致。

（3）特殊图案，以主图为准，全身图案或顺向一致。

5. 拼接

全件成品不允许拼接，装饰性的拼接除外。

后过肩条料顺直，两头
对比互差不大于0.4cm

左右领尖条格对称，互
差不大于0.2cm。阴阳条
格以明显条格为准

短袖条格顺直，以袖口
边为准，两袖对称，互
差不大于0.5cm
3.0cm以下格料不对横，
1.5cm以下条料不对条

左右前身条料对中心条，
格料对格互差不大于0.3cm。
格子大小不一致时，以前
身1/3上部为准

左右袖头条格顺直，以
直条对称为准，互差不
大于0.2cm

长袖条格顺直，以袖山为
准，两袖对称，互差不大
于1.0cm
3.0cm以下格料不对横，
1.5cm以下条料不对条

袋与前身条料对条、格料
对格互差不大于0.2cm。
格子大小不一致时，以袋
前部的中心为准
斜料双袋左右对称，互差
不大于0.3cm（以明显条为
主，阴阳格不考核）

图 2-13　衬衫对条对格要求

6. 色差允许程度

领面、过肩、口袋、明门襟、袖头面与大身色差高于4级，其他部位色差不低于4级。

7. 外观疵点规定

包括对0—3各部位相应疵点允许存在程度（即允许存在疵点个数）的规定，并附有0—3各部位划分图（图2-14）。

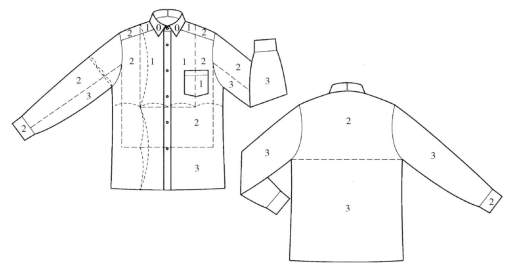

图 2-14　成衣部位划分示意图

8. 缝制规定

对衬衫缝制的各种针距密度的规定，如明暗线、绗缝线、包缝线、锁眼、钉扣的针距密度要求；其余包括：各部位缝制线路整齐、牢固、平服，上、下线松紧适宜，无跳线、断线，起落针处应有回针，粘黏合衬部位不允许有脱胶、渗胶及起泡等；新标准中增加了"成品中不含有金属针"。

9. **整烫外观**

包括对成品各部位平挺、整洁、对称，以及折叠、包装等提出的要求。

10. **产品使用说明**

11. **理化性能要求**

（1）衬衫物理性能：包含成品水洗和干洗后的尺寸变化率，主要部位起皱级差、色牢度允许程度、主要部位缝子纰裂程度、面料的撕破强力等指标。

（2）衬衫的化学性能：主要包含成品甲醛含量、pH 值的指标要求，此外，成品不允许有异味、可分解芳香胺染料，所用原料的成分和含量标注要求及纤维含量允许偏差等。

（四）检验（测试）方法

对成品各部位规格尺寸的允许偏差、测量方法，成品主要性能质量水平测定、缝制质量水平测定、外观测定等方面做出了具体的规定。

（五）检验工具

对检验所需要的工具，如卷尺、评定变色用灰色样卡、疵点、外观、缝制起皱样卡等的要求。

（六）检验分类规则

有关衬衫检验分类、等级划分规则（包括产品缺陷判定依据和缺陷种类）、抽样规则、判定规则等的规定。

（七）标志、包装、运输、储存要求

附录 A："检针试验方法"

附录 B："缝子纰裂程度试验方法"

五、企业工艺标准

当某一具体产品确定投产后，企业技术部门应根据相应的标准，拟订一份具有指导意义的工艺技术文件，其名称与形式按服装企业的不同习惯有所差异，除"工艺标准"外，有些企业称之为"工艺与规格""工艺指导书""工艺制造单"等。

尽管名称不同，但工艺标准所包含的内容大致如下：产品名称、批号（款式号或合约号）、样板号、订货单位、生产数量、编制员、审核员、发布日期等一般信息；服装款式结构图，包括正、背面成品结构图、所用面料及配色方案；成品规格表，可用于指导和控制服装成品尺寸的相关数据；原辅料规格表；裁剪工艺要求；缝制工艺要求；整烫工艺要求；包装要求等。

相关链接·某服装企业工艺标准示例

品名：带公主线的双排扣西装（上、下两件套）

批号：　　　　　　　　　　　　　样板号：

订货单位：自销

编制员：　　　　　　　审核员：　　　　　　　　日期：

1. 服装款式结构图（上、下装）（图2-15）

穿着效果		正面
		背面
配色及料样		

图 2-15　服装款式结构图布局安排

2. 成品规格尺寸表（表2-6）

表 2-6　成品规格尺寸表　　　　　　　　单位：cm

部 位	规 格				
	155/80A	160/84A	165/88A	170/92A	允差（±）
衣 长					
胸 围					
肩 宽					
袖 长					
袖 口					
裤 长					
腰 围					
臀 围					
裤 口					

3. 原辅料规格表及使用部位（以一套为单位，表2-7）

表 2-7　原辅料规格及使用部位

原辅料名称	规 格	数 量	使 用 部 位
毛涤精纺			上衣、裤子
尼龙绸			前、后身，袖子、里、面兜布，领吊襻、裤子前身、兜布，腰
缝 线	丝线		明线部位用双股丝线
	涤塔线		暗线、包缝线

续表

原辅料名称	规 格	数 量	使 用 部 位
衬 料	有纺		前身、过面、兜牙、领子、袖开衩、袖口、裤子腰头、兜口、大底襟
垫 肩	腈纶	2 副	上 衣
商 标	小号	2 个	上 衣
拉 锁	18cm	1 条	裤 子
裤 钩		1 副	裤 腰
纽扣（金属扣）	大（φ2.3cm）	4 个	上 衣
	小（φ2cm）	2 个	

4. 裁剪工艺要求

①核实样板数是否与裁剪通知单相符。

②来料后通风24h方可拉布。

③各部位纱向按样板所示。

④各部位钉眼、剪口按样板所示。

⑤拉布时注意面料正反面，注意面料的色差。

⑥推刀不允许走刀，不可偏斜。

⑦钉眼位置准确，上、下层误差不得超过0.2cm。

⑧打号清晰，位置适宜，成品不得漏号。

5. 缝纫工艺要求（通常结合图示说明）

①缝份：下摆4cm，袖口4cm，裤口4cm，有剪口处按剪口大小定缝份，其他缝份为1cm。

②明线部位：领子、止口、前后破身处、袖开衩、兜口、裤子兜口处、串带均为0.2cm，双股线缉明线。

③线迹密度：每3cm，明线10~11针，暗线12~14针，包缝9~10针。

④缝线：明线、暗线、包缝线均用与面料顺色线，钉商标线用黑线。

⑤包缝部位：上衣垫兜布及兜牙，里布各缝口，裤子各缝口。

⑥特殊要求：

a. 袖开衩为活衩，缉0.2cm明线，大袖压小袖。

b. 商标位置在后领窝往下4cm取中，用黑线钉。

c. 过面、袖摆缝、下摆、袖口、里兜、面兜、领口等处，均须里、面签住。

d. 裤子所附膝盖绸须与面料相配，不得有毛漏。

6. 整烫工艺要求

①眼、扣位按样板所示。

②上衣袖子、兜口及裤子门襟、腰头、省道须点烫。

③注意面料性能，成品不得有水花、烫光、脏污等。

7. 包装要求

①袋内、外号型一致，不能装错。

②每套装入一袋。

第四节　生产技术文件

本节主题：

1. 服装企业常用生产技术文件的种类。

2. 工业样板的准备。

3. 生产技术文件的内容与制订。

当试制的样衣通过订货等形式确定投入生产后，在进行原辅材料检测、整理等工作的同时，应着手制订相关的生产技术文件。根据服装企业不同的生产规模、生产能力及生产品种等条件，生产技术文件的形式和种类不尽相同，主要分为：①生产基本文件：如定货单、生产通知单、备料单、成本单、首件封样单、工业样板等在生产过程中传递基本信息、控制产品质量所必需的表格和文件；②工艺技术文件：如工艺标准（参见本章第三节）、流程工艺文件、工序工艺文件等有利于指导生产、直接控制生产质量的技术文件。

生产技术文件是整个服装生产的灵魂，它决定最终产品是否符合生产任务要求、服装质量是否达标等关键性问题，如果出现纰漏，会给企业带来难以挽回的损失。因此，负责技术文件制订的人员，不仅应具备较高的专业知识和技术水平，还要有良好的素质和高度的责任心。

生产技术文件的制订，是在对产品全部技术要求进行分析研究、经样品或小批量试制后，在初步鉴定通过的基础上，经过再试制、再鉴定这样多次的过程，才能正式形成。因此，它具有一定的准确性和可靠性。

通常，企业将生产过的各种产品生产技术文件汇总并整理成技术档案，以便于新产品开发和生产时调用，能起到加快生产周期、提高经济效益的作用。

一、生产基本文件

生产基本文件是关于服装总体生产过程的，对生产计划、生产安排起指导和制约作用的文件。

（一）生产总体文件

生产总体文件是反映服装企业主要的生产品种和规模、设备配备情况等总体技术参数的文件（表2-8、表2-9）。

表2-8　生产总体设计表

生产品种				
有效工作时间/天				
生产班次				
各部门员工数 （含管理、 技术人员）	裁剪车间			
	缝纫车间			
	整烫车间			
	合　计			
额定日产量/件				
生产节拍/s				

表2-9　设备配置表

部　　门		机器名称	型号与规格	数量/台（件）		
				品种1	品种2	品种3
裁剪车间						
缝纫车间	主机					
	附件					
熨烫车间						

（二）订货单

订货单简称订单，分内销和外销两种。各服装厂都有自己拟定的订货单，但外加工订单一般是由客户制订。订单大多以表格的形式列出，内容主要包括：客户名称、国别、服装品名、所用面料、数量及规格搭配、交货期等，如表2-10、表2-11所示，从订货单中应能清楚地看出客户的要求。

表 2-10　某内销订单示例

品　名		款　号		订货日期		
订货单位			合约号			
付款方式			交货条件		交货期	
面料品名和货号			辅料品名和货号			

数量　规格　颜色	155/80A	160/84A	165/84A	165/88A	170/92A	总计
红						
蓝						
白						
合　计						
包装方式						

表 2-11　美国×××公司与某厂订单

委托加工厂名：_____　　日期：_____　　　　　　　　　号码：1246

出口公司：_____　　客户名：_____

款号：_____　　商标：_____

品名：　女短上装

面料：82%柞蚕丝、18%黏胶纤维混纺织物　　厚度：_____

处理方式：□面料　□成衣

处理程度：□预缩　□水洗　□轻砂洗　□中砂洗　□重砂洗

尺码颜色搭配数量（件）：

颜色（英）	颜色（中）	尺　码						小　计
		6	8	10	12	14	16	
Yarn-dyed fabric	色织物	310	310	620	930	620	310	3100
比　例		1:1:2:3:2:1						
合　计								3100 件

包装方式：□挂衣架立体包装　□折叠平包装　□其他包装

包装辅料：□衣架　□衣架海绵　□尺码夹　□尺码贴　□塑料袋　□安全扣　□吊牌　条形码

运输方式：□海运　□空运　□海空联运

装运日期：_____

（三）生产通知单

生产通知单也称为生产任务单或生产指标单，一般由企业的生产计划部门制订。生产通知单需根据内、外销订货单及订货单位的要求，写明所需生产的服装品种，应用的面、辅料，产品的图样、规格、颜色搭配等较为详细的内容，如表2-12和表2-13所示。生产通知单可以使生产技术部门正确领会生产意图，合理组织生产。

表2-12　生产通知单（例1）

款　号	3018340 长裤		合同数	3360 条	生产数		3376 条
面　料			面料色数	5 种	交货期		
数量 规格 颜色	34	36	38	40	42	44	46	小计
大　红	116	135	220	116	105	105	96	893
深　蓝	136	155	270	136	135	105	106	1043
黑　色	136	156	270	136	135	105	106	1044
橙　色	36	45	45	36	36	—	—	198
黄　色	36	45	45	36	36	—	—	198
小　计								

辅料配备情况：

用　线	拉　链	商　标	洗　涤　标　志
衬　料	吊　牌		

说明：1. 面料单耗：0.92m

　　　2. 里料单耗：1.05m

　　　3. 里料：1907尼龙绸，颜色与面料顺色

生产工段		包装方法	
工　时			

表2-13　生产通知单（例2）

客户名		面辅料样卡提供	成品规格尺寸表
合同号			
款　号			
品　种			
面　料			
数　量			
整　理			
交　期			
号型规格与颜色分配		款式图样	包装箱标志
			包装方法

（四）原辅料规定

1. 原辅料明细表

由于组成服装的原辅料较为纷杂，因此，无论是承接外加工任务，还是自销生产任务，企业必须将所要投产的服装面料、里料及各种辅料和配件等详细列出。如果不同规格、不同颜色的服装所用辅料不同，如同批服装要求红色面料采用红色的黏合衬，而黑色面料则要求使用黑色的黏合衬，则必须分别给予说明。

原辅料明细表可以不同的形式出现，如表 2-14 所示的"备料单"或表 2-15 所示的"面、辅料样卡"。

表 2-14　备料单

合约号			款　号		
品　名			生产数量		
原料使用		辅料使用			
面　料	里　料	规格种类	155/80A	160/84A	165/88A	170/92A
样卡	样卡	里缝缝线				
		外缝缝线				
		拉　链				
		纽　扣				
		按　扣				
		牵　带				
		锁扣眼线				
		包缝线				
商　标		出　样				
小商标		校　核				
材料成分带		生产负责人				
吊　牌		填表人				
号型规格带		填表日期				

表 2-15　面、辅料样卡

客　户		款　号		日　期	年 月 日
合　约		产品名称		生产件数	
款式图样：	面料 1	面料 2	面料 3	面料 4	商　标	洗水标志
备注：	辅料 1	辅料 2	辅料 3	辅料 4	吊牌、材料成分	规格号型

2. 原辅料定额

对原辅料定额的目的有两个：①从经济的角度建立原辅料的耗用标准，进行成本核算；②合理地计算原辅料需求量，在不浪费材料的前提下，保证供应。

（1）面料、里料及衬料定额：一般先由技术科按面料、里料及衬料的实际幅宽，用成型的样板进行大致的排料，得出相应的数据（有关排料知识参见第三章第二节）；然后在技术文件中，规定每件服装的平均用料量（即平均材料的单耗）；生产部门则以此为标准，控制面、里及衬料的消耗不超标。

如果是自销产品，则采购部门要以此平均单耗标准去采购相应的面、里及衬料。

（2）附件及配件定额：服装成品上有许多附件及配件，如纽扣、拉链、商标、洗水标志、号型规格标志、成分标志、吊牌等；特别是纽扣、拉链等扣合件，因服装产品的不同有较大差异，即使是同批产品，也会因颜色的差异要求配备相适应的附件。因此在生产前，必须将这些附件及配件的需求量详细定出，以避免生产过程中出现短缺而影响生产进度或备料过程中的浪费等现象。

（3）缝纫线定额：在服装原辅料定额中，缝纫线的定额最令管理技术人员头疼。因其他材料的消耗都较容易估算，例如纽扣，只要根据款式图上每件服装所需纽扣数以及每种服装颜色将要生产的数量，便可得到各种颜色纽扣的需要量。而一件服装所消耗的缝纫线量究竟为多少，则很难计算，但如果不对每批服装的缝纫线进行定额，同样会出现供应不足或浪费等企业管理者不愿发生的现象。因此，缝纫线定额虽然较麻烦，但相关工作仍需进行。

相关链接·缝纫线消耗量的估算

缝纫线消耗量的大小与线迹的种类有关，如链式线迹的耗线量就比梭式线迹的大。另外，耗线量还与线迹的密度、布料的厚度及软硬程度等因素有关，要精确计算出一件服装的用线量难度较大。因此，一般耗线量的计算均为估算。目前缝纫线消耗量的估算方法有两种，即"公式法"和"比率法"。

1. 公式法

用公式法估算用线量，可参照表2-16中相应线迹的公式，由此得出的数据较为准确，但计算比较烦琐，因公式中的各项条件不易掌握。

表2-16 几种常用线迹耗线量估算公式（英制支数估算法）

线迹类型	1m长缝迹耗线量估算公式	假设线迹单元形状
平缝线迹（301号）	$L=2+0.1DT+0.22D/\sqrt{N_e}$	长方形（厚料）
	$L=1.57+0.08DT+0.30D/\sqrt{N_e}$	椭圆形（薄料）
单线链式（101号）	$L=2.79+0.09DT+0.45D/\sqrt{N_e}$	长方形
三线包缝（504号）	$L=4.09+0.019DT+0.2DK+0.75D/\sqrt{N_e}$	网状
双线链式（401号）	$L=3.79+0.09DT+0.53D/\sqrt{N_e}$	长方形
双针绷缝（406号）	$L=5.57+0.18DT+0.05DB+1+BD/400+1.21D/\sqrt{N_e}$	网状

续表

线迹类型	1m 长缝迹耗线量估算公式	假设线迹单元形状
备　注	式中：L—1m 缝迹所需缝线长度，m； 　　　D—2cm 内线迹单元个数，个/2cm； 　　　T—缝料缝合时的总厚度，mm； 　　　B—双针的间距，mm； 　　　K—包缝线迹的缝边宽度，mm； 　　　N_e—缝线的英制支数	—

注　资料来源：李世波，针织缝纫工艺，中国纺织出版社。

2. 比率法

这是较普遍采用的一种缝纫线消耗量的估算方法，其具体方法为：在某种条件下，试验车缝一定长度的缝料，计算其缝纫线的消耗量与车缝面料长度的比值，利用该比值估算出相应产品的耗线量。该比值称为"缝纫线消耗比率"，一般用"E"表示，即：

$$E = L/C$$

式中：C——实际车缝面料的长度，m；

　　　L——车缝 C 米长面料所消耗的缝纫线长度，m。

在实际车缝某服装产品时，可利用相近车缝条件下的 E 值，估算出整件服装的耗线量，即：

$$L' = E \times C'$$

式中：L'——整件服装的耗线量，m；

　　　C'——整件服装需车缝的长度，m。

E 值测定得准确与否，与试验的条件、试验的方法和试验者的认真程度及精细性等诸多因素密切相关。试验的方法主要有缝线定长法和缝迹定长法两种。

（1）缝线定长法：选择性能良好的缝纫机，调整其各个机构，使其处于正常状态，且符合生产工艺要求，如线迹密度、缝线张力等，准备好规定的面料及缝线。量取一定长度的缝纫线（30cm 以上），量取时，应留出 50cm 以上余量的缝纫线；将量取的这段缝纫线用明显的颜色做出标记，再缠绕到线轴上；按实际操作要求，用这段缝纫线在选用的面料上进行车缝，直到标色线段全部被车缝完；量取标色线段的实际车缝长度，计算缝纫线消耗比率 E 值。

（2）缝迹定长法：直接用规定的缝纫线和缝料，按实际操作要求进行车缝，车缝长度在 50cm 以上；量取缝迹中的一段长度（25cm 以上），将该段缝迹剪断；细心拆出这段缝迹的缝纫线（尽量减小缝纫线张力），测量缝纫线的实际长度；计算出缝纫线消耗比率 E 值。

一般来说，线迹上、下线的消耗量不同，在试验时要求分别算出上、下线的缝纫线消耗比率 $E_上$ 和 $E_下$，然后求出总的缝纫线消耗比率 $E = E_上 + E_下$。对于平缝线迹，若是正常状态下的交结，其上、下线迹结构完全相同，如果使用同种缝纫线，只需算出上线的 $E_上$ 值，总的缝纫线消耗比率为 $E = 2 \times E_{上}$。

（五）首件产品鉴定记录表

首件产品鉴定记录表是指对流水线生产出的第一件成品进行分析和鉴定，找出存在的问题，并提出改进措施，以便控制加工质量，降低返修率，有些企业称之为首件封样单（表2-17）。

表2-17　首件产品鉴定记录表

生产单位：　　　　　　　　　　　　　　　　　　　　　　　　　　　　　　　　年　月　日

通知单号		合约号		货号		品名		原料名称	
国别或商标		规格		数量		投产日			
首件产品鉴定情况：									
改革工艺：									
改进措施：									
投产前讲课人：					首件鉴定人（技术、检查）：				

（六）生产成本计算单

生产成本计算是对所生产的服装成品将要花费的金额进行估算。在进行生产成本计算时，除原辅料所占费用之外，还应考虑到服装的加工费用，包括本厂内的加工费和外加工费、包装费等（表2-18）。机器折旧费、水电费等耗用金额，依据各企业实际情况，最后折入服装成本。

二、工业样板的准备

服装工业样板是以服装裁剪图为基础绘制的适合于工业化生产的服装样板。它在生产中起着图样模具和型板的作用，是排料划样、裁剪和产品缝制过程中的重要技术依据，也是检验产品质量的直接衡量标准。

根据工业样板的用途可划分为基准样板、生产样板和辅助样板。

表2-18 生产成本计算单

订货单位 _____ 生产单位 _____ 产品名称 _____ 产品编号 _____ 年 月 日

	编号								
	材料名称 幅宽/m	计划			实际			单价 元/m	金额 元
		单耗 m/件	产量 件	合计 m	单耗 m/件	产量 件	合计 m		
产量/件									
颜色									
规格									
合计									

实发量

	编号	名称	单位	数量	单耗	规格	计划总量	实发量	单价	金额/元
包装材料										
辅料										

加工量	裁剪	缝纫	烫整	外发

制表 _____ 复核 _____

总成本/元 _____

（一）基准样板

基准样板是用于校正生产样板和辅助样板的标样，包括所有衣片的毛板及部分衣片的净板，均由技术科存档。"毛板"是指在净板的基础上，加放一定缝份的衣片样板，如图2-16中的外层线条；"净板"是指与制成后的服装尺寸相同的衣片样板，如图2-16中的内层线条。

（二）生产样板

生产样板是排料划样及裁剪所用的样板，亦称工作样

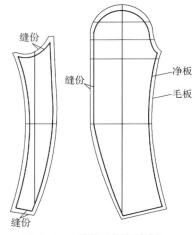

图2-16 服装毛板与净板

板。按材料种类的不同，又可分为面料纸样、里子纸样、衬里纸样、衬布纸样、内衬纸样和辅助纸样等。生产样板大多为加放缝份后的毛样板，其上须划出织物的经纱方向，打出对刀剪口、定位孔等标记，并标明号型规格，如图2-17所示。

（三）辅助样板

辅助样板是便于缝纫、整烫加工工艺操作和质量控制而使用的样板，俗称小样板或模板，按其用途可分为修正纸样、定位纸样、定形纸样和辅助纸样等种类，如用于扣烫、勾缝、标定扣眼、纽扣位置等的样板。

工业样板在生产中起着标样和模板的作用，其正确性和精确度直接影响裁片的

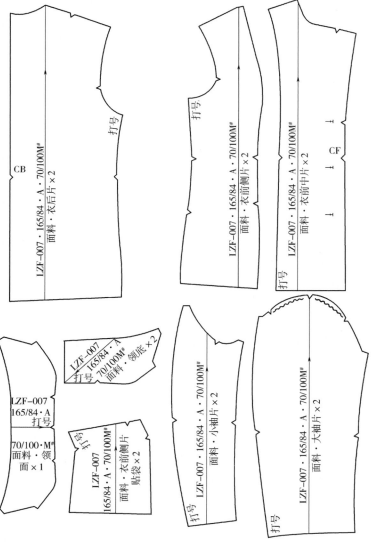

图2-17 生产样板

精度、缝制的难易以及成品质量的高低。为保证样板的质量，避免技术事故发生，所制作的各类样板必须经过严格的审核确认后，才能交付使用。

审核样板时应做好记录，认真填写有关表格，并在样板边缘盖章。对已使用过的服装样板也应妥当保管，以便作为今后生产类似产品时的参考，同时也是一种技术资料的保存。

为保证样板质量、延长其使用寿命，样板保管时还应注意掌握合理的保管方法。例如，若将样板放置于搁架上，应大样板在下，小样板在上，搁放平整；若吊挂存放，应尽可能利用木夹板，可有效防止样板变形。为了防止样板受日光直接暴晒、受潮或虫蛀鼠咬，应将样板放置于通风干燥处。由于计算机技术的应用，目前服装企业的样板资料均可存储在电脑中，因此也相对更方便和容易了。

三、工艺流程文件的制订

拓展阅读·制作产前样衣的重要性

有些服装企业不愿制作产前样衣，认为简单的衣服一看就会，没有必要；或者事情很多，实在没空做。对比忽略和认真制作产前样衣的结果（表2-19），其重要性不言而喻。

表2-19　制作产前样衣的重要性

忽略制作	认真制作
不能准确知道各个工序的难易度，不能充分发挥员工的水平，产品上线后，员工适应期延长，工序调整频率增加	弄清各个工序的难易程度，在结合本组员工的技术情况下，准确安排各工序的人员
不知道各个工序制作时所需的时间，无法准确估算出各工序之间人员的配比情况，导致某些工序因人员过多而出现半成品大量积压，或者某些工序人员安排过少，流水线断流，后道人员无事可做的局面	了解各个工序所需要花费的时间，把各工序之间的人员按比例分配好
无法获知该款产品的技术瓶颈在哪里，造成产品正式上线后流水线不顺畅，甚至中断	找出技术瓶颈，想好上线时该工序最适合的制作人选及人员数量
不能全面了解该款的品质要求	全面了解各个工序的品质要求，并研究出各工序之间统一质量标准的方法
在上线之初，因为对产品款式不熟，容易出现疏忽和错误，也会延长制作时间	熟悉各个工序的制作方法，缩短加工时间

资料来源：服装工业网，2016-03-02。

因服装是由多个部件组成（如上装分为领子、袖子、前后身、口袋等），在将这些零部件缝制成衣的过程中，必定涉及诸如各部件的加工方法和要求、部件之间的组装顺序和要领等工艺技术方面的问题。所以，必须对所要加工的服装产品结构、加工工艺等进行分析，并要明确制订出产品应该达到的质量标准指标。由此，形成一系列有关控制缝制过程的工艺技术文件，主要分为流程工艺文件和工序工艺文件两大类。

工艺流程是指整件服装或服装某部件在流水作业的生产加工过程中应经过的路线和程序。制订流程工艺文件时，应遵循下述原则，即：根据产品特点及流水线实际情况，选用最便捷、最合理的生产顺序，保证各个生产工位衔接顺畅，以达到产品生产速度快、加工质量好的目的。

（一）工序分析

工序是构成作业系列的单元。当服装款式不同或所用设备有所差异时，其作业单元（工序）会随之发生变化，从而引起缝制加工流程的改变。因此，每次生产新的服装产品前，都要对该款服装的加工工序进行分析，厘清加工思路，所形成的结果即为流程工艺文件。

工序分析是指对基本材料加工成为成品这一过程的所有作业进行分解，明确各加工步骤的作业性质、先后顺序、所用设备以及所需耗费的时间等内容，以便有效地利用劳动力和设备，将产品快速且低成本地制作出来。其目的在于：①使生产有条不紊，便于作业的指导和管理。②提高工作效率，获得较高的产量。因服装制作过程被分解为不同工序从而促进了设备和作业员的专业化，这意味着工人可依其技能水平，完成不同熟练程度的工序，可有效提高生产能力和产品质量。③有利于生产线的平衡，便于技术管理人员进行工序编制。④可通过对以往产品加工工序的分析，在生产实践中找出加工工艺的不足，改善工序，以进一步提高加工质量和效率。

1. 表达方式

工序分析的结果可采用工艺流程图、工序分析表等形式表示，工艺流程图直观、明了，如图 2-18 所示；工序分析表详细、全面，易于作业指导，如表 2-20 所示。

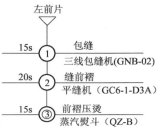

图 2-18 工艺流程图示例

表 2-20 工序分析表示例

工艺图	工序号	工序名称	缝型	使用机种	加工时间/s
	6-01	袋盖对格		手工	0.91
	6-02	初缝袋盖面、里		带刀平缝机	0.52
	6-03	翻烫袋盖		烫袋盖机	0.42

工艺流程图应包括加工工序的名称、加工时间（纯加工时间或标准加工时间）、所用设备的机种和型号或工艺装备、工序号等内容（图 2-19）。通常使用各种固定的图形符号，以区分各工序的作业性质（表 2-21）。根据实际需要，企业亦可自行制订某些符号。

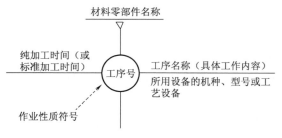

图 2-19 工艺流程图表达方式

表 2-21 工序图示符号

符　号	内容说明	符　号	内容说明
○	通用缝纫机作业	◇	质量检验
◐	专用缝纫机作业	▽	裁片/半成品停滞
◎	手烫、手工作业	△	成品停滞
◉	整烫作业	—	—

2. 工序拆分的影响因素

对服装缝制加工过程的所有作业进行分解时，通常以"手工作业与机器作业分开、不同机械设备作业分开、不同作业目的分开"为依据，将整件服装的制作划分成若干个作业单元，即工序。工序划分的细致程度与所加工的服装品种、加工方式、作业员水平以及机器设备等多种因素有关。

（1）服装款式结构：服装款式结构的复杂程度决定了服装加工的内容及制作量，如男式夹克、西服、衬衫等种类的服装，通常工序划分得较为细致（图2-20），因其服装结构和工作

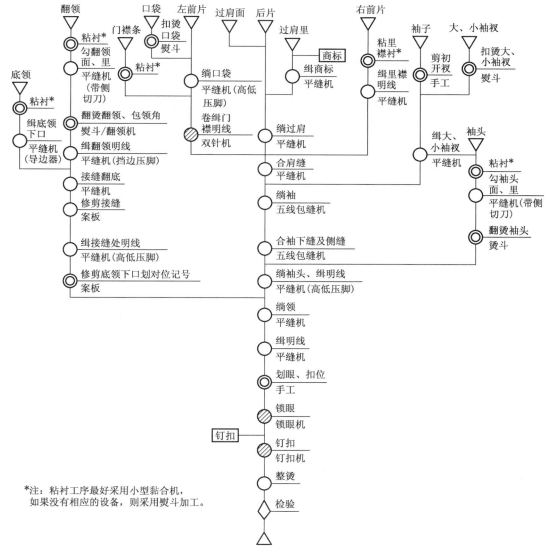

图2-20 男式衬衫工艺流程

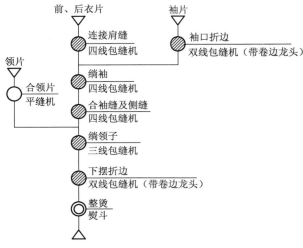

图 2-21　男式圆领 T 恤工艺流程

内容较复杂，需由具有不同技能的工人完成服装各个不同部位的加工。而男式圆领 T 恤，则无须划分出许多工序，因其服装结构和工作内容相对简单，没有更多的工序可划分，如图 2-21 所示。从两类服装工艺流程图中可以看出，男式衬衫的工序数远比男式圆领 T 恤的多。

（2）生产批量的大小：若生产批量较大，工序划分需细致准确，这样可根据工人的技能水平，分别给予安排适当的工作，以保证各个作业员能充分发挥其技能优势，从而获得较高的产量和质量。

相反，如果生产批量小，工序划分的程度可适当降低，因小批量生产需要的流水线工人数量也较少。

（3）机器设备的种类：各企业机械设备的不同将直接影响服装的加工工艺，因此，其工序的划分也必定有差异。如同是外翻式门襟加工，若采用普通平缝机，其工艺流程如图 2-22（a）所示，工序步骤较多；但如果采用带车缝附件的缝门襟机加工，则工艺流程简化，如图 2-22（b）所示，其工序步骤明显减少。

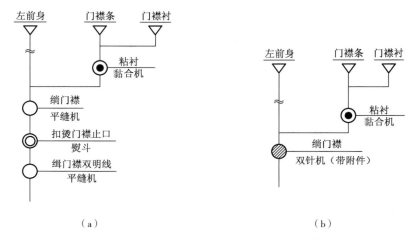

图 2-22　外翻式门襟的加工

（二）工序分析的方法和步骤

进行工序分析时应结合企业生产实际，考虑选用最合理的加工工艺、最便捷的作业顺序，保证各工序衔接畅通，以达到生产速度快、产品质量好的目的。

1. 准备基础材料

对某服装产品进行工序分析时，首先要取得第一手资料，如产品款式结构图、生产基本文件、样衣等，做到对所要投产的产品心中有数；明确产品的裁片数、工艺制作方法、加工顺序；填写产品名称、编制日期、编制人姓名等内容。

2. 列出基本裁片及碎料

基本裁片与碎料和服装的款式结构密切相关，对产品结构要掌握并理解透彻。如图2-23所示女长裤，根据产品的款式结构图可知，此款女裤没有前后口袋及串带襻，腰头压明线、钉扣。将其各裁片及附件一一列出，如表2-22所示。

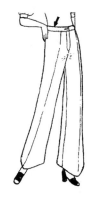

图2-23 女长裤款式图

表2-22 女长裤裁片一览表

基本裁片	碎 料	附 件
右前片、左前片、右后片、左后片	裤腰头、门襟、里襟	腰头衬、门襟衬、里襟衬、商标、号型标志、纽扣、拉链

3. 决定填写形式

一般设"基本裁片"为大部件，"碎料"为小部件。填写工艺流程图时，大、小部件位置的摆放可参照图2-24所示方法，也可根据服装款式或习惯填写。

因图2-23所示的女长裤共有4片大部件，故工艺流程图的填写可采用如图2-24（b）所示的形式。

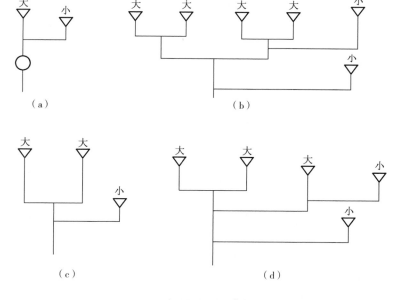

图2-24 工艺流程图填写形式

4. 划分工序，编制工艺流程

由大件裁片开始，按加工顺序，将所有作业进行分解。通常，技术人员应依据企业自身情况，对某种具体产品先编制粗的工艺流程，附件或碎料与大片接合时，填在大件裁片或主线的旁边（图2-25），同时记录已加入的附件或碎料数量，以防遗漏。

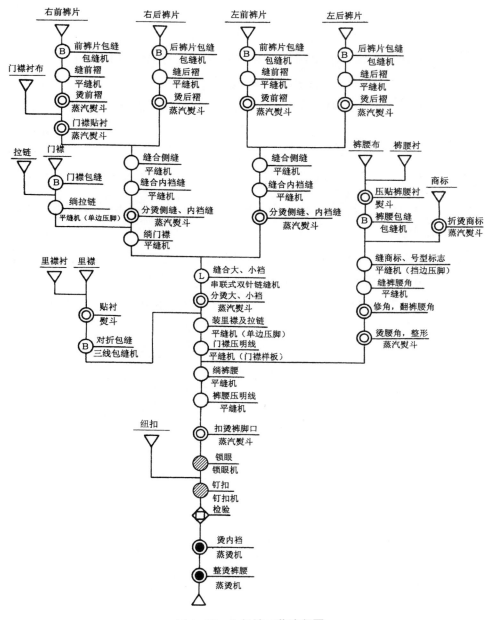

图2-25　女长裤工艺流程图

编制工艺流程时，尽可能将作业性质相同或类似的工序相对集中，减少生产过程中半成品的传送。

72

5. 编写工序号

工序号可按整个工艺流程图顺序统一编写，或按各大部件分别编写。如图 2-25 所示的女长裤工艺流程，在编写工序号时，与前身有关的工序可写为"A-××"、与后身有关的工序为"B-××"、裤腰为"C-××"、组合工序为"D-××"，由此可清晰地得知所加工的部件。

6. 确定加工时间

根据企业实际情况进行时间研究，将纯加工时间或标准加工时间填入工艺流程图中，并统计各种不同作业时间，填入如表 2-23 所示的表内。

表 2-23 加工时间统计表

作业性质	纯（标准）加工时间/s
缝纫机作业	
手烫、手工作业	
整烫作业	
总加工时间/s	

相关链接·加工时间的测算

在服装企业中，管理人员常常为工时定额的制订而头痛。因为在为此而测定作业时间时，操作者往往从自身利益出发，即便是平时动作协调的"快手"，测出的作业时间也比真正的作业速度慢，使测定结果不能反映出被测定者的正常水平。因此，如何保证测出的作业时间较为合理并易于为作业者接受，需要对生产过程进行科学分析，因而产生了"纯加工时间""标准加工时间"等概念。

1. 纯加工时间

纯加工时间是指由具有某种程度经验的作业员（由技能评定机构确定的经验年数）在正常作业条件及作业方法下，以普通的速度（由全厂平均水平决定的速度）进行作业所花费的时间，即：纯加工时间=测定的作业时间（1+水平系数）。

技术管理人员在制订工时定额时，必须考虑人为因素，即从测定的时间值中去除作业员的个性因素（如作业技能水平、工作努力程度等），以便换算出能反映全厂普通作业水平的加工时间值——纯加工时间。其中需去除的作业员个人之间的差异系数，即水平系数，可参考表 2-24。

表 2-24 综合水平系数表

优	A	+0.25	动作协调、准确、合理
普通	B	+0.00	作业有节奏
尚可	C	-0.33	手势稍慢，而后会很快赶上
差	D	-0.58	边想边作业
新工人	E	-0.75	刚经过基础训练

注 资料来源：杨以雄，服装生产管理，上海科技出版社。

2. 标准加工时间

标准加工时间是指作业员一天的时间除用于纯加工之外，还须留出工人思考、搬运、记录等时间，即浮余时间。通常标准加工时间的构成如图2-26所示。

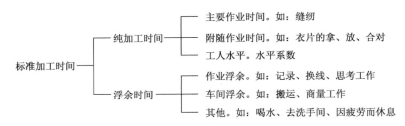

图2-26　标准加工时间构成

浮余时间的计算可通过对车间的工作状态分析得出浮余率，以此代表浮余时间，可估算出标准加工时间，即：标准加工时间＝纯加工时间（1+浮余率）。

7. 填入设备名称或机种型号

各工序所用设备种类十分重要，若使用设备不同，会直接影响缝制加工的工艺方法、加工时间和工序流程，因此必须注明各工序所用设备。

8. 核对检查

核对检查工艺流程图的加工顺序是否正确，有否漏序、漏件等。

9. 整理存档

每款服装的工艺方法和流程均不相同，生产前均需进行工序分析，编制相应的工艺流程，工作十分庞杂。但对于同一服装企业，生产的大多为同类服装，从基本结构到制作工艺，变化不会太大。因此，企业有必要将所生产的各种服装部件，按一定规律加以分类，编成标准工序分析表或工艺流程图，作为资料存档（表2-25）。当生产类似部件时，可随时参考，省时省力，特别对于小批量、多品种生产更为适合。

表2-25　几种衬衫前片工序示例

种类/图示	缝型	工序内容	所用设备	工时/产量
1. 外翻贴边式门襟		将门襟条及衬条放入拉筒器内，前衣片放入工作台面铺平，车缝双明线	双针双链缝机，配拉筒器及滚轮拉送装置，双针距1.9~2.5cm	

续表

种类/图示	缝型	工序内容	所用设备	工时/产量
2. 内翻式门、里襟		将前片门、里襟处放入卷边器中，车缝单明线	单针平缝机，配滚轮拉送装置，1.9~2.5cm 宽卷边器	
3. 公主线		（1）包缝前片剖缝处公主线 （2）缉剖缝处明线	（1）五线包缝机 （2）单针平缝机，配高低压脚	
4. 工字褶		将前片放入"工字"折边器内，车缝双明线	双针平缝机，配"工字"折边器	
5. 竖褶		（1）一次车缝数行竖褶（死褶） （2）车缝竖褶（多次）	（1）多针双线链缝机，配竖褶盘 （2）单针平缝机，配 T 字导向器	
6. 横褶		（1）打横褶的同时，一次车缝数条线迹 （2）车缝横褶（多次）	（1）多针双线链缝机，配自动打褶器 （2）单针双线链缝机，配弹性缝纫线	

续表

种类/图示	缝型	工序内容	所用设备	工时/产量
7. 碎褶		（1）包缝上、下前片剖缝处，同时抽碎褶 （2）缉剖缝处明线	（1）五线包缝机（具有差动功能） （2）单针平缝机，配高低压脚	
8. 横剖缝 （1） （2） （3）		（1）a. 包缝前片与前过肩 　　b. 剖缝处压双明线 （2）将前片与过肩接合处放入卷边器，车缝双明线 （3）将前片与过肩接合处放入卷边器，车缝双明线	（1）a. 三线包缝机 　　b. 双针平缝机 （2）双针双线链缝机，配互折型卷边器 （3）双针绷缝机，配光边型卷边器	

四、工序工艺文件制订

工序工艺文件是对服装加工过程中的每道工序及所涉及的制作方法、工艺及质量等内容提出的技术要求，是具体指导每道工序操作的一种工艺技术文件，其形式有生产工艺卡和生产工艺册两种。生产工艺卡和生产工艺册包括的具体内容大致相同，只是形式上有所差别。

（一）生产工艺卡

生产工艺卡是将服装制作过程中的每道工序的工艺技术要求、所用设备等相关内容制成一张张卡片，挂在相应工序的工作台上方，便于操作者随时对照查阅，如图 2-27 所示。

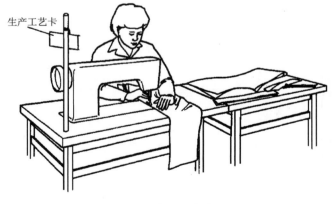

生产工艺卡

图 2-27　生产工艺卡应用

生产工艺卡是生产中总体工艺规程在具体工序中的体现，是企业加工产品的技术规范细则，也是产品在制造过程中进行品质控制的依据。

生产工艺卡的制订是一项十分严肃而且重要的工作，企业应加以重视。由于工艺卡上明确了各工序的工作内容及质量要求，对指导作业员操作十分有利，特别是在多品种、小批量生产中，由于款式变化较大，作业员需要不断适应新款服装的加工工艺，如果管理不当，会造成新款投产时的"起步损失"相当大。

相关链接·生产工艺卡与"起步损失"

"起步损失"是指在换产的最初两天，由于工人对新款服装的加工工艺比较生疏而引起的流水线总体生产量下降。

通常，随着生产数量的增加，工人对所加工产品的工艺熟悉程度逐渐提高，生产量便会逐步增加。因此，如果在新款服装投产前，流水线管理人员能及时将新产品的生产工艺卡挂到相应工序的工位上，让作业员对新款服装的加工工艺和要求提前有所了解，作业员遇到问题可提前解决，便可尽量避免换产时出现混乱或不适应等现象，从而在保证新产品加工质量的同时，生产量尽可能少地受到影响。这是生产工艺卡所起到的良好作用。

一般较为详细的生产工艺卡包括以下几项内容：

1. 产品名称、工序号及工序名称

2. 工艺图

应画出所要加工部件的工艺图，若需要，还应画出此部件与其他部件的连接方式。工艺卡上的工艺图一定要将加工部位的具体结构表示清楚。

3. 工艺说明

若部件加工工艺较复杂，仅有工艺图还不能十分清楚地传达出加工部位的工艺方法，可再加注工艺说明，使作业员能正确地操作。

对于结构较简单，加工不复杂的工序，可不必画出工艺图，只需说明一下其工艺即可。

4. 加工部位尺寸要求

为使加工部位的尺寸能控制在要求范围内，一定要标注所加工部位的尺寸及允差。如果每道工序的尺寸都在控制范围内，则整件服装的尺寸便十分容易达到要求。

5. 操作要领

此项是工艺卡上最主要的内容，也是指导作业员操作的重要部分，必须详细、正确。在工艺卡上，应标出正式操作前作业员应做的准备工作以及具体的操作程序、方法和要求等。

6. 外观要求

即对所加工部位的外观质量提出的要求。

7. 面辅料消耗

在工艺卡上，应列出所加工部位（裁片或半成品）的面料、里料、缝纫线、商标、垫肩、纽扣等材料的名称、规格以及用量，这样能使作业员十分确切地了解加工部位所用的材料，便于其正式作业前的准备。

8. 应用的设备和工艺装备

列出所加工部位需要使用的设备及工艺装备，如操作时需要用的锥子、净板、剪刀等辅助工具，使作业员在工作之前准备妥当，以保证作业的顺利进行。

以上所列工艺卡内容是通常的情况，各企业应当根据所生产的服装品种等具体情况和条件，对工艺卡上的内容进行增减，以制订出符合本企业实际生产的工艺卡。

相关链接·工艺卡

例1

品名：女西服

工序名称：绱垫肩

☆工艺装备：手针、缝纫线、顶针

操作要领及工艺要求：

☆1.垫肩用手针绱在肩缝上，两边与袖窿绷住

2.绱垫肩时，松紧要适宜、圆顺、两袖对称

3.面、里布肩缝要对准，里布不松不紧，呈平服状态

原辅材料：FA-113A-6（6mm）的垫肩1副

例2

工序内容与例1相同，但所用工具设备不同，因此工艺卡有所区别。

品名：女西服

工序名称：绱垫肩

☆工艺装备：绱垫肩机（Durkopp Adler 697-15155）

操作要领及工艺要求：

☆1.将垫肩用专用机绱在衣服面料的肩缝上；注意位置要准确

2.垫肩松紧要适宜、圆顺、两袖对称

3.面、里布肩缝要对准，里布不松不紧，呈平服状态

原辅材料：FA-113A-6（6mm）的垫肩1副

例3

产品名称：男西服　　　部位名称：衣领

工序名称：缉缝串口线　　　工艺装备：缭缝机

操作规程及质量要求：

1.将熨好的衣领上部用缭缝机缭住

2.缭缝时，面、里布丝缕要相符，不能歪斜

3.领面装领线一侧要比领里稍紧

4.画出领角的大小及驳口的大小，按画出的点进行串口的缉缝，串口缉缝线要顺直，且领串口部位要平服，不能有松或紧的现象

例4

编制较为细致的工艺卡。

工艺卡				编号：⋯⋯⋯⋯⋯⋯	
工序名称	开活	工位人数	1	定额工时	144s
所含工序	开活→编号→钉扣子→领衬写规格				
使用工具	案板、红铅笔、剪刀		设备保养期	每天1次	
操作要领	1. 根据生产通知单填写编号和完工日期，编顺序号登账				
	2. 开活前首先核对原辅料是否齐全，如发现残次、脏污等质量问题，要及时找裁剪部门联系，不得继续开活				
	3. 编号：面、里主件和零部件，全部按顺序用红铅笔编号				
	4. 钉菲子：用小布块写编号，钉在前身、刀背、后背、袖子上 　　　左前片写"衣长×胸围"、顺序号 　　　右前片写顺序号、通知单号 　　　刀背写顺序号 　　　后衣片写顺序号、总肩宽 　　　大袖片写顺序号、袖长				
	5. 领衬写规格、顺序号				
质量控制标准	1. 登账要求：字迹清晰，不重号，不错号，不漏登				
	2. 面、里零部件编号全部写在反面，字迹清晰				
	3. 钉菲子要求钉扎结实，断线处打倒回针				
	4. 领衬上的编号胸围要绝对准确				
质保方法	严格执行自检互检制，不合格产品不得流入下道工序				
编制		审核		批准	日期

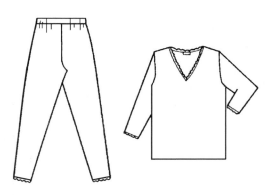

图2-28 某女式针织内衣套装

（二）生产工艺册

生产工艺册是将某一具体品生产时所经过的各道工序的工艺方法、操作要求等内容制订成册，由车间技术员掌握保管，并负责传达给具体的作业人员。若担任某道工序的作业员遇到问题，可到车间技术员处查询相应工序的工艺内容。

例如，某针织内衣企业，由于产品比较稳定，有必要准备一些生产工艺册，以便后续产品生产时作为参考。如图2-28所示为某女式针织内衣套装的款式图，其生产工艺册如表2-26所示。

表 2-26　某女式针织内衣套装生产工艺册

品名	女式 V 领套装	款式号	9916	材料	纯棉罗纹	制定人		日期	
工序号	工序名称	工艺图		操作要领及工艺技术要求		所需面辅料、工艺装备及设备			

1. 上衣

01	合左肩缝		前片放肩条，肩条比肩缝长 1～1.5cm，切边宽度≤0.2cm，前、后片错位<0.3cm	四线包缝机 加肩条
02	绱领、绱袖口		前片放肩条，滚入领口。吃势均匀，领围圆顺，线迹顺直、不跑偏	双针四线绷缝机 加肩条
03	合袖缝、右肩缝	同 01	合右肩缝，领口接缝对准，不错位；合左、右袖缝，上下对齐，不错位，合缝宽度 0.5cm，切边宽度≤0.2cm	四线包缝机 加肩条
04	绱袖子		肩缝对齐，在衣身侧缝处打剪口。绱左、右袖子，缝合宽度 0.5cm，切边≤0.2cm，线迹接合处重合 2～4cm。袖山中缝剪口与肩缝对齐，袖缝与衣身侧缝剪口对齐。袖窿圆顺，端正	四线包缝机
05	折下摆		下摆折 2.5cm，压绲明线。线迹宽度 0.6cm，接合处重合 1.5～3cm；底边宽窄一致，布边不允许露毛边	双针三线绷缝机 加折边导向器
06	绲商标、号型		封领口条、袖口条接缝，封领口三角，打回针，不得出现针洞。领口三角平服，不凹凸。商标、号型标志钉在后领正中处、横向钉，两头打回针	自动剪线平缝机

2. 裤子

07	合裆布与裆下口	同 04	合三角裆布与裆下口，合缝宽度 0.5cm，切边≤0.2cm	四线包缝机
08	绱裤口条	同 02	吃势均匀，脚口圆顺，线迹顺直、不跑偏	双针四线绷缝机

续表

品名	女式 V 领套装	款式号	9916	材料	纯棉罗纹	制定人		日期	
09	合内裆	同 04		合裆布与右裤片、合裆布与左裤片及后中缝。合缝宽度 0.5cm，切边宽度≤0.2cm，两头对齐			四线包缝机		
10	绱松紧带			拉紧松紧带与腰头一起包缝，不得跑偏，接头处重合 2~4cm			三线包缝机 加前、后滚轮		
11	压腰头明线			腰头折边 2.5cm，线迹宽度 0.3cm，缝边宽窄一致，布边不允许露毛边，接头处重合 1.5~3cm			双针三线绷缝机 加折边导向器		
12	绱商标、号型			商标、号型标志钉在后腰正中处，横向钉，两头打回针			自动剪线平缝机		

与生产工艺卡相对照，生产工艺册对操作者的作业指导不十分方便，必须由技术人员在生产前讲清各道工序的工艺要求，但对于了解整件服装的工艺和技术要求十分有利，同时比较适合作为资料存档。而生产工艺卡对指导作业员的操作有利，但存档较难，而且若想查阅相关工序或某款服装所有工序的工艺要求时不方便。

作为管理比较到位的服装企业，最好是生产工艺册和生产工艺卡两种形式并存，这样对作业员和管理者双方都很便利。

相关链接·技术部门的主要岗位与职责（图 2-29、表 2-27）

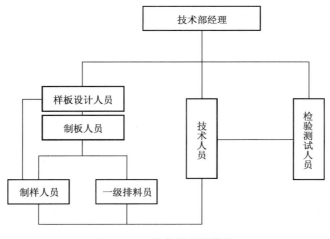

图 2-29　技术部主要岗位

表 2-27 技术部经理的工作职责

部门名称	厂部办公室或技术室
职 务	技术部主任
相关职员/部门	厂长、生产主管、经营和采购部门主管、裁剪车间
职权范围	管理技术部门所有的员工，并负责生产技术资料把关

主要职责：
1. 负责与上级及相关职能部门的联系、协调及反馈工作
2. 负责按厂部下达的工作任务制订本部门工作计划并落实到各岗位
3. 负责技术部门的常规管理工作
4. 负责与经营、生产部门交接并审核定货及加工合同单
5. 负责根据每一订单的具体情况安排并督促本部门员工的工作
6. 负责本部门所负责的生产技术资料的审核及签发
7. 负责做好本部门员工的培训与激励工作并关注员工的生活待遇

本章小结

与单件服装制作不同，批量生产的服装所涉及的部门较多，投入的成本也相对较大。因此，成衣的设计与生产不能盲目行事，需要对其款式结构进行经济性、加工性及使用性等方面的分析、论证和确认后方可投入批量生产，以保证所投产的服装在符合市场要求的同时，也适合工业化生产。

当试制的样衣确定投入生产后，为保证最终产品的质量，还需对所选用的原辅材料进行检测与处理，使其达到制作服装成品的要求。

成衣的生产应遵循一定的技术标准。按类别分，服装技术标准有基础标准、产品标准、工艺标准；按等级分，有国家标准（GB）、行业标准（FZ）以及企业标准。其中，国家或行业颁布的技术标准是企业制订工艺标准的依据。各服装企业可根据自身条件、所生产的产品特点等，制订出相应产品的生产技术文件。当生产技术文件经过正式程序审定后，需要企业各相关部门很好地进行贯彻与执行，并及时进行作业指导工作，以便使服装产品质量能够得到切实的控制和保障。

思考题

1. 在服装加工及穿用过程中，面辅料会发生哪些方面的收缩？如何保证服装成品尺寸达标？
2. 随着我国服装业走向国际化，服装企业在制订标准时应着重考虑哪些因素？
3. 以案例说明服装企业要及时掌握和了解相关服装标准信息的重要性。
4. 批量生产的服装，在设计、研发、生产加工时应考虑哪些因素？
5. 生产技术文件对产品质量有哪些影响和作用？
6. 以某一款服装为例，尝试制订其投产所需准备的相关技术文件。
7. 查阅国内外有关服装的标准，并与国内标准进行比较。

8. 服装号型指的是什么？如何应用？在市场上出售的服装尺寸如何标注？

9. 试述服装号型与规格的关系？

10. 对即将投产的服装面辅料，应进行哪些项目的测试？

11. 如何进行缝纫线的选择及定额？

12. 服装成本估算时，应包含哪些项目？

课外阅读书目

1. 中国标准出版社第一编辑室编．服装工业常用标准汇编．中国标准出版社。

2. 姜蕾、赵欲晓编著．服装品质控制与检验．化学工业出版社。

3. 李正、王巧、周鹤著．服装工业制版．东华大学出版社。

4. 万志琴等编著．服装生产管理．中国纺织出版社。

5. 周萍主编．服装生产技术管理．高等教育出版社。

应用理论与实践——

裁剪工艺流程

课题名称：裁剪工艺流程

课题内容：裁剪方案的制订

　　　　　排料划样

　　　　　铺料工艺与设备

　　　　　剪切工艺与设备

　　　　　验片、打号与分包

　　　　　黏合工序

课题时间：6 课时

训练目的：通过播放展示相应环节的企业生产实际图片和录像，以及组织对重点工序中相关问题的讨论，使学生对这一比较陌生的专业环节具备一定的感性认识并能上升到理性的理解。学生通过上机排料的练习，学会利用服装 CAD 软件对所拟投产的服装产品进行科学排料。让学生掌握批量裁剪工艺与单件服装裁剪工艺的区别及其对制订工艺文件和质量控制的影响。

教学要求：1. 让学生学会批量生产中的排料技术以及用料率的计算方法。

　　　　　2. 让学生了解机械化批量服装裁剪方式。

　　　　　3. 让学生学会制订黏合工艺文件。

课前准备：能够比较熟练地掌握一种服装 CAD 软件的应用。

第三章 裁剪工艺流程

背景知识·批量裁剪的任务

  裁剪的方式依据产品的品种、生产数量的多寡有所不同。如果是数量较大的批量加工，一般采取多层的批量裁剪方式；如果是定做成衣，则需单独裁剪；对于裘皮或皮革面料，考虑到其材质的特殊性，也必须采取单件裁剪的方式。

  批量裁剪的主要任务是：按所要投产的服装样板，把整匹的服装面料裁剪成生产任务单所规定的各种规格的服装衣片，以供缝制车间制作成衣。当某产品被确定投产后，生产或技术部门通常下达相应的各种生产通知单，以便各生产部门明确具体的生产任务和要求，如表3-1所示为某裁剪通知单形式，在生产中可根据具体的情况，填入相应的内容。

表 3-1 裁剪通知单

批次		编号		款式号			总件数		
投产款式图				面布用量	配布用量	里布用量	衬布用量		
				附件用量					
				名称	规格	用 量			
布号									
面布									
配布									
里布									
尺码									
计划									
实裁									
注意事项									

批量裁剪的生产流程通常经过：领料、验布、裁剪方案的制订、排料、铺料、剪切、验片打号、黏合及分包捆扎等工序，其中，排料、铺料和剪切是主要工序。对于不同的材料及服装产品要求，裁剪工艺流程有所增减，通常服装面料的裁剪工艺流程比里料和辅料相对复杂，工作内容要多一些，如图3-1所示为某女裙裁剪工艺流程。

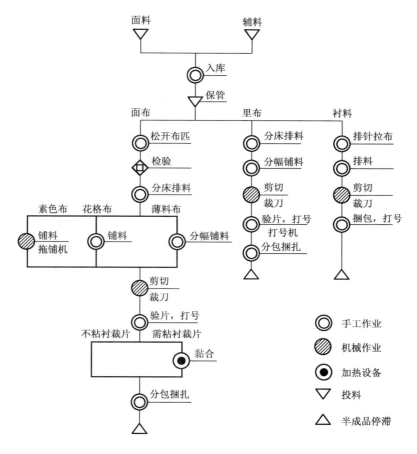

图 3-1 某女裙裁剪工艺流程

第一节 裁剪方案的制订

本节主题：

1. 裁剪方案的内容和表示形式。

2. 裁剪方案制订的原则。

3. 裁剪方案制订的方法。

一、裁剪方案的内容及表示形成

由于服装企业生产时，往往要一次加工出数十件或数百件相同的款式、规格及颜色的成衣，如果采用单件裁剪衣片的方法会浪费大量的时间、人力和财力。另外，每批服装产品中还会有多种规格、多种颜色的要求，且各个规格、颜色的产品数量又各不相同，因此，在面料被真正裁切之前，一定要确定裁剪工作如何实施，才能以最少的劳动量完成生产任务单的要求，而不能毫无计划地盲目裁剪而造成不必要的浪费。

因此，裁剪部门接到生产任务单后，首先要进行的工作是制订裁剪方案，即：决定某批生产任务需在几个裁床上完成，每个裁床上应拖铺面料的层数，每层面料上应排列的成衣规格数，以及每个规格应排列的件数等内容。有了上述具体的裁剪计划，后面排料、铺料等工序便有据可依。在服装企业中，俗称此项工作为"分床"工序。

裁剪方案的表示方法依各企业的习惯而不同，可采用表3-2所示的形式。

表3-2　裁剪方案

床　　号	面料层数及颜色	号 型 规 格 及 套 排 件 数					
		36	38	40	42	44	46
1	灰 300	1		2		2	
2	白 300		2		2		1

二、裁剪方案制订的原则

对于同一批生产任务，裁剪方案可以有许多种，每种裁剪方案都会有利有弊，这就要求工作人员根据具体的生产条件，确定出一个切实可行的最优方案。一般来说，制订裁剪方案时应遵循以下几个原则。

（一）符合生产条件

首先要了解面料的性能、裁剪设备的情况及加工能力的大小等生产条件，然后根据这些条件确定出铺料的最多层数和铺排件数等内容。

1. 由裁剪设备的加工能力、面料的性能及服装档次等条件决定铺料层数

每种裁剪设备都有其最大的加工能力，也就是裁剪加工时允许的最大铺料厚度。如常用的直刃电剪刀，它的最大加工能力为：

$$H_{max}=L-4$$

式中：H_{max}——最大裁剪厚度，cm；

L——裁刀长度，cm。

若裁刀长为33cm的直刃电剪刀，其最大裁剪厚度即为29cm。根据裁刀的最大裁剪厚度和面料的厚度，可得出允许铺料的最多层数：

$$N_{max} = H_{max} / H_m$$

式中：N_{max}——允许铺料的最多层数，层；

　　　H_{max}——最大裁剪厚度，cm；

　　　H_m——面料厚度，cm。

由上式得出的 N_{max} 数据只是铺料层数的理论参考数值，还需根据面料的性能、服装要求的质量等级等条件确定最终的铺料层数。

（1）对于耐热性较差的面料，如果铺放的层数较多，在裁剪过程中摩擦所产生的热量不易散发，将导致刀片温升很高，若面料本身不耐热，势必会造成面料受损，如边际熔化、粘连等。此现象不仅会降低服装的质量，而且影响生产进度，对于这类面料应相对减少铺料层数。

（2）对于质量要求较高的服装，也应适当减少铺料层数，以保证裁剪质量。因铺料层数越多，裁剪的准确度越低，上、下层衣片形状及尺寸会产生较大差异。一般情况下，化纤或毛呢面料铺 70~80 层，灯芯绒类面料铺 80~100 层，绒布类面料可铺 130~140 层，涤棉等混纺类薄料可铺 250~300 层，其他面料可铺 200 层左右。

2. 由裁床的长度、操作人员的配备及每件服装平均用料等情况决定每层面料铺排件数

首先，铺料长度不能超出裁床的长度。实际上许多服装厂的裁床较长，其长度足够使用。但若铺料的长度较长，需要的操作人员增多，工人的劳动量相应增加。因此，铺料的长度要根据操作人员的数量和劳动量等因素来定，不能太长。如果采用拖铺机，则没有这些方面的问题，铺料长度可相应长一些。

确定铺料的最大长度后，可按下式计算每层面料允许铺排的件数。

$$排料件数 = \frac{裁床允许铺排长度}{每件服装平均用料量}$$

每床铺料层数和每层允许铺排件数确定后，方可制定具体的裁剪方案。

（二）提高劳动效率

在确定裁剪方案时，要尽量考虑节约人力、物力和时间，以提高劳动效率。在生产条件允许的范围内，尽可能减少重复劳动，充分发挥工人的能力，高效而合理地使用机械设备。

（三）节省面料，排料方便

根据经验，几件不同规格的服装进行套裁，比只裁一件服装的面料利用率高；大、小号套排要比大号、小号分别套排时的面料利用率高。分床时，应在生产条件许可的前提下，尽量在每床多排几件，以有效地节约面料；但如果套排的规格件数太多，会给排料、铺料等工作带来不便，如套排件数太多易造成漏片；铺料太长，工人劳动强度加大。表 3-3 列举了套排件数与面料利用率之间的大致关系。

有些服装厂采用先两件或三件服装衣片套排，而后成倍地增加铺料长度。这一方法能使排料人员的工作难度降低，对于布匹的衔接也较方便，只是面料利用率有所下降。

表3-3　套排件数与面料利用率的关系

一台裁床的服装套排件数/件	面料利用率/%	可节省面料/%
1	80	—
2	82	2
3	84	4
4	86	6
5	88	8
6	90	10
7	88	8
8	86	6

注　资料来源：蔡润馨.生产、计划及组织.香港：香港理工大学纺织及制衣学院科学发展处。

三、裁剪方案制订的方法

在实际生产中，裁剪方案的确定实际上是前面所讲方案制订原则的灵活应用。对于某个生产任务单，其裁剪方案并不是唯一的，每种裁剪方案都会有利有弊。工作人员应根据具体的生产条件和原则，经过分析比较，从数个方案中确定出一个效率最高、效益最大、切实可行的最优方案。

裁剪方案制订的方法很多，根据生产任务的特点，主要有：比例法、分组法、并床法、加减法、取半法等。

（一）比例法

比例法适用于某批服装各规格件数间具有某种比例关系的情况。

例1：某厂接到生产西服上装的任务，规格、件数如表3-4所示。根据生产条件得知，铺料层数不能超过300层，每层最多可排5件，试确定此生产任务的裁剪方案。

根据表3-4所示，30、35规格的西服件数为其他规格的二分之一，也就是各规格之间服装件数的比例关系为1∶2∶2∶2∶2∶1，可采用比例法确定裁剪方案。

表3-4　西服上装规格、件数

规　格	30	31	32	33	34	35
件　数	300	600	600	600	600	300

由于铺料层数不能超过300层，确定每床铺300层面料；大、小规格套排，每层面料最多可以排5件，可将30、31、32、33、34每个规格各一件排为一床。此时，只有30规格已

满足生产任务要求，再将 31、32、33、34、35 每个规格各一件排为另一床。至此，所有规格的件数都满足了生产任务单的要求。其裁剪方案如表 3-5 所示。

表 3-5　西服上装裁剪方案一

床　号	面料层数	号 型 规 格 及 套 排 件 数					
		30	31	32	33	34	35
1	300	1	1	1	1	1	
2	300		1	1	1	1	1

上述生产任务单还可以有其他的裁剪方案（表 3-6）。

表 3-6　西服上装裁剪方案二

床　号	面料层数	号 型 规 格 及 套 排 件 数					
		30	31	32	33	34	35
1	300	1	2	2			
2	300				2	2	1

以上两种方案都满足了生产任务单的要求，但方案二中套排的组合是较小的号排在一床，较大的号排在另一床，这对于节省面料是不利的。一床中应大小号穿插套排才能有效地节省面料。另外，方案二中，每床都有两个规格的衣片需要排两件，则这几个规格需要准备两套样板。如果只用一套样板，很容易漏排；而用两套样板，既增加了制板人员的工作量，又增加了生产成本。

从例 1 可以看出，裁剪方案有许多种，需根据实际情况选出最优方案。

（二）分组法

分组法适用于某批服装各规格件数间虽不呈比例关系，但经适当分组，可转化为具有某种比例关系的情况。

例 2：某批服装生产任务如表 3-7 所示，根据生产条件，每床最多可排 5 件，铺料不超过 100 层，只有 2 个裁床可用，试确定其裁剪方案。

表 3-7　某批服装生产任务单

规　格	10	12	14	16	18
件　数	40	80	90	25	25

表 3-7 中各规格服装件数不成比例，用比例法制订裁剪方案显然不行。但仔细分析可以发现其中规格 14 共 90 件，可分为（40+50）件，这样便可分别与其他规格的件数呈比例关系，而后，再采用比例法进行分床。根据生产条件——最多允许铺 100 层，每层不超过 5

件，表 3-7 所示的生产任务单裁剪方案可确定为如表 3-8 所示。

表 3-8　某批服装裁剪方案

床　号	面料层数	号 型 规 格 及 套 排 件 数				
		10	12	14	16	18
1	40	1	2	1		
2	25			2	1	1

（三）加减法

加减法用于当生产任务单中几种规格的件数之间没有任何规律可循的情况。遇到这种生产任务单，可对其中某些规格的件数做适当调整，即多加几件或减少几件，便能找出其中的规律，再运用前述分床方法制订裁剪方案。

对生产任务单中的某几个规格件数稍作改动后，虽与订单略有出入（一般以增加数量为宜），但从排料来看，不仅不会浪费面料，还有可能节省面料，而且使裁剪方案的确定较为方便。增加的成衣可留作样品或自销，有时多出的成衣客户也能接受。但这一方法的首要条件是面料应有足够的保证。国际上通常能接受的情况是，实际产品数不超过订单数±5%，且多是在中号规格中进行件数的加减。

例 3：某生产任务如表 3-9 所示，生产条件为：铺料层数≤150 层，每层最多套排件数≤5 件，试确定此生产任务的裁剪方案。

表 3-9　某批服装生产任务单

颜色 ＼ 件数 ＼ 规格	34	36	38	40	42	44
白	3	19	29+1	30	28	9
红	0	2+3	6+1	7	6	1
蓝	0	5	7	7	7+4	6
橙	4	13	17	15+2	16+4	7
黄	3	12	14+1	15	10+6	4
黑	2	33	59+2	61	51+1	19

根据表 3-9 所示，得知：①34 规格数量很少，可单独裁剪或与其他规格并床；②38 和 40 规格数量较接近，可以利用加减法使两者数字相同，再利用比例法分床；③36、42、44 三个规格之间，经分析发现 36、44 两规格数量之和接近或等于 42 规格的数量，也可采用加减法使 36 规格+44 规格＝42 规格，再利用分组法进行分床。

按上述分析，在各规格处加减相应件数后，实际共生产 552 件成衣，原来的总订货件数为 527 件。实际生产数量比订单多裁出 25 件，多出的比例为：（25/527）×100%＝4.7%，符合国际上可接受<5%的比例。

如果其中某规格加减数量多，通常以均码加减为好，即多出或减少的件数均匀分配，这样客户乐于接受。

根据调整后的生产任务单，裁剪方案可确定为如表 3-10 所示。

表 3-10　某批服装裁剪方案

床　号	面料层数及颜色	号 型 规 格 及 套 排 件 数					
		34	36	38	40	42	44
1	白 3、橙 4、黄 3、黑 2	1					
2	白 19、红 5、蓝 5、橙 13、黄 12、黑 33		1			1	
3	白 30、红 7、蓝 7、橙 17、黄 15、黑 61			1	1		
4	白 9、红 1、蓝 6、橙 7、黄 4、黑 19					1	1

相关链接·衬料裁剪方案的制订

取半法用于小块衣片且每件服装所需该衣片数恰为偶数的情况，如袖口等部位衬料的裁剪方案制订便可利用取半法。

例 4：某款服装需袖口衬如表 3-11 所示，试确定其裁剪方案。

表 3-11　某服装袖口衬规格、件数

规　格	38	40	42	44	46	48
件　数	112	196	252	252	224	140

表 3-11 中袖口衬各规格的实际裁片数应为所列件数的一倍，如 40 规格 196 件，实际应裁出 392 片袖口衬。因每件服装的袖口都为两个，所以需袖口衬两片。这一点在排料时要注意。

由于袖口衬的片数均为偶数，可用取半法进行分床。如 40 规格每层可排 3.5 件，即 7 片衬。但若采用取半法制订裁剪方案时，铺料必须采用往返折叠铺料法，即面对面的方式将衬料一正一反地铺放，保证裁出的衬料均是对称的。这样 7 片衬中的一片虽无对称片，但可从邻层衬料中找出。表 3-11 所列出的生产任务用取半法可分床如表 3-12 所示。

表 3-12　某服装袖口衬裁剪方案

床　号	面料层数	号 型 规 格 及 套 排 件 数					
		38	40	42	44	46	48
1	56	2	3.5	4.5	4.5	4	2.5

裁料时需注意的是，衬料的铺料层数不能太多，因其上有颗粒胶易熔化，容易出现废品。

第二节　排料划样

本节主题：

1. 排料的准备工作。

2. 排料的要求。

3. 排料图的绘制方法。

排料俗称"划皮"，其任务是按已确定的裁剪方案，在满足设计、制作等工艺要求的前提下，将各规格的服装衣片样板，在规定的面料幅宽内进行科学、经济的排列。其目的在于尽量节省面料，以提高面料利用率、降低成本，同时给后续工作（如铺料、剪切等工序）提供可行的依据。

一、排料的准备工作

（一）掌握有关排料的基础资料

1. 本批面料的幅宽尺寸，应按照大小不同的面料幅宽分别进行排料。

2. 本批生产任务单的床数及每床需套排的件数和相应的规格。

3. 每件服装的衣片样板数。

4. 技术部门下达的用料率指标等。

（二）领取并检查样板

排料人员在领取样板时，应填写有关领用手续表（表 3-13），以便样板的保存。

服装衣片的样板作为生产中的标样，必须准确无误。因此，排料员在正式排料前，应对所领取的样板进行严格的复核，并将复核结果记录在相应的表格中，如表 3-14 所示。如对样板有疑问，及时找有关人员解决，以保证最终排料图的正确。

表 3-13 样板领用记录

合同号：		生产通知单批号：			
产品型号和名称：		号型系列要求：			
规格	衣片板型数	衣里板型数	零部件板型数	附件板型数	板型编号	板型存放处

样板领用日期： 年 月 日

预定归还日期： 年 月 日

实际归还日期： 年 月 日

注明事项：

样板保管人： 样板领用人：

表 3-14 样板复检单

合约号		任务单号	
品 名		规 格	
大样板数		小样板数	
复样部位	复样结果记录		
长 度			
围 度			
衣领长、宽			
衣袖长、宽			
衣袖与袖窿吻合			
衣领与领口吻合			
小样板复样			
对位剪口、钉眼			
纱 向			
样板边缘			
备 注			
出样人		生产负责人	
复核人		日 期	

二、排料的要求

（一）符合服装制作工艺要求

1. 衣片的对称性

组成服装的衣片基本上是对称的，如上衣左、右袖片，裤子左、右裤片等。在制作样板时，这些对称衣片通常只绘制出一片样板。排料时，要特别注意将这类样板正、反各排一次，使裁出的衣片为一左一右的对称衣片［图3-2（a）］。否则会将样板排成"一顺儿"［图3-2（b）］，裁出的衣片无法制作成衣，需重新配片。另外，对称衣片的样板要注意避免漏排。

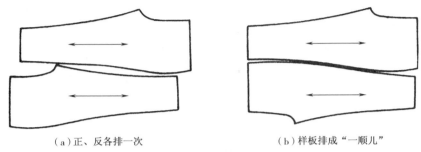

（a）正、反各排一次　　　　　　　　　　　（b）样板排成"一顺儿"

图3-2　衣片的对称性

2. 面料的方向性

（1）面料的经向和纬向：许多面料如机织布、针织布，其经、纬纱向的性能有所不同。通常，沿经向拉伸变形小，而沿纬向拉伸变形较大。不同服装款式在用料上根据设计要求有直料、横料及斜料之分。因此，在服装样板上，各衣片一定要注明经纱方向，使排料人员有明确的技术依据。

（2）面料的表面状态：有的面料沿经向从上至下与从下至上，或沿纬向从左至右与从右至左，面料的表面状态具有不同的特征和规律。

①条格面料：如顺风条、花格等面料（图3-3），从不同方向观看该类织物表面时，其条格排列及布局有一定差别。

②毛绒面料（表面起毛起绒的面料）：沿经纱方向排列的毛绒具有方向性，即所谓的"倒顺毛"，当从不同角度观看这类面料时，其色泽及光亮程度不同，而且不同方向的手感也不一样。

③图案面料：有些面料上的图案有方向性，如花草、树木、动物、建筑物等。

对于上述具有方向性的面料，排料时衣片样板的首尾不能任意颠倒，必须考虑到设计和制作工艺等要求，避免服装外观出现问题（图3-4）。

（a）规则格子　　　　　　　　　　（b）不规则格子

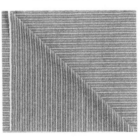　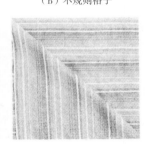

（c）规则条纹　　　　　　　　　　（d）不规则条纹

图3-3　条格面料的表面状态

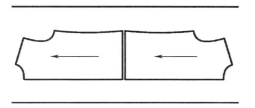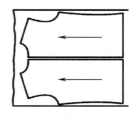

（a）左、右衣片绒毛和图案方向不一致，　　　　　（b）左、右衣片绒毛和图案方向不
　　　会导致明暗光泽不同　　　　　　　　　　　　一致，外观效果相同

图3-4　毛绒或有方向性图案面料的排料

（二）保证设计要求

保证设计要求这一原则主要用于条格面料的排料中。当设计的服装款式对面料条格有一定要求，排料的样板便不能随意放置，而应保证排出的衣片符合设计要求。如条格面料的口袋与前身、左右领尖、衣片间的衔接处在排料时需考虑"对格条"，以保证衣片缝接后达到设计要求，如图3-5所示。

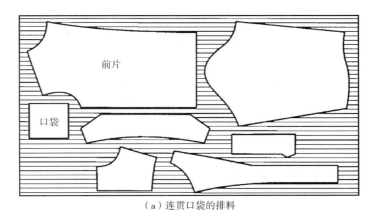

（a）连贯口袋的排料

（b）斜格口袋的排料

图3-5　口袋排料方式

服装企业的生产是批量进行的，为尽量减少上、下层衣片之间条格图案的误差，排料时除了要根据设计要求，把各样板排放在相应的部位外，还要留出裁剪量，使裁剪时的实际裁片比样板大一些，以便在缝制时能够保证对格对条的要求。条格面料较为费料的原因即在

于此。

（三）节约用料

排料的重要目的之一是节约面料，降低成本。多年来，服装企业已总结出一套行之有效的经验："先大后小、紧密套排、缺口合并、大小搭配"。即排料时，其一，先将较大的衣片样板排好，再排较小衣片的样板，这样能充分利用各大样板之间的缝隙，将小样板排入。其二，排料时最好将样板的直边对直边，斜边对斜边，凸缘对凹口，以减少衣片样板间的缝隙。其三，若样板不能紧密套排，不可避免地出现缝隙时，可将两片样板的缺口合并，使空隙加大，在空隙中再排入其他小片样板。其四，大小规格的衣片样板搭配排料，可以"取长补短"，有效地提高面料的利用率（图3-6）。

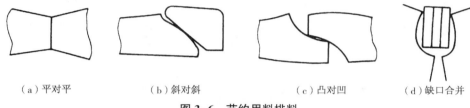

（a）平对平　　　　（b）斜对斜　　　　（c）凸对凹　　　（d）缺口合并

图3-6　节约用料排料

排料时，还应注意以下几点：

（1）排料图总宽度比下布边进1cm，比上布边进1.5~2cm为宜（图3-7），以防止排料图比面料宽，同时，可避免由于布边太厚而造成裁出的衣片不准确。

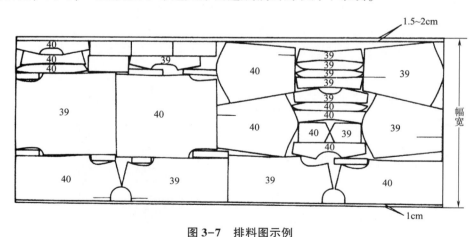

图3-7　排料图示例

（2）排料后，应复查每片衣片是否都注明规格、经纱方向、剪口及钉眼等工艺标记。

三、排料图的绘制方法

排料图（亦称裁剪图）绘制的方法有许多，不同服装企业根据产品的特点及自身的习惯可选用不同的绘制方法，通常使用的排料图绘制方法有4种，目前使用最多的是电脑绘制法。

（一）复写纸法

将衣片样板在一张与面料同宽的普通薄纸上按要求排好后，沿衣片边缘将排料图描画下来，然后铺在面料上裁剪。多用于衬衫、时装等薄料服装的样板排列，排料图一次性使用。在大批量生产中，若同样的排料图一张不够用，可以采用复写的方法，用专门的复写纸同时绘制几张排料图。

（二）穿孔印法

将衣片样板在一张与面料同宽的厚纸上排好，画出排料样板形状，然后按画好的衣片边缘轨迹扎出许多小孔，将这张带有针孔的排料图放在布料上，沿着孔洞喷粉或用刷子扫粉，然后将排料图取走，在面料上即出现样板排列的形状，按此粉印形状便可进行裁剪。

穿孔印法绘制的排料图能使用多次，多用于较大批量的服装，如军队服装、职业服装等的生产。排料图上的衣片轨迹可用激光打出孔洞。

（三）直接画法

将衣片样板直接在面料上排列，用划粉等工具沿样板边缘描画下来。对于需对条格的面料，必须采用直接画法绘制排料图，否则无法使衣片条格对正。

（四）电脑绘制法

将衣片样板形状输入计算机内，由操作人员利用计算机进行排料。衣片样板形状可通过数字化仪板直接输入计算机，也可将服装各号型尺寸输入计算机内，直接绘制基型样板，经推板得到系列样板后再排料。利用计算机进行制板、排料的速度快、效率高。得出的排料图可由绘图仪自动绘成1∶1的裁剪图，也可与服装CAM（计算机辅助生产系统）联机使用，进行自动裁剪。

若将以前各生产任务的排料图按比例缩小，存储于计算机中作为资料保存（表3-15），对以后的生产会有一定的参考价值。

表 3-15　排料图存储

货号		品名		排料长度		规格搭配	第一床：M，L 第二床：S，XL	排料方法	
第一床					第二床				
幅宽/m		断长		平均用料		幅宽/m		断长	平均用料
排料图 1						排料图 2			

相关链接·面料利用率

1. 面料的利用

由于服装是穿着在人体上的，大多呈立体造型。因而，衣片的形状也是不规则的，极少有衣片是规则的几何形。所以，在裁剪面料时，必定会有多余的面料浪费掉。如图3-8所示，阴影部分是各衣片纸样之间的空隙，最终将成为生产中面料的损耗。

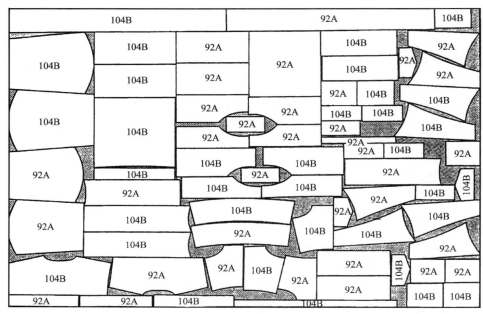

图3-8 面料的耗损

此外，面料的疵点、色差、匹头和匹尾等都会造成损耗，使真正用于缝制成衣的面料减少，面料利用率进一步降低。通常，面料的利用率在80%以上是可以接受的，在所损耗的约20%面料中，裁剪耗损约占12%，其余耗损约占8%。其中，疵点、色差及匹头、匹尾的耗损，可通过对所购进面料严格把关等手段，将其控制在较低的百分比之内，而裁剪的损耗则较难控制。它不仅与排料的经验和技巧有关，服装的款式和衣片的结构形状也十分重要。

如图3-9所示的服装款式，其前衣片与领子连为一体，又呈具有一定倾斜角度的曲线，因排料时考虑到裁剪设备的活动余量，致使中间较难插入其他衣片，导致面料利用率降低。

因此，在设计服装款式和绘制样板时，要从提高面料利用率、降低成本的角度考虑，以符合成衣的市场推广需要。

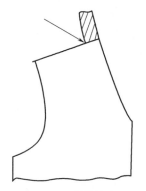

图3-9 服装款式、样板结构与面料利用率的关系

2. 面料利用率的计算

由于服装衣片多为不规则的几何体，若要通过排料图上衣片所

占面积计算利用率只能依靠电脑。但目前国内多数服装企业仍沿用人工排料，要精确计算出面料的利用率难度较大。依照各企业的习惯不同，面料利用率的计算方法各有差异。

（1）平均单耗法：通过计算每件服装的平均用料量及常规的面料耗损，估算整批面料的利用率。

$$服装的平均单耗 = \frac{排料图长度}{此排料图所排面料的件数}$$

（2）称重法：称出所有裁片的重量与本批面料的总重量相比，或称出所有浪费的面料重量与本批面料的总重量相比，得出面料的利用率或面料的耗损率。

$$面料的利用率 = \frac{所有裁片的重量}{本批面料的总重量} \times 100\%$$

$$面料的耗损率 = \frac{所有浪费面料的重量}{本批面料的总重量} \times 100\%$$

称重法计算面料利用率，虽然较为准确，但操作起来比较烦琐。

（3）百分比法：

$$面料的利用率 = \frac{排料图上所有衣片样板所占面积}{排料图总面积} \times 100\%$$

在利用电脑排料时，程序可随时计算出已排样板的面料利用率，方便、快捷、准确。

第三节　铺料工艺与设备

本节主题：

1. 铺料工艺要求。

2. 铺料方法。

3. 铺料设备。

铺料亦称之为"拉布"，其任务是按照已确认的排料图长度和裁剪方案所确定的层数，把成匹的服装面料平铺到裁床上，形成整齐的一摞面料，以准备正式的剪切加工。

一、铺料工艺要求

铺料的关键是要掌握铺料的长度（即排料图的长度），以及铺料的层数（由裁剪方案所确定的层数）。此外，还需注意以下工艺要求。

（一）布面平整

布面平整是最基本的铺料要求。若布面不平整，有褶皱、波纹等现象，会使裁片与衣片样板不符，造成一定的误差，势必影响最终的服装产品质量。若面料褶皱严重，则需先用熨斗等工具熨平，方可铺布。

（二）布边对齐

铺料时，通常要求保持一面布边垂直方向对齐。由于在织造过程中面料的幅宽总会产生一定的误差，因此面料两边都对齐很困难，只需对齐一边即可。同时，排料图应靠对齐的一边铺放（图3-10）。

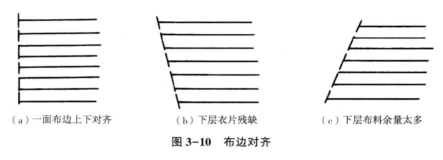

（a）一面布边上下对齐　　　（b）下层衣片残缺　　　（c）下层布料余量太多

图3-10　布边对齐

（三）减少拉力

在铺料过程中，为使布面平整，需对布面施加一定的作用力，且对齐布边时也有拉布的动作，从而使面料受到拉力作用，产生一定的伸长变形。但这种伸长变形不是永久性的，经过一段时间，随着拉力的消失，变形会慢慢恢复（但不可能恢复到原状）。显然，在拉伸状态下裁剪出来的衣片，经过一段时间后，必定会与样板产生误差，致使生产出的服装成品规格不准。因此，铺料时不仅要注意保持布面平整，布边对齐，还要尽量减小拉力，使面料的形变尽可能小。对于拉伸变形大的面料，铺料后须放置一段时间，让面料充分恢复，然后裁剪。

（四）保证面料方向性

许多面料具有方向性，如灯芯绒、格绒等，对于这类面料，除了在排料时要注意方向性，铺料时也要注意方向性。即铺料时，应使每层面料都保持同一方向，保证裁出的同批服装衣片方向一致。

（五）格条对准

对于格条面料，铺布时要求对格对条。因此，条格面料的铺放难度大，效率较低，面料利用率降低，成本较高。目前，服装厂多采用在对条对格台上扎格针（图3-11）的方法，以保证上下层面料格条对准。铺布时，需在最底层有排料图的面料上找到工艺特别要求的部位并扎上格针，以后每铺一层，都在该层相应部位找到与下层面料相同的格或条，并扎在格针上，以保证这些部位的格条上下层对齐，使每层面料的各衣片均能对上条格。

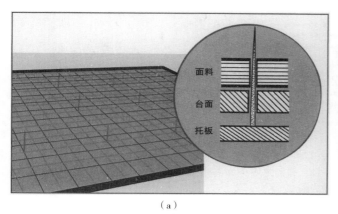

（a） （b）

图3-11 对条对格台及定位针

（六）保持面料清洁

为便于裁刀进行裁剪，每床裁床的底层需铺一层薄纸，便于衣片的捆扎，同时保持裁片清洁。

二、铺料方法

一般来说，面料有正反面之分，但有的面料正反面差别不大，如素色平纹织物。所以，铺料前一定要认真识别面料的正反面，以免铺错，影响服装质量。生产中铺料的方法依据排料图、面料性能、服装工艺要求等一系列因素，分为许多种（图3-12）。

（一）单面铺料法

单面铺料法亦称之为单程铺料法。这种铺料方法是将各层面料的正面都朝一个方向铺放[图3-12（a）]。特点是：面料沿一个方向展开，正面全朝上，或反面全朝上；每层面料之间剪开；工作效率较低。单面铺料法适用于具有方向性的面料，如起毛起绒织物，这样能保证面料方向的一致性；需要对条格的面料，也必须采用单面铺料法，以易于对格对条。

（二）往返折叠铺料法

往返折叠铺料法亦称之为双程铺料法。这种铺料方法是将面料一正一反交替展开，各层之间正面与正面、反面与反面相对[图3-12（b）]。特点是：铺料时每层之间的折叠处不必剪开，省工时，效率高；但与单面铺料法相比，较费料。往返折叠铺料法可用于不分正反面或没有方向性的面料铺排，如素色平纹织物、里料等。

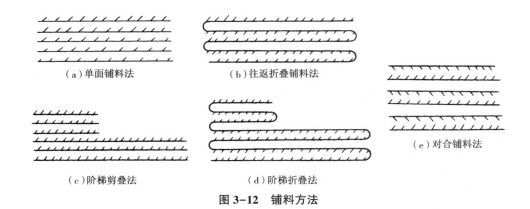

（a）单面铺料法　　　　　　　　　（b）往返折叠铺料法

（c）阶梯剪叠法　　　　　　　　　（d）阶梯折叠法　　　　　（e）对合铺料法

图 3-12　铺料方法

（三）阶梯剪叠法

当某批生产任务中有某种规格数量很少，或经过单面铺料、往返折叠铺料裁剪后，某规格只剩下较少的数量，可将这些数量很少的服装衣片与其他规格的服装衣片合并，采用阶梯剪叠法铺料［图 3-12（c）］。

（四）阶梯折叠法

阶梯折叠法是阶梯剪叠法和往返折叠法的综合［图 3-12（d）］。

（五）对合铺料法

面料铺到要求的长度时剪断，将面料翻转180°，退到出发点再铺放［图 3-12（e）］。这种铺料的结果是面料正面对正面、反面对反面，而且上下层面料的方向是一致的。若服装的各衣片均为对称片，排料时各衣片样板只需排一次；另一对称衣片可从邻层面料中找出，且衣片的方向能保持一致。

相关链接·布匹衔接

在铺料过程中，常常会遇到这样的情况：当铺到最后一层时，面料长度不够一张排料图长；或铺到某段时，面料有较严重的疵点，不能使用。此时，若将面料沿排料图一端剪掉不用，会造成面料的浪费；如果继续使用，面料不够长，会出现残片。

为不浪费面料，同时能保证此层上的所有衣片均为完整裁片，可在该面料层衔接另一块色泽、质地完全相同的面料。既要保证该层衣片为整片、又要使此种衔接最为省料，这种工艺称为布匹衔接，亦称之为驳布。

布匹衔接一般只适用于薄型面料。毛呢类面料不宜进行布匹衔接，因面料本身较厚，衔接部位呈凸势，令衣片变形。布匹衔接的关键是要在铺料前确定出衔接部位和长度，即面料在排料图的何处衔接、衔接部位的长度为多长，才能保证裁出的衣片均是整片。

布匹衔接部位及长度确定的步骤如下：

①将画好的排料图平铺在裁床上，观察各衣片在排料图上的分布情况。

②找出衣片间在面料纬向交错较少的部位（如图3-13中虚线所示），作为布匹衔接部位。

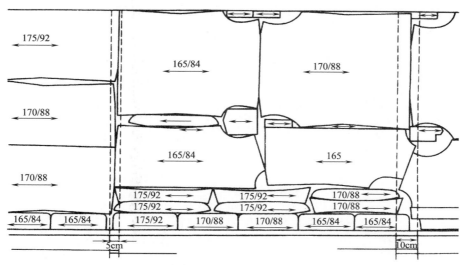

图3-13 布匹衔接（一）

③在布匹衔接部位，各衣片的交错长度即为铺料时各匹面料间的衔接长度。

④在裁床边缘画出布匹衔接部位和衔接长度的标记，撤掉排料图正式铺料。

铺料时每铺到一匹面料的末端，都需在画好的衔接标记处，将超过标记的面料剪掉，新一匹面料按标记规定的衔接长度与前一匹面料重叠后继续铺料。一般情况下，铺料长度越长，布匹衔接部位应选得越多，通常为1m左右选一个衔接部位。也有一些企业，习惯将最后一层多余的面料剪下，另外排料裁剪。

有些风衣或大衣类服装，因衣身较长且衣片较多，常为两件套排，得出的排料图较短。铺料时将排料图两块或三块接上，此种情况下可将每张排料图的接缝处作为布匹衔接部位（图3-14）。

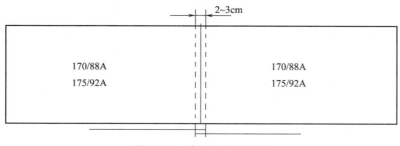

图3-14 布匹衔接（二）

三、铺料设备

（一）铺料裁剪台

铺料裁剪台即裁床，通常由台面、边框和基座组成［图3-15（a）］。为稳固起见，基座多由圆角钢制成，支架带有调节螺钉，可依工作地的实际情况均匀地调节裁床台面的高度，以弥补因地面不平造成的裁床倾斜，操作时较为方便简单。

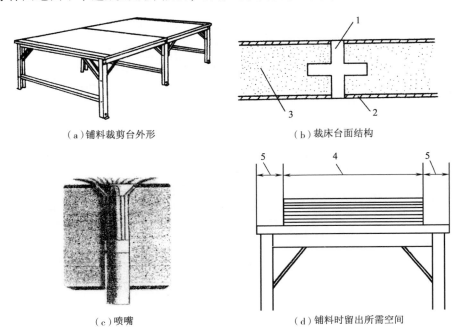

（a）铺料裁剪台外形　　　　　　　　　　（b）裁床台面结构

（c）喷嘴　　　　　　　　　　　　（d）铺料时留出所需空间

图3-15　铺料裁剪台
1—硬木条企口连接　2—热压材料板　3—高压硬质碎料　4—面料幅宽　5—预留量

裁床台面要保证长年不变形，经久耐用。因此，台面大多是夹层组合结构，板芯为高压硬质碎料，两面均匀铺上一层热压材料板，该材料板的特点是耐磨性好、坚硬、表面不易被刮伤。台面之间的对接最好采用嵌入台面的企口连接方式［图3-15（b）］，确保连接后的台面没有凸出的边沿，平滑顺畅。

台面边框通常镶上与台面颜色反差较大的边带，以起警示作用。边角部位均需经过倒角加工，保证没有突出的边缘或锐利的尖角，以免损伤面料。

较高级的裁床台面配有气垫装置，其台面内部装有喷嘴［图3-15（c）］，通气时在面料和台面之间形成一层均匀的气垫，使布层悬浮在气垫上，裁剪人员可轻易地移动布层且保证面料不会受到拉伸而产生变形，布层间的错位现象也能有效地消除。

裁床的长度及宽度随面料的幅宽及生产品种的需要而定。常见的台面宽度为1000～2400mm，台面长度为2000mm左右。

确定裁床台面宽度时，除参考面料的幅宽外，还需考虑留出裁剪设备底座及操作所需的空间，以使裁剪设备能正常工作。如果面料层边缘与裁台边缘的距离过小，操作者将难以控制裁刀准确而垂直地进入面料层。若采用移动式拖铺设备，裁台宽度还必须考虑留出拖铺机所需的轨道空间［图3-15（d）］。

（二）人工铺料设备

人工铺布效率低，劳动强度大，但对面料的适应性较强，能铺排各种类型的面料，特别是对于条格面料的拖铺，能按规定工艺要求对格对条地铺放。为减轻工人的劳动强度、提高效率，人工铺料时，多配有灵活实用的辅助装置和设备，如载布架、端部裁刀等。

1. 固定式载布架

固定式载布架的组成十分简单，一对支架和一个布辊（图3-16）。在裁床一端将这对支架固定于台面左右两端，布辊安装在支架顶端的凹槽内，当工作人员拉动布料时，布辊可自由转动。在安装支架时必须保证布辊呈水平状态。固定式拖铺设备需由两名工人共同完成铺布任务。

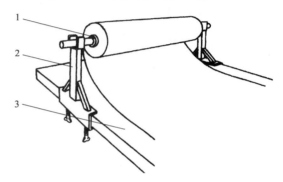

图3-16　固定式载布架

1—布卷　2—支架　3—裁床

2. 人工移动式载布架

人工移动式载布架比固定式载布架稍有改进，装布卷的载布架可由人工控制沿铺料裁剪台移动，只需一名操作人员便可完成铺料任务（图3-17）。

图3-17　人工移动式载布架

1—载布辊　2—导布架　3—滚轮　4—压板　5—轨道　6—手柄

载布架由载布辊、导布架及两对滚轮等构件组成，裁台左右两端配有轨道，用于载布架上的滚轮行走；在铺料的末端安装有夹尺，用来固定铺放完毕的布层位置。

3. 端部裁刀

当一层面料铺到规定的长度后，由裁床两端的工人分别用剪刀将面料剪断，也可使用机械式的端部裁刀。

端部裁刀用于铺料过程中将每层布料裁断，分有手动（图3-18）和自动（图3-19）两种。端部裁刀通常由手柄、旋转刀片、轨道及提升装置组成。轨道除为引导刀片切割布料外，还与提升装置相连，共同固定布料的端部。端部裁刀可与各种拖铺设备配合使用，移动式拖铺设备的端部裁刀多与载布架安装在一起，当随载布架共同移动到规定的铺料末端时，按动其上的裁刀操作开关，刀片便由电动机带动，自动完成布料的裁断。

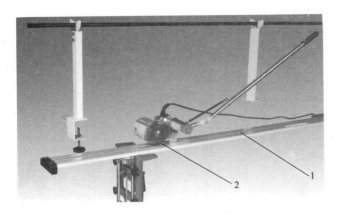

图3-18　手动端部裁刀

1—轨道　2—刀片

图3-19　自动端部裁刀

1—轨道　2—刀片

（三）机械铺料设备

随着服装工业的发展，机械铺料开始逐步取代人工铺料。拖铺机（图3-20）不仅效率高，而且能减轻工人的劳动强度，但其适应性不如人工铺料，当遇到需要对条对格的面料铺排时，无法保证上下层面料的条格对准。此外，拖铺机对面料幅宽的要求较严格，幅宽差异较大的面料无法拖铺。

根据服装面料及加工要求的不同，铺料设备的品种有许多，可根据不同需求选用（表3-16）。一般拖铺机具有下述功能。

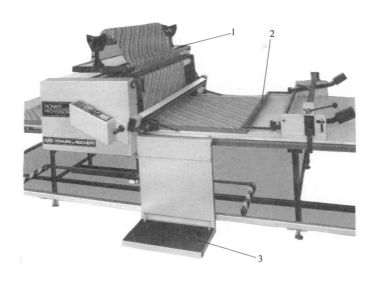

图 3-20　电力移动式拖铺设备

1—退卷台　2—压布器　3—平台

表 3-16　不同类型拖铺机的铺布方式及适用范围

产品图片							
铺布方式	手动						
适用范围	大批量、机织产品如：衬衫、西装、职业装、牛仔装、羽绒制品、汽车座椅等	大重量、宽幅、机织面料、牛仔布、床上用品、窗帘、汽车座椅等	针、机织弹性面料、各类服装、用途广泛	匹装针、机织面料专用	高弹力针织类，如：泳装、文胸、内衣、丝绸等	针、机织类有毛向要求的卷装面料。如：西装、西裤、灯芯绒、摇粒绒等	卷装、匹装皆有，且必须进行面对面铺布要求的面料。如：西装、西裤、灯芯绒、摇粒绒等。特别适合匹装的面对面铺布	特殊面料、特殊行业，如：泳装、文胸、汽车座椅、安全气囊、降落伞等

（1）自动控制铺料张力：通过调节驱动辊转速使其线速度与载布架运行速度同步，保证铺料过程中面料内部的张力较小或无张力，最大限度地减小面料在铺料时的拉伸变形。

（2）随时显示已完成的铺料层数。

（3）设有布料检验灯，在铺料的同时可检验布料上的疵点。

（4）配有固定式退卷台或旋转式退卷台，旋转式退卷台可以两个方向分别转动 180°，并具有自锁性能，可用于对合铺料的方式。

（5）自动对齐布边：采用带两个点式调校器的红外线反射挡板等方法自动完成铺料过程中对齐布边的要求。

（6）控制载布架移动距离：用限位开关，慢速缓动控制铺料终端的定位。

（7）端部夹尺：能迅速而准确地将布料端部夹住并固定，有活动式和固定式两种。

目前较为先进的由微电脑控制的拖铺机具有更多的自动化功能，如预先设定铺布层数、自动更换新布卷等。此外，许多拖铺机配备各种附件，供不同类型服装厂选用，如图3-21所示。

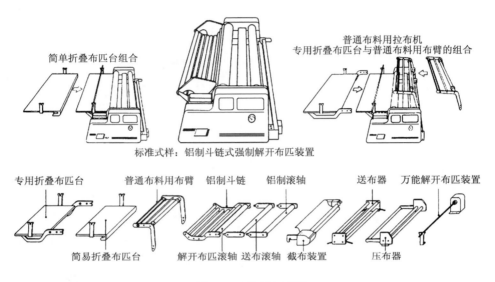

图 3-21　拖铺机附件

如果铺料工作在两张并排的裁床上进行，可加装输送平台，将铺布机自动从一张裁床移动到另一张裁床边（图3-22），方便省时。

图 3-22　铺布机的自动输送

第四节　剪切工艺与设备

本节主题：

1. 工艺技术要求。

2. 剪切方式。

3. 定位方式。

4. 非机械裁剪。

剪切工序是用相应的裁剪工具，沿铺放在面料层最上端的排料图，在同一时间内一次裁出一摞相同衣片的过程。通常分"粗裁"和"精裁"两步。剪切质量的好坏，将直接影响缝制工序的进度和服装成品的质量。

一、工艺技术要求

（一）保证剪切精度

剪切工序中最主要的工艺技术指标是剪切精度。剪切精度主要包含三个方面：①剪出的衣片与样板之间的误差；②各层衣片之间的误差；③剪口、钉眼等位置的准确度。

1. **如何保证剪切精度**

要保证较高的剪切精度，操作时应注意以下几点：

（1）熟练掌握剪切工具的特性及其使用方法。

（2）掌握正确的操作规程。

（3）操作者要有高度的责任心，工作时思想集中，认真负责。

2. **剪切操作原则**

（1）用直刀剪切时，先裁较小衣片，后裁较大衣片。这与排料时刚好相反，因为若先裁完大衣片，剩下的小衣片不容易握持，剪切时会有一定的困难，从而造成剪切不准确。

（2）当剪切到拐角时，应从两个方向分别进刀，切出尖角，而不能直接拐弯，否则会出现"起角"，影响剪切精度（图3-23）。

（3）剪切时，用手压扶面料的力量要柔和且垂直，用力不能过大或过小，以免使面料产生形变或未起到固定面料的作用，更不能向四周用力，否则将造成各层面料间的错位，使上下层衣片的尺寸产生偏差（图3-24）。

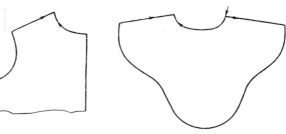

图3-23　剪切进刀角度

（4）始终保持裁刀与面料层平面垂直，以保证上下层衣片的一致性。

（5）按裁剪图打准剪口及钉眼等位置，剪口大小为2~3mm，不能过大或过小。

剪口及钉眼的作用是确定需缝合衣片之间的配合关系，或用于衣片之间的对位。如领片与领窝的缝合对位，衣袖与袖窿的缝合对位，口袋在大身的位置等（图3-25）。剪切时将对位剪口或钉眼打正，才能保证缝合后的衣领不歪斜、衣袖居中。如果剪口位置打得不准确或漏打，势必造成缝制加工的困难，易出现缝纫错误，既影响服装质量，又影响生产进度。如果剪口过大，超出衣片的净缝线，缝制后将出现裂痕，造成残次品；剪口过小，缝制时找不到标记，则失去了剪口的作用。

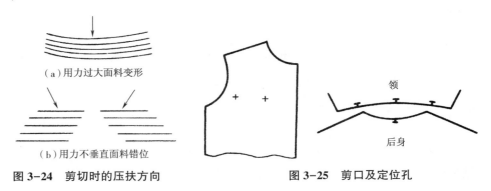

（a）用力过大面料变形

（b）用力不垂直面料错位

图3-24　剪切时的压扶方向

领

后身

图3-25　剪口及定位孔

（二）控制剪切温度

由于批量生产中的服装面料是叠在一起多层裁剪的，而且使用的是高速运转的裁剪刀，因而在剪切过程中，裁刀与面料间的高速运动和剧烈摩擦，将会产生大量的热能，使裁刀温度急剧上升。对于熔点较低的面料，如化纤面料等，在这样的高温下会发生衣片边际熔融、粘连、变色、焦黑等现象，这对剪切质量有很大影响，因此，剪切时应控制剪切的温度。

对于耐热性差、熔点低或要求较高的服装面料，可从以下几方面考虑降低剪切温度：

（1）选择合适的剪切设备，如采用能调速或速度较低的剪切设备；

（2）减少铺料层数，使热量在面料层之间不易聚积；

（3）剪切时，间断地操作，使裁刀上的热量能够及时散发出去。

二、剪切方式

要保证裁片有较高的质量，除要按照剪切的工艺要求操作外，剪切方式、所用设备适用与否也同样重要。如何根据服装产品的特点和剪切的要求，选择适当的方式和设备进行剪切加工，对提高效率及剪切质量有很大的影响。

（一）电动手推式剪切

电动手推式剪切方式是由人工控制剪切设备的裁剪方向和剪切速度，即面料层不动，裁刀沿衣片轮廓剪切的方式。电动手推式剪切过程中人为因素较多，所用设备为电剪刀，俗称"裁刀"。根据裁刀形状，分为直刃电动裁剪刀和圆刃电动裁剪刀两种。

1. 直刃剪切

直刃电动裁剪刀亦称"直刀"（图3-26），在服装厂广泛使用。裁刀为直尺形，由电动机带动作上下垂直运动，裁刀向下运动时切割面料。裁刀速度有 3600r/min、2800r/min 及 1800r/min 等。

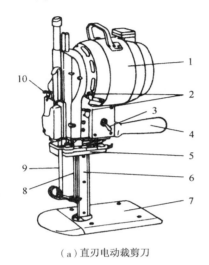

（a）直刃电动裁剪刀

（b）自动磨刀装置

图3-26 直刃电动裁剪刀

1—电动机 2—油孔 3—开关 4—手柄 5—磨刀带 6—刀槽 7—底座
8—刀刃 9—裁刀导杆 10—磨刀开关

直刀的特点：①体积小，重量轻，便于手控，剪切灵活性较高，无论裁直线还是裁曲线都可以自如地进行操作，特别是对大块衣片的剪切较为准确，且适用范围很广，可完成一般的衣片剪切。②剪切厚度大，生产能力强。直刀的剪切能力是以它的最大剪切厚度表示的。一般情况下，其最大剪切厚度为裁刀长度减4cm。直刀的裁刀长度较长，为13~33cm。③剪切精度较低。因裁刀由人工控制，且剪切时裁刀顶端电动机的重量使直刀产生轻微的振动，引起剪切误差。

直刀带有自动磨刀装置［图3-26（b）］，能节省因磨刀更换刀片的时间，剪切效率提高。一些服装机械公司在直刀的基础上研制出悬臂式自动裁剪机（图3-27）。

图3-27（a）为悬臂式自动裁剪机示意图，其中悬臂1和裁刀3的运动方向和速度均为自动控制。图3-27（b）为悬臂式自动裁剪机驱动示意图，当直刀位于①的位置时，复式摆臂在最佳定位角①a范围内；当直刀从①的位置移动到位置②时，复式摆臂移动到最佳定位角②a范围的极限位置，驱动小车仍停在位置 A 上；当直刀从位置②移动到位置③时，复式摆臂自动从位置 A 移动到位置 B，使复式摆臂仍处于最佳定位角③a的范围内。此自动跟踪系

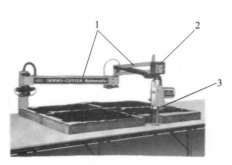

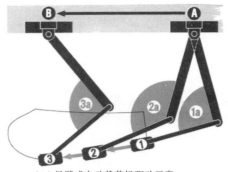

（a）悬臂式自动裁剪机　　　　　　　　　（b）悬臂式自动裁剪机驱动示意

图3-27　悬臂式裁剪机

1—悬臂　2—悬臂控制系统　3—裁刀

统，可确保裁刀总以最佳的角度切割面料层。此外，悬臂式裁剪机直刀底座的面积减小，刀片的宽度也设计得较窄，使直刀的重量减轻，更加便于操作。

悬臂式裁剪机具有的优势：①底座较小，对面料的损坏机会减小；②由于刀片宽度较窄，可裁剪较尖锐的拐角；③人为因素减小，剪切精度提高；④降低了工人的劳动强度。

针对不同材质的面料，直刀电动裁剪机刀片的刀刃有四种类型可供选择（图3-28）。

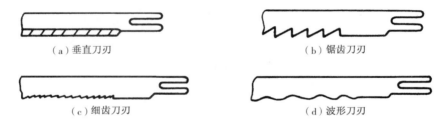

（a）垂直刀刃　　　　　　　　　　　　　（b）锯齿刀刃

（c）细齿刀刃　　　　　　　　　　　　　（d）波形刀刃

图3-28　刀刃种类

垂直刀刃：适用于丝绸、合成纤维织物、棉及其混纺织物的剪切。

锯齿刀刃：适用于棉、轻型毛织物，多种合成纤维织物及绒料的剪切。

细齿刀刃：适用于厚棉、毛面料及软皮等的剪切。

波形刀刃：适用于牛仔布、灯芯绒、帆布及皮革等面料的剪切。

锯齿、细齿和波形刀刃能克服剪切过程中易出现的摩擦升温现象，提高衣片剪切的质量。

2. 圆刀剪切

圆刀电动裁剪刀亦称"圆刀"，它比直刀体积小，刀片外形为圆盘状，直径为6~25cm，由电动机带动作高速旋转运动切割面料（图3-29），分为批量生产用圆刀和单件衣片剪切用圆刀，后者刀片直径很小，灵活而便于手控。

圆刀的特点：①体积更小，更轻便；②裁直线时比直刀速度快，效果好，因圆刀无空程

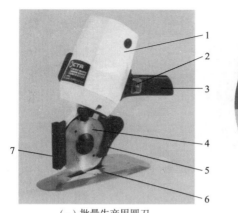

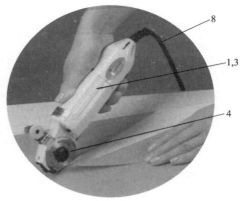

（a）批量生产用圆刀　　　　　　　　　（b）单件衣片剪切用圆刀

图3-29　圆刃电动裁剪刀

1—电动机　2—开关　3—手柄　4—刀片　5—刀槽　6—底座　7—刀刃导杆　8—动力线

运动，可连续工作；③剪切时振动较小，便于初学者操作；④剪切厚度有限，圆刀的最大剪切厚度受刀片直径的限制，通常最大剪切厚度不能超过刀片的半径（图3-30）；⑤较尖锐的拐角和曲线无法剪切，因受刀片宽度的限制，裁刀难以

图3-30　圆刀剪切厚度示意图

转弯。因此，圆刃电动裁剪刀适合于丝织物等高档面料和棉针织品的剪切，或用于小批量服装衣片的剪切。

根据刀片刀刃的形状，圆刀刀片亦分为圆形刀片、波齿形圆刀、锯齿形圆刀三种类型，分别用于不同种类面料的剪切。

（二）带式剪切

带式剪切亦称"台式剪切"，作业时，由操作者用手将面料层推入运动着的刀片处，并沿衣片边缘轨迹移动面料层，进行剪切。带式剪切所用设备称"带刀"，其裁刀为带状刀片，宽度窄小，1cm左右，由电动机带动作单方向循环运动（图3-31）。当裁刀向下运动时，切割台面上的面料。为使操作者推送面料更加容易，而且在移动时面料各层不会上下错位，带式裁剪机的台面上有许多小气孔。剪切时可沿气孔向上喷吹空气，在面料层与裁剪台面之间形成一层气垫，令面料轻轻浮起［图3-31（b）］。

带式剪切机的特点：①刀片宽度窄，且只有一个运动方向，因此可切割形状复杂、曲线多的小衣片，剪切精度高；②生产能力大；③面料层必须首先被切割成小块，而后再移到带

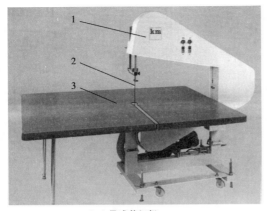
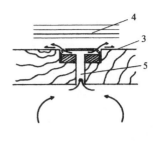

（a）带式剪切机　　　　　　　　　　（b）吹气孔

图3-31　带式剪切机

1—刀槽　2—刀片　3—台面　4—面料层　5—气孔

式剪切机上剪切，为方便操作，防止面料层错位，需用裁剪夹将面料夹住，因此对节约面料不利；④操作时，要求工人必须十分熟练和细心，否则易出事故；⑤与直刀和圆刀相比较为笨重、不灵活，所占场地较大，更适于在大中型服装企业中与直刀或圆刀配合使用。

带式剪切适合于轻薄及针织面料的剪切，对于厚重的面料剪切不适宜，因设备刀片的刚度和强度较差，容易变形，影响加工质量。

（三）冲压剪切

冲压剪切是利用安装在相应机器上的模具，对面料进行冲压以获得衣片的剪切加工。按照衣片样板的形状，如领子、袖口、口袋、袋盖、手套等，制成模具，这些特定形状的模具通常由金属材料制成，一面为钝边，另一面为锋利的刀口，将这些带有刀口的、具有一定形状的模具安装在冲压剪切机上（图3-32），便可对面料层进行冲压加工，切割出所需的服装衣片。

冲压剪切的特点：①剪切精度高，因模具与衣片形状一致，而且整个剪切过程由机械操纵完成，无人工控制因素；②生产效率较高；③可切割各种面料；④操作简单、方便；⑤模

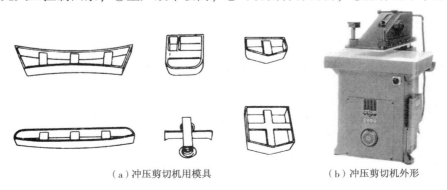

（a）冲压剪切机用模具　　　　　　　（b）冲压剪切机外形

图3-32　冲压剪切机

具制造费用较高，使服装的成本提高，对于生产批量小、款式变化大的服装企业不宜使用此类剪切机械。冲压剪切机多用于精度要求高，款式较为固定，且生产批量大的服装剪切加工，如衬衫领片、领衬，袖口片、袖口衬，西装口袋、袋盖等部位衣片的剪切。

（四）自动裁剪（服装CAM）

利用计算机进行自动裁剪的技术，在20世纪80年代中期已有某些国内大中型服装企业在生产中使用。自动裁剪系统裁出的衣片精确度高，省人工，能降低工人的劳动强度。系统大多由电脑控制中心和特制的裁床组成（图3-33）。

1. 电脑控制中心

由小型电脑、主控面板、刀架刀具变速控制及定位伺服装置、电源设备等组成，共同完成下列功能：①读入磁盘上的排料资料。在服装CAD系统中将排料图资料存入磁盘，供服装CAM系统的电脑控制中心读入。服装CAD也可与服装CAM联机使用，减少资料存储磁盘的过程。②按照工作指令或排料图资料，自动计算刀架及刀座位移并控制定位。③按裁片轮廓复杂程度，自动计算刀具下刀角度并控制速度。④伺服机构可依刀侧所受阻力，自动计算并控制刀具补偿，使裁刀始终保持垂直状态。⑤依设定的时间及距离，自动控制刀座磨刀间距。

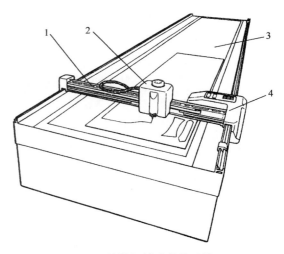

图3-33　计算机辅助裁剪系统

1—刀架　2—刀座　3—剪切台　4—操作面板

2. 裁床

裁床主要包括剪切台、刀座、刀架、操作面板和真空吸气装置。

（1）裁剪台：台面上铺有鬃毛垫（图3-34），其作用是托住布料，并保证刀具运动时不会与台面相碰，防止刀具和台面损伤。

（2）刀架：架设在剪切台上由台缘传动轴驱动作台面x轴方向的移动。

（3）刀座：安装在刀架上，由刀架传动轴驱动，作台面y轴方向的移动，刀架与刀座运动的合成，使刀具完成各种曲线或直线的切割。刀座具有的功能：①根据不同布料的特征，可配置相应的刀具；②附有伺服装置，可测出裁剪时刀侧所承受的阻力大小，并将数据资料随时反馈到电脑控制中心，由小型电脑计算补偿系数后，自动控制刀座进行刀具校正，使裁刀在运动

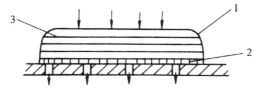

图3-34　裁床鬃毛垫与真空吸气装置

1—塑料薄膜　2—鬃毛垫　3—面料

时一直保持上下垂直，从而确保裁片的精确度、上下层衣片尺寸及形状的一致；③附有自动磨刀装置，可定时或定距磨刀，以使裁刀在高速运转中一直保持最佳的作业状态。

（4）操作面板：面板上有剪切速度，磨刀间距，刀架、刀座启动或暂时终止剪切等工作指令键。操作者只需跟随操作面板走动，随时依据实际情况，按下相应的指令键。

（5）真空吸气装置：此装置通过导管与裁剪台下的吸气口相连接，启动后可将台面与另外覆盖在布料上不透气的塑料薄膜之间的空气抽出，利用大气压力将面料压缩，使之紧紧吸附在裁剪台上（图3-34），这样，面料层之间在裁剪时不会因裁刀的移动而产生滑动，从而保证裁片的精确度。

自动裁剪系统的真空吸气装置，对于松软面料，如腈纶棉、蓬松棉等的剪切十分方便。很松很厚的面料层，经过吸气后变得很薄很硬，裁刀完全能自如地裁剪衣片，一次剪切数量大大提高，比普通的剪切方法方便、省时。真空吸气装置的缺点是不能剪切不透气的面料，如尼龙绸，剪切时面料层之间会产生滑动。

计算机辅助裁剪系统的占地面积、耗电量、耗气量均较大，致使生产费用提高，因此，适宜于较大规模的服装厂使用。目前，世界上较有影响的计算机辅助裁剪系统，如美国格柏成衣技术有限公司研制生产的S—××系列及2001型等自动裁剪系统（图3-35）、法国力克公司的刀锋裁剪系统等。

图3-35　美国格柏自动裁剪系统

相关链接·剪切辅助工具

1. 裁剪夹

为方便操作，防止面料层错位，需用裁剪夹（图3-36）将面料层夹住。

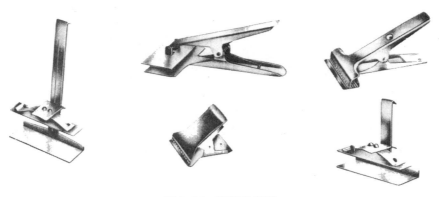

图3-36　裁剪夹类型

2. 金属手套

电动裁剪刀是服装厂裁剪车间使用最多、最普遍的工具。由于其上的裁刀有锋利的剪切刀刃，因此作业员工作时应佩戴专用的金属手套，如图3-37所示，以保护员工的作业安全。目前，新型的裁剪机上大多装有急停装置，用于刀刃碰到异物时的紧急制动。

图 3-37　金属手套

三、定位方式

在裁剪车间，除要完成将成匹的服装面料裁剪成衣片的工作外，还必须在衣片上做出缝制时所需的定位标记，如定位孔、剪口等，以确定各衣片间相互配合或相互连接的方式。

（一）钻孔

钻孔亦称"打定位孔"，是裁剪车间最常见的一种定位方式，如确定口袋、褶裥、贴花、装饰位置等。在服装加工厂，打定位孔通常使用钻孔机，如图3-38所示。其温控器可控制钻针2的温度，经加热后的钻针在钻孔时，能将其周边面料熔融，形成一个永久的孔洞。如果去除此钻孔机上的加热装置，可用作冷钻孔。

钻孔机打定位孔的特点：①操作简单方便；②一次可完成较厚面料层的钻孔，生产效率较高；③可用于多种面料的加工；④当钻针尺寸和温度选择不当时，会对面料纤维造成损伤；⑤如果出现问题无法补救。

（二）打线丁

对于组织较为稀松、熔点较低或缩弹性较大的面料，因其回弹性较好，往往在钻孔后标记会很快消失，不宜使用电钻孔机定位，而应采用其他定位方法，如线定位或粉笔定位。线定位可采用线丁机，亦称"布锥"（图3-39），通常配备一只钩线时不会落空的钩针及一只可靠且容易调整的竖立棒，使定位操作省力省时。

线丁机是一种辅助手工操作的定位设备。其主要作用是用缝线在面料上做标记，而不留下任何可见的痕迹，类似于传统的手工打线丁作业。线丁机上的钩针将连续的缝线带过所有面料层，而后将每层之间的缝线剪断，从而在每层面料的某一位置留下一小段缝线作为定位标记。

与钻孔机相比，使用线丁机定位的优点是易于操作，安全可靠，不会损伤面料，出现问题时可以挽救；但不利的一面是作业时工人需逐层剪断缝线，缝制完成后，还必须将缝线取掉。

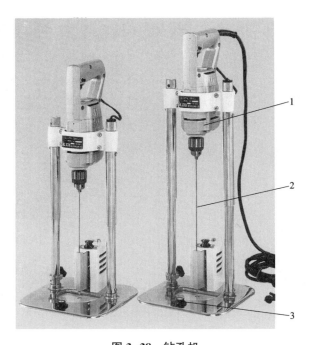

图 3-38　钻孔机

1—电动机　2—钻针　3—水平仪

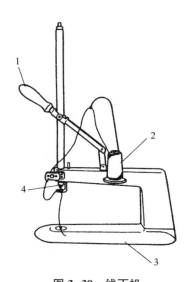

图 3-39　线丁机

1—手柄　2—线轴　3—底座　4—钩针

（三）热切口

在衣片某些有特殊工艺要求的部位边缘，需切出整齐且清晰可辨的剪口。以往在裁剪车间打剪口通常采用直刀进行，但由于对剪口大小有严格的限制，必须掌握在 2～3mm，从而使操作人员的作业难度增大，质量也难以保证。目前，一些服装厂已使用热切口机打剪口（图 3-40）。

热切口机具有窄而薄的刀片，当将其加热到适当温度时，便可在衣片边缘熔切出垂直整齐的标记。与直刀打剪口相比，使用热切口机有如下特点：①每层衣片的切口均不会消失，即使是松散的织物亦如此；②使用方便，易于操作；③不能用于不熔融材料的切口；④因底座没有轮子，较难移动。

四、非机械裁剪

上述的裁剪加工均为机械裁剪方式，即便是服装 CAM 系统，最终也是由裁刀将面料层切割成衣片。而裁刀在高速切割加工过程中，必定会产生大量的热，对于化纤类织物，由于温升问题，高效率

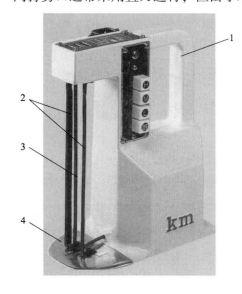

图 3-40　热切口机

1—手柄　2—导杆　3—刀刃　4—底座

裁剪一直成为难题，由此引发裁剪加工手段的重大改革。

（一）激光裁剪

激光器在金属制品加工中应用已很普遍，被认为是切割、钻孔、焊接等方面实用而经济的工具。激光切割的优点：①加工件与激光头之间无机械接触；②对入射激光束聚焦的光学系统可用作定位，使精密切割得到简化；③切割过程不太受加工件的力学性能影响，切割精度易于保证。

长期以来，化纤类织物的裁剪速度一直难以提高，而激光器切割的上述优点使其成为服装生产中有效的裁剪工具。

激光器裁剪的工作原理如图 3-41 所示，激光束的通过由快门 1 控制，反射镜 2 将激光束投到透镜 3 上，将激光束聚焦，切割圆筒 4 上的面料。圆筒不仅可以做旋转运动，同时可以左右移动。

激光器剪切面料具有速度快、裁剪精度高等优点，但裁剪厚度小，费用较高。目前，在服装企业的裁剪车间仍不能广泛使用。但利用激光剪切技术在皮制面料上刻花，已有应用。

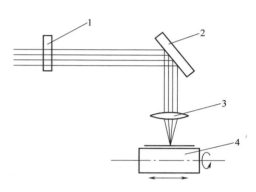

图 3-41　激光裁剪示意图

1—快门　2—反射镜　3—透镜　4—圆筒

（二）喷水裁剪

利用高速喷射出的水流切割金属等硬物料，在工业中已有应用。但其在服装上的应用只有十几年的时间，仍是一种较新兴的裁剪技术。

首先推出喷水裁剪系统的公司是 CAMSCO，该公司的喷水裁剪系统利用高度集中的水束，通过一组增压装置，生产出大约相当于 40MPa 的水流，然后以 2.7 倍的音速喷出，将布料层切割成衣片。

1. 系统的组成

（1）计算机控制系统：计算机控制系统负责将样板的资料转化成为裁剪用定位资料，并引导高速水流进行裁剪。同时，负责监测裁剪工作站的操作情况，分析操作工人在各个仪表板所发出的指令是否正确等工作。

计算机控制系统本身亦装有一套自我监测装置，不时印发出各个工作站的生产进程报告。如有需要，计算机控制系统会对工人发出警告及指令，指示工人正确操作，以确保整个裁剪系统能够恰当而又安全地作业。

（2）水泵系统：CAMSCO 喷水裁剪系统的高压水泵，可以生产出约 340L/h 400MPa 的高压水。高压水经由不锈钢管道引导到裁剪工作站，当引水管道出现任何穿漏或破裂时，水压会立即消失，并不会对操作工人构成危险。

（3）裁剪工作站：高压水进入裁剪工作站，由一条活动的螺旋线圈传送到喷嘴中，经喷嘴的小孔激射而出，成为一种切割工具。

喷嘴的位置由三维空间的定位系统负责，通过计算机控制操作。测定出样板的裁剪曲线，喷嘴必须依从这些裁剪线移动进行裁剪加工。基于各种面料特性不同以及衣片品质要求的差异，喷嘴的喷孔直径为 0.076~0.381mm，可供选择。

当高压水高速切割布料后，便由水接受系统负责接受并释放出剩余的水压及能量，然后经过管道输送至储水池，废水会被排出。

（4）裁片鉴别系统：在进行裁剪时，一张印有裁片资料的标签会黏附在最顶层的裁片上，以方便工人快捷而有效地收集裁片。

粘贴标签的系统安装在水喷嘴旁边，当完成一幅裁片的切割时，该系统会将适当的样板资料印在一张自行粘贴的标签上贴附于裁片。

2. 系统作业过程

CAMSCO 喷水裁剪系统不负责排放样板的工作，而是由 MARKAMATIC 自动样板排列系统负责。MARKAMATIC 系统一方面将样板排列的资料存储于磁盘转送到裁剪工作站；另一方面会发出一份报告，详细列出每次裁剪所需的布料种类、铺放长度、层数等布料铺排计划。

喷水裁剪系统中每一个独立的裁剪工作站都设有独立的计算机，利用纸样及样板的数据资料控制整个裁剪过程，同时负责监测工人的作业情况。

当铺料工序完成后，布料层被送入裁剪工作站进行裁剪加工。计算机控制的定位系统会引导喷嘴将高速水流沿着样板的裁剪线运动，将布料层切割成所需衣片。整个裁剪过程完成后，计算机自动印发一份有裁单编号、款号、布料种类及用料数量等资料的记录，供管理人员参考，作为管理及控制裁剪部门的依据。整个喷水裁剪系统的作业流程如图 3-42 所示。

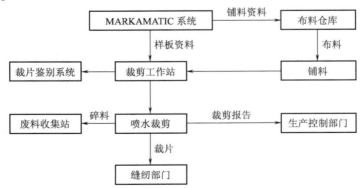

图 3-42　喷水裁剪系统作业流程

喷水裁剪方式的优点：①喷水裁剪方式在切割曲线时，比传统手推式裁剪更加流畅，可以避免出现"起角"等情况，裁剪精度与激光裁剪的质量相当；②因裁剪时不会产生大量的热，无须停顿冷却一段时间后再加工，生产速度比激光裁剪更快，而且能进行多层布料的裁剪加工，最多可裁剪约38mm厚的布料层；③利用喷水方式进行裁剪加工时，由于裁剪温度较低，衣片边缘不会出现热熔情况，对面料损伤很小，特别适合黏胶纤维布料的切割；④无粉尘污染问题，以往的机械裁剪会扬起很多布料碎末引起的粉尘，对工人健康非常不利，而喷水裁剪时，这些粉尘可被水流吸收并带走。

喷水裁剪方式的缺点：①布料经裁剪后，裁片的边缘会产生雾化现象而变潮湿；②水流的回收过滤较为困难，水资源无法重复使用；③设备投资及维修费用较高。

拓展阅读·数字化服装定制系统平台：互联网+智能硬件+智能制造

时尚行业目前亟待解决的突出问题是服装产品个性化、对流行的快速反应与生产周期长之间的矛盾，而数字化服装定制系统与平台，则提供了良好的解决思路和方案（图3-43）：通过人体3D（三维）扫描仪采集人体数据→云服务器存储人体数据→互联网定制平台（服装定制系统）→智能服装CAD系统（超级排料系统）→单量单裁系统→智能化缝纫生产线→实现"一人一板"的成衣定制。

图3-43 数字化服装定制系统平台示例

借助该平台与传统店铺结合，用户通过DIY的方式在网上进行3D互动式设计，自助选择服装的款式、面料、辅料及工艺细节。平台实现人体数据管理、订单管理、进度查询、面辅料查询、设计师互动等，与服装CAD实现无缝数据对接（图3-44）。

智能化的参数法设计系统，可依据用户输入的量体数据，自动完成该款服装样板的修改，快速生成符合客户体型的样板；通过集成化的超级排料系统，快速实现最优化的排料方案（可根据要求实现避色差、对条格等功能），自动产生排料报告；通过与软件系统的数据连接，实现自动化单件服装衣片的裁剪，以及智能化成衣生产线的缝纫加工。

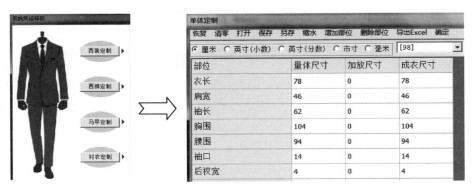

图 3-44　服装样板数据管理系统

第五节　验片、打号与分包

本节主题：

1. 验片工序。

2. 打号工序。

3. 分包。

一、验片工序

验片的目的是检验裁片的质量。虽经过验布工序，面料上的疵点大部分被检出，并经过了一定的修整，但一些不能修整的、在裁剪时无法避开的疵点，最终会成为裁片的疵点。此外，裁剪质量的高低、裁片是否符合裁剪工艺要求等，也需在验片时进行检查。

验片的主要内容：①检查裁片的裁剪精度，即裁片与样板、第一层与最底层裁片的偏差，剪口、定位孔位置是否准确、清晰，有否打错、漏打等现象；②检查格条产品在相应部位是否能按要求对准格条；③检查裁片边缘是否有毛边、破损，是否圆顺等；④检查裁片有否超过要求的疵点。

对于不符合质量要求的裁片，能修补的则修补，不能修补的，必须重新换片，即所谓的"配片"。一般来说，裁剪车间应尽量避免配片，要从其他匹找出完全相同颜色的面料是十分困难的。

二、打号工序

打号是将一批服装的所有衣片按某一固定的规律进行编号，以数字的形式打在裁片上。

打号的目的：①避免同一件服装出现色差，由于面料在印染加工过程中，各匹面料之间的颜色难于保持一致，因此缝制加工时便需将同一匹、同一层的同规格衣片缝合为一件服装，以有效解决成衣出现色差问题（图3-45）；②保证缝制加工中同规格衣片的缝合，裁片进入缝制车间前，还需将服装上的某些部位衣片进行黏合等加工，此时各裁片容易混乱，若衣片上没有号码，缝制时，很有可能将不同号型规格的衣片缝合在一起。

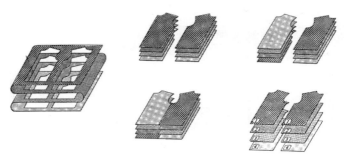

图3-45 打号

（一）打号方式

1. 以一层面料中同规格衣片为基本单位打号

此方法工作量大、效率低，但可避免由同一匹布的色差引起的服装色差。

通常，打号内容包括床号或批号、规格或号型、层数等，如：

4	170/88	132
↓	↓	↓
床号或批号	规格或号型	层数

2. 以同一匹面料中同规格衣片为基本单位打"票"

这种打号方式工作量较小，效率高，但只能适用于同一匹面料色差很小的情况。"票"的编号形式各有不同，如：

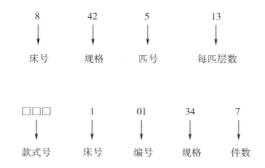

8	42	5	13
↓	↓	↓	↓
床号	规格	匹号	每匹层数

或

□□□	1	01	34	7
↓	↓	↓	↓	↓
款式号	床号	编号	规格	件数

（二）打号要求

1. 打号墨水

打号的墨水要根据面料性能而定，保证打出的号码清晰、持久。

打号使用的墨水通常是用墨汁或白色油墨兑机油稀释，但有些面料，如防雨面料，不吸油墨，数字打不上去，则需采用油彩兑丙酮稀释。当面料种类不同时，所用的打号墨水也不同。

2. 打号部位

要求既能看到号，又不影响成衣外观，且在半成品制作过程中始终能找到号，以便缝纫工能顺利地将相应的零部件配套缝制。

一般打号时，对于作为面或里子的衣片，应将号打在正面的边缘，这样可以避免裁片在制作过程中找不到号（图3-46）。

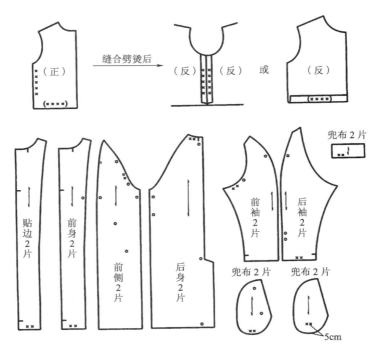

图3-46　打号部位

3. 绒面面料的打号

对于绒面面料，只能用贴标签的方式，将号码贴上。因绒面吸收油墨等墨水，打号后号码模糊不清，后道工序不易识别。

4. 黏合衬、棉衬等的打号

对于黏合衬、棉衬等材料，由于在服装内部，因此只需打出号型或规格即可。

（三）打号方法

1. 用粉笔做标记

此方法在批量服装的生产中已很少使用。

2. 使用号码机

由人工调至所需数字，在每层衣片的边缘打上相应的号，每按动一次号码机，最后一位数字相应递增。

3. 采用标签粘贴机

将裁片资料，如货单号、款式号、编号、规格等内容，先使用标签加印机印在标签上，然后经带有黏性牵条的标签粘贴机，通过一定的温度和压力，自动将标签粘贴在相关的裁片上，标签在加工过程中不会脱落。标签粘贴机的温度可调节，以适应不同材质的面料。标签粘贴机的位置高低及倾斜角度亦可调节，以利操作人员工作方便，提高效率。

三、分包

当衣片裁好，且已打上号型规格后，为便于运输，需将裁片进行分包、捆扎（打扎），如图 3-47 所示。捆扎时，应在每包的外面系上标签，包括裁片的名称、床号、规格、件数等内容。

图 3-47 分包、捆扎

在分包捆扎前，先将要粘衬的衣片拣出，进行粘衬，然后将一批产品的裁片根据生产需要合理分包、捆扎好，分送到各缝制车间。

分包应方便生产、提高效率、大小适中。分包过大，会给缝制车间流水线的输送和操作造成不便；分包过小，裁片过于分散，不便于管理，所以通常采用 20 件左右为一包进行捆扎。

分包时，要注意不能打乱编号，小片裁片不要丢失、遗漏，捆扎要牢固等。

第六节 黏合工序

本节主题：

1. 黏合衬在服装上的应用。

2. 黏合工艺。

3. 黏合设备。

许多服装在缝制加工前，需将带有黏合剂的黏合衬与裁好的某些部位衣片，如领子、袖口等黏合在一起，此工序称为黏合工序，通常在裁剪车间最后一道工序完成，也有在缝制加工过程中完成。

一、黏合衬在服装上的应用

（一）黏合衬的作用

在成衣生产中，黏合衬的应用越来越广泛，其作用主要有以下几点：

1. 使衣片容易形成与人体相吻合的形状。

2. 使衣领、袖口、腰头等处具有适当的硬挺度和弹性。

3. 增加纽扣、纽孔等处的强度。

4. 提高服装的可缝性。

服装的可缝性包括两方面：①衣片在缝纫时，其纱线不滑脱；②衣片加工时不走形。

（二）黏合衬的种类

1. 按基（底）布组织分

有非织造衬（基布为非织造布）、机织衬（基布为机织物）、针织衬（基布为针织物）三类。

2. 按热熔胶种类分

有高密度聚乙烯衬（HDPE）、低密度聚乙烯衬（LDPE）、聚酰胺类衬（PA）、聚酯类衬（PET）、乙烯—醋酸乙烯树脂类衬（EVA）、EVA的皂化物类衬（EVA—L）、聚氯乙烯类衬（PVC）等。不同热熔胶制成的黏合衬特性不同，如表3-17所示。

表3-17　典型热熔胶衬的特性比较

热　熔　胶	特　性　评　价				
	黏合强度	柔软性	渗胶	耐水洗	耐干洗
聚酰胺类（PA）	强	中	少~多	中	良
聚氯乙烯类（PVC）	弱	柔	多	良	良
聚酯类（PET）	强	柔~中	中	良	中~良
聚乙烯类（PE）	中	中	中	中	中~差

从表3-17可以看出，四种常用热熔胶衬的主要性能各有优劣，综合特性较好的是聚酰胺类和聚酯类衬，其黏合强度较高，渗胶较少，而且耐水洗、耐干洗性能良好，但价格也相应高一些。

3. 按涂胶工艺分

有热熔转移法、撒粉法、粉点法、浆点法、网点法、网膜法、薄膜法、双点法等不同工艺制成的黏合衬，如图3-48所示，不同的涂料工艺制成的黏合衬性能也不同，如表3-18所示。

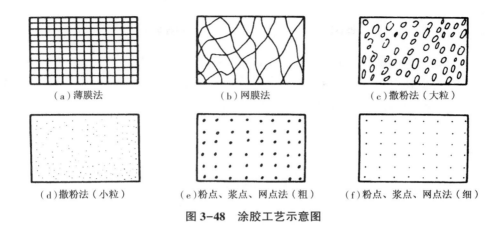

图 3-48 涂胶工艺示意图

选用黏合衬时，应根据面料的性能、服装的种类、应用部位等实际条件，选择合适的黏合衬，即选择相应的基布、热熔胶及涂胶工艺，将三者综合考虑（表3-19）。

表 3-18 不同涂胶工艺制成的黏合衬特性比较

涂 胶 工 艺	主 要 特 性 评 价			
	黏合剂渗胶	面料变形	手 感	悬 垂 性
薄膜法	少	小	硬	差
网膜法	少	中	中	中
撒粉法（大粒）	中	中	中	中
撒粉法（小粒）	少	中	中	中
粉点法、浆点法、网点法（粗）	多	中	柔	良
粉点法、浆点法、网点法（细）	少	小	中~柔	良

表 3-19 黏合衬应用范围

服装种类 项目	衬 衫	外 衣	皮 革	鞋帽及装饰
涂胶工艺	粉点法，撒粉法，网膜法	粉点法，撒粉法，浆点法	浆点法，撒粉法，网膜法	浆点法，撒粉法
基布	机织物	机织物	机织物，非织造布	机织物，非织造布
热熔胶	PE，PET	PA，PET，PVC	PA	PE，PVC

（三）黏合质量要求

1. 剥离强度

要求黏合的衬布应牢固，不易与面料脱开。

2. 缩水率及耐洗性能

衬布与面料黏合后应耐水洗、耐干洗，不起皱、不起泡、不脱散、不收缩、耐洗次数多，且能用汽油类、三氯乙烯等溶剂干洗。

3. 热缩率

使用熨斗熨烫时（160℃左右），不会失去黏合效果，不收缩。

4. 外观

黏合部位不应过分硬化，有良好的手感及悬垂性，且渗胶现象少等。

为达到较理想的黏合质量，需选用合适的黏合衬布，如表3-20所示，同时要选择合适的黏合工艺。

表 3-20 黏合衬的选用

黏合强度	高	耐水洗、耐干洗	良
柔软性、手感	柔	面料变形	少
渗 胶	少	悬垂性	良

二、黏合工艺

（一）黏合原理

黏合衬上的黏合剂为热熔胶，当将热熔胶加热到其熔点温度（T_m）时，热熔胶开始成为具有一定黏度的黏流体，慢慢浸润面料表面。此时，对黏合衬及面料施加一定的压力，经过一段时间，黏合衬与面料便黏合在一起，待冷却固定后，两者之间便具有一定的黏合强度。

热熔胶在黏合过程中，经过了物理形态变化的三个阶段，其变化过程（图3-49）如下。

1. 升温阶段

热熔胶受热后，温度迅速升至熔点温度 T_m，这一阶段热熔胶虽然受热，但仍为固态，所用时间为 t_1（升温时间）。t_1 的长短主要与黏合机的压板温度、室内温度、压板压力、织物厚薄、纤维的导热性能及热熔胶的熔点等因素有关。

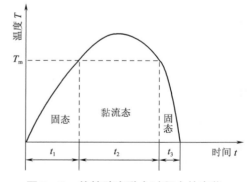

图 3-49 热熔胶在黏合过程中的变化

2. 黏流阶段

当温度超过热熔胶的熔点温度 T_m 时，热熔胶由固态开始变为黏流态，随着温度的继续升高，热熔胶流动性增加，逐渐浸润织物表面，并扩散到织物基布纱线内，与纱线间发生黏合作用。这一阶段所需时间称为黏流时间 t_2。t_2 的长短与热熔胶的浸润时间和扩散时间、织物的表面状态及热熔胶的黏流度等因素有关。

3. 固着阶段

当温度、压力消除一段时间后，热熔胶开始逐步冷却到熔点温度 T_m 以下，由黏流态又变为固态结晶状，并固着在织物及衬料之间。这一阶段的时间称为固着时间 t_3，与热熔胶的结晶速度、环境的温度等因素有关。

热熔胶在黏合过程中，经过了固态—黏流态—固态三个阶段的物理形态变化。实际上，黏合的过程就是热熔胶经过一系列物理形态变化的过程。

（二）黏合工艺参数

影响黏合质量的工艺参数主要有黏合温度、黏合压力及黏合时间或速度三个指标。

1. 黏合温度 T

黏合工艺的先决条件就是黏合温度需大于热熔胶的熔点，即 $T>T_m$。黏合温度 T 越高，黏合的剥离强度 F 也越大，意味着衬料与面料结合得越牢。但如果温度 T 过高，会产生渗胶现象，即热熔胶反渗到面料正面，影响服装的外观效果；另外，若温度 T 过高，还会使面料及衬料发生脆化，即面料变硬、变脆，强度降低。

因此，黏合温度一定要根据面料的特性、热熔胶的性能及黏合机种类等因素来确定，需通过生产前的多次试验，选择合适的黏合温度。一般黏合温度 T 控制在 $140\sim150℃$，不要高过 $160℃$。

2. 黏合压力 P

随着黏合压力 P 的提高，面料与衬料的剥离强度 F 亦随之提高，但若 P 过大，会造成渗胶现象。对于不同的面料、衬料及热熔胶，黏合压力 P 的大小不一，应选择适当。对于以往无经验数据的面料和衬料，应先用小样做试验，以确定合适的黏合压力。

黏合压力在黏合时的作用有两点：①使面料与衬料紧密贴合，便于热传导，同时使热熔胶较易嵌入面料反面的纤维内，有利于热熔胶分子在纤维分子链间扩散，提高黏合强度；②提高热熔胶的流动性，加速热熔胶浸润面料及扩散。

3. 黏合时间 t

在黏合过程中，热熔胶的变化分为三个阶段，这三个阶段所需时间分别为：升温时间 t_1，黏流时间 t_2 及固着时间 t_3。

黏合时间 t 指的是从热熔胶开始受热到其热量及压力去除这一段时间间隔。黏合时间 t 的大小主要与黏合机的压板温度、压板压力、织物种类、热熔胶种类等因素有关，一般黏合时间控制在 $8\sim15s$。

黏合时间 t 与剥离强度 F 的关系是随着 t 的增加 F 提高，但若 t 过长，势必影响生产进度，同时，可能会出现面料脆化现象。

生产中，对于新的面料及衬料，通常在批量黏合前需进行黏合试验，选择出能使黏合效果达到最佳的三个工艺参数：黏合温度 T、黏合压力 P 及黏合时间 t 或黏合机输送速度 v。

值得注意的是，刚经过黏合处理的衬布及面料之间剥离强度很低，此时部分热熔胶仍处于黏流状态，正逐步由黏流态凝固成固态，很容易撕开。

三、黏合设备

（一）黏合设备的种类

1. 按作业方式分

有间歇式和连续式两种黏合机。

（1）间歇式黏合机：此类黏合机的作业方式是间断性的，黏合面工作时静止不动，如扁式黏合机和平压式黏合机（图3-50）。

（2）连续式黏合机：连续式黏合机的作业方式是连续的，黏合面为运输带，工作时带着衣片移动。根据运输带的结构，分为直线式连续黏合机、回转式黏合机、迷你式压衬机及旋转式黏合机（图3-51）。

（a）扁式黏合机　　　　　　（b）平压式黏合机

图 3-50　间歇式黏合机

（a）直线式连续黏合机　　　　　　（b）回转式黏合机

（c）迷你式压衬机　　　　　　（d）旋转式黏合机

图 3-51　连续式黏合机

迷你式压衬机用于小衣片,如门襟、领子、袖口等部位的粘衬加工,若在机器的入口处加装专用的辅助配件(图3-52),折边、压衬可一次完成。

图3-52 折叠辅助配件

2. 按加热源分

有电热式黏合机、高频黏合机、红外线黏合机。

3. 按加压方式分

有弹簧加压式黏合机、气动加压式黏合机、液压黏合机。

(二)黏合机工作原理

平压式、扁式间歇黏合机的工作原理类似电熨斗,较连续式黏合机简单。

直线式连续黏合机工作原理,如图3-53所示。将需黏合的衣片及衬布摆放好,放置准备台1,并推到黏合机入口处,输送带2将叠放好的衣片及衬布送入黏合机机体内。在加热区,衬布上的热熔胶受到加热板3的加热开始熔融,并逐步扩散到衣片反面的纤维之间。当输送带2将衣片及衬布送至加压辊4的位置时,加压辊4动作,对其施加一定的压力,黏合衬与面料便黏合在一起,并被送至冷却台5。在冷却台5,热熔胶逐步冷却结晶,使衣片与衬布之间具有一定的剥离强度。

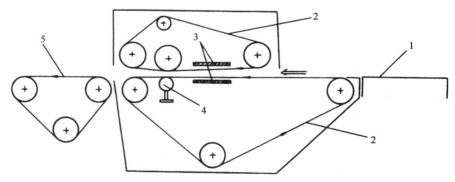

图3-53 直线式连续黏合机工作原理图

1—准备台 2—输送带 3—加热板 4—加压辊 5—冷却台

回转式连续黏合机工作原理与直线式连续黏合机相类似,只是衣片由机器一侧进出(图3-54)。

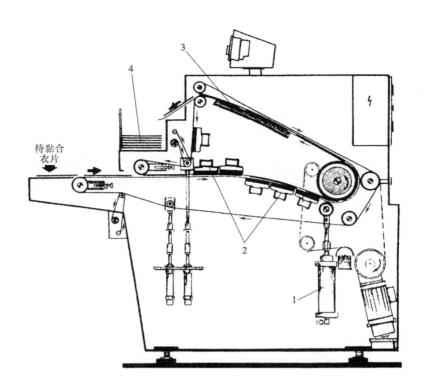

待黏合
衣片

图3-54　回转式连续黏合机工作原理图

1—加压汽缸　2—加热板　3—冷却板　4—黏合好的衣片

相关链接·裁剪车间组织结构及岗位职责

根据生产规模及产品的不同，裁剪车间人员配备各有差异。在加工零活或批量很少的小型服装加工厂，铺料和剪切裁片均由1名作业员完成；一些小型服装企业，裁剪工程由2~3名作业员完成；而在多数的大、中型服装企

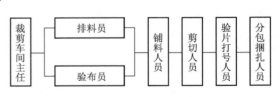

图3-55　裁剪车间主要的人员配备

业，裁剪工程的工作划分得更为细致，典型的裁剪车间通常配有以下工种，如图3-55所示。

1. 车间主任

调配人手并督导本部门员工的工作，以保证裁剪的质量。此外，还要与工厂的上一级领导和其他生产部门联络。

2. 排料员

绘制排料图，负责纸样的排列。

3. 验布员

检验面料的质量，并适当做有关记录。

4. 铺料员

利用人手和辅助装置或铺料机，将成匹的面料一层一层地铺在裁床上，并负责将面料在层与层之间剪断的工作。

5. 剪切员

按照排料图上的衣片轮廓，一次裁剪出一摞相同的衣片，并在裁片上打定位孔和对位剪口。

6. 验片员

检验裁片的剪切质量。

7. 打号员

在衣片上打出相应的编号。

8. 黏合员

将相应的衣片按一定的工艺要求粘上黏合衬。

9. 分包捆扎员

将衣片按一定的规律和要求打成捆，并分好包，以备送缝制车间进行缝制工作。

10. 技术员

负责编排各宗订单所需的裁剪工作，解决本部门相关的技术问题。

以上各工种在不同生产规模的服装企业中人员配备的数量有多有少，可根据实际情况来定。对于每个工种的具体工作内容和要求，必须作详细的规定，如表3-21所示。

表3-21 裁剪车间主任工作职责

部门名称	裁剪车间
职 务	车间主任
相关职员/部门	厂长、生产主管、技术部主管、质检部主管、缝纫车间
职权范围	管理裁剪车间所有员工，并负责技术和质量把关

主要职责：

1. 负责与上级及相关的职能部门的联系与协调工作

2. 负责按厂部下达的生产任务，制订车间生产作业计划并落实到各岗位

3. 负责裁剪车间的常规管理工作

4. 负责进行合理的定岗定员，制订落实各岗位责任制

5. 负责实施各项技术管理、安全生产、设备保养制度，保证生产顺利进行

6. 负责根据每一定单的具体情况及所需物料的供应情况，安排并督促本车间员工的工作，保证每天的工作能按计划、保质保量地完成

7. 负责抽查裁剪车间所有环节的工作质量

8. 负责向厂长汇报可能影响日常运作的因素，并提出改进方案

9. 负责本车间所负责的生产资料的审核及签发

10. 负责做好本部门员工的培训与激励工作并关注员工的生活待遇

本章小结

服装企业制作成衣通常要经过多个部门才能完成：首先，要将从纺织厂买来的成匹面料进行裁剪，而后在缝制车间将服装的各部位裁片用机器缝合，最后对缝合好的服装进行熨烫和整理，才能出厂运送到消费市场。

对于批量生产方式来说，裁剪是服装正式投入生产的第一步，是服装生产过程中的基础工作。如果裁剪的质量有问题，其所影响的不只是一两件服装，而是数百件、甚至是上千件成批的服装衣片，致使生产的质量及进度受到影响。此外，裁剪部门还决定着面料的消耗问题，即关系到服装成本的高低，必须严格加以控制和管理。

思考题

1. 根据以下生产单制订裁剪方案（分床），生产条件为：每床最多排 4 件，最多铺 100 层。

规　　格	36	38	40	42	44
白	60	120	130	35	35

2. 某厂只有 3 台裁床，每床最多铺 5 件，小于 200 层，试将下面任务单进行分床。

规　　格	36	38	40	42	44
黄	150	300	450	450	150
粉	50	100	150	150	50

3. 根据以下任务单分床，生产条件为：每床最多铺 6 件，小于 120 层。

规　　格	36	38	40	42	44	46
白	150	260	270	210	210	110

4. 排料时应注意哪些问题？

5. 以下分类各包含哪些相应的设备？①方便灵活的剪切设备；②固定剪切设备；③辅助剪切工具和设备。

6. 面料拖铺方法有哪些？分别用于何种生产情况？

7. 选购黏合机时，应注意哪些要求？

8. 提高面料利用率的方法和手段有哪些？

9. 在大中型服装厂的裁剪车间，会配备哪些工种？

10. 格条面料在整个裁剪过程中如何进行工艺控制？

11. 通过哪些方法可以解决因面料色差给服装成品带来的问题？

12. 服装黏合质量包含哪些方面？如何保证衣片的黏合质量？

课外阅读书目

1. 姜蕾主编. 服装生产流程管理. 高等教育出版社。

2. 万志琴等编著. 服装生产管理. 中国纺织出版社。

3. 周萍主编. 服装生产技术管理. 高等教育出版社。

应用理论与实践——

缝纫基础知识

课题名称：缝纫基础知识

课题内容：缝纫机针

缝纫线迹

线接缝口

非机织材料工艺特点

课题时间：4课时

训练目的：采取学生自学与教师课堂讲授相结合的方式，通过线迹在服装上的应用实例及图片，训练学生对线迹的掌握和在服装上的灵活应用。从学生日常生活的实际感受和经验出发，结合以前所学的服装缝制工艺知识，讲解机织物以及其他服装面料的工艺特点，达到融汇贯通的目的。

教学要求：1. 让学生了解线迹国际标准类别，掌握各类缝纫线迹的用途。

2. 让学生了解线接缝口的国际标准及表达方式。

3. 让学生掌握基本类别的服装面料工艺特点。

课前准备：对照相关专业书籍中有关缝纫工艺的知识，收集并观察各类服装所采用的缝纫线迹。

第四章　缝纫基础知识

第一节　缝纫机针

本节主题：

1. 缝针种类和型号。

2. 机针结构及性能要求。

3. 针尖形状及其选用。

随着服装工业的发展，缝纫机种类越来越多。与此同时，机针型号也随之增多，目前已达15000种以上。机针已成为服装工业中重要的、不可缺少的部件之一。

一、缝针种类和型号

（一）缝针种类

1. 按用途分

缝针可分为家用缝针和工业用机针两类。

（1）家用缝针：主要用于手工或低速运转的家用缝纫机使用，分有各种型号的手针和家用机针，只完成普通的缝合。所以家用缝针的设计要求不是很高，缝针的结构也较简单。

（2）工业用机针：大多在中、高速缝纫机上使用，由于机器转速较高，缝纫的温升大，因此，对机针的要求也随之提高。根据缝纫机种类，工业用机针还可分为平缝机针、绷缝机针、包缝机针、链缝机针等。对于不同类型的缝纫机，需选用相应的机针型号。

2. 按针体外形分

针体有直针和弯针两种。大多数缝纫机使用直针，弯针（图4-1）多用于暗线迹的加工，如缲边机、纳驳头机等使用弯针。

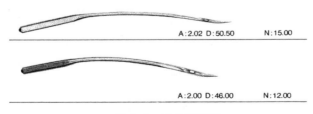

A:2.02 D:50.50　　N:15.00

A:2.00 D:46.00　　N:12.00

图4-1　工业用弯针

（二）机针型号

由于缝纫机的种类和型号很多，机针的针型亦很多。对于同一种缝纫机型，在缝制不同厚薄、不同质地的面料时，要选用适当的机针型号。

1. 针型

针型是某缝纫机种所使用机针的代码，是对缝纫机的种类而言的。目前，各个国家针型标号仍不统一，但对于同型机针，其针杆直径和长度是一致的（表4-1）。

表4-1 针型标号

缝纫机种类	平缝机	包缝机	双线链缝机	绷缝机	锁眼机	钉扣机
中国针型	88	81	121	121, GK16, 62×1	96	566, GJ4
日本针型	DA×1 DB×1 DC×1	DC×1 DC×27	DM×1 TV×7 DM×3 UO×113	DV×1 DV×21	DP×5 DL×1 DG×1 DO×5	TQ×1 TS×18 DP×17 TQ×7
美国针型	88×1 16×231 214×1	81×1	82×1 82×13 2793 81×5	121 62×21	135×5 71×1 23×1 142×1	175×1 2851 29—18LSS 175×5
机针全长/mm	33.4~33.6	33.3~33.5	43.9	44	37.1~39	40.8~50.5
针柄直径/mm	1.6	2	2	2	1.6	1.7

2. 针号

针号是机针针杆直径的代码，是对缝制物种类而言的。常用的针号表示方法有三种，即：公制、英制和号制（表4-2）。

表4-2 针号对照

号制	5	6	8	9	10	11	12	13	14	16	18	19	20	21	22		23		24	25	26
公制	50	55	60	65	70	75	80	85	90	100	110	120	125	130	140	150	160	170	180	200	230
英制			022	025	027	029	032		036	040	044	048	049		054	060			067	073	080	090

（1）公制：以百分之一毫米作为基本单位量度针杆的直径，并以此作为针号。如55号针，针杆直径 $D=55/100=0.55\text{mm}$。

（2）英制：以千分之一英寸作为基本单位量度针杆的直径，并以此作为针号。如022号针，针杆直径 $D=22/1000=0.022$ 英寸。

（3）号制：只是机针的一个代号，号数越大，表明针杆直径越粗。

不同类型的面料，需要选择适当的针号，表4-3为缝纫机针与面料的关系，生产中可参照使用。

表4-3 缝纫机针与面料的关系

针号（号制）	针尖直径/mm	面 料 种 类
9，10	0.67~0.72	薄纱，上等细布，塔夫绸，泡泡纱，网眼织物
11，12	0.77~0.82	缎子，府绸，亚麻布，凹凸锦缎，尼龙布，细布
13，14	0.87~0.92	女士呢，天鹅绒，平纹织物，粗缎，法兰绒，灯芯绒，劳动布
16，18	1.02~1.07	粗呢，拉绒织物，长毛绒，防水布，涂塑布，粗帆布
19~21	1.17~1.32	帐篷帆布，防水布，睡袋，毛皮材料，树脂处理织物

二、机针结构及性能要求

（一）机针结构

机针的种类虽然很多，但基本结构大体相近，图4-2为常用机针结构。

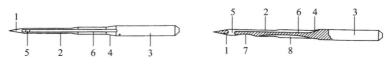

图4-2 机针结构

1—针尖 2—针杆 3—针柄 4—针肩（针梢） 5—针孔（针眼）
6—长容线槽 7—曲档（凹口、针穴） 8—浅容线槽（包缝机、绷缝机）

（二）机针性能要求

缝纫机针总处在高速、高温、高冲击力的条件下，直接接触面料和缝纫线工作，这就要求机针必须具有良好的性能。性能好、质量高的机针缝纫时，会有效减少断线、跳针、断针、针洞等缝制疵病的产生，有利于缝制质量的提高。机针性能要求主要有表面光洁度、韧度和强度等方面。

1. 表面光洁度

从机针针尖受力情况的分析得知，要保证机针顺利通过缝料，应尽可能降低机针的摩擦系数。因此，机针表面镀铬或镀镍，其光洁度一般要求▽10以上。表面任何部位不能有毛刺，必须光滑耐磨，使针的摩擦系数越小越好，以有效地降低机针与缝料、缝线间的摩擦，减少温升。

2. 韧度

要求机针通过试验能够达到：①弯曲15°以下可复原（允许3°~5°的残余形变），即要求机针有一定的弹性，不会稍一变形就折断而对操作者构成危险。②弯曲18°以上，应脆性折断，即要求机针有一定的刚性，不能太软，否则无穿透力。

3. 强度

由于机针工作时会受到连续不断的冲击力，因此必须具有足够的强度，以抵抗外力的作用，避免折断。一般要求机针经热处理后，强度应达到洛氏硬度 RC60 以上（在针杆中间部位测量）。

要保证机针具有足够的表面光洁度、韧度和强度，首先要选用硬度高、弹性好、耐磨性强的原材料，如特制 T9A 优质碳素工具钢，特制 GCr6 滚珠轴承钢丝等；其次要采用先进的加工处理方法；此外，机针的造型结构也很重要。如一般针尖的夹角为 18°～20°，与面料的摩擦较小，但针尖的强度太低，易折断或弯曲；而针尖的夹角过大，虽然强度提高了，但对面料的破坏性增大。如果将两者结合，制成"双角度针尖"的机针，缝纫效果较好。

三、针尖形状及其选用

针尖的作用是推开纱线纤维或切开缝制物，使针体穿过缝料将针线送到缝料下部，以实现上、下线的交结和穿套。对于不同缝料，应选择合适的针尖形状，否则会影响缝制的质量和效果。

(一) 圆形针尖

圆形针尖的尖端呈半圆形，横截面为圆形（图 4-3）。圆形针尖主要用于机织物、针织物或其他纺织物的缝合。根据机针尖端直径的大小，圆形针尖又可分为如下几种。

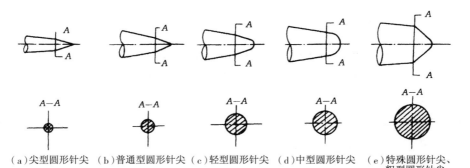

（a）尖型圆形针尖　（b）普通型圆形针尖　（c）轻型圆形针尖　（d）中型圆形针尖　（e）特殊圆形针尖、粗型圆形针尖

图 4-3　圆形针尖

1. 尖型圆形针尖

尖型圆形针尖的尖端横截面直径很小，只在特殊情况下使用。如缝纫暗线迹时，机针必须穿过一两根纤维，但不能穿透面料，就需要使用尖型圆形针尖。此外，缝纫细薄面料，而服装缝口要求较高时，衣领、袖口等重要部位的缝制，应使用此型针尖，以避免缝口出现不平、错位等疵病。

2. 普通型圆形针尖

普通型圆形针尖是最常用的一种针尖，用于缝制轻薄到中等厚度的机织物及精细的经编针织物。

3. 轻型圆形针尖

轻型圆形针尖的尖端直径约为针杆直径的 1/4。用于缝制轻薄到较厚的机织物、伸缩性较大的针织物或容易损坏的纺织品。

4. 中型圆形针尖

中型圆形针尖的尖端直径约为针杆直径的 1/3，穿透能力比尖型、普通型、轻型圆形针尖强，但对织物的破坏力也较大。可缝制各类型的纺织物，更适合于粗厚面料的缝制。

5. 特殊圆形针尖、粗型圆形针尖

此两类针尖在圆形针尖中最为坚固，针尖的尖端直径约为针杆直径的 1/2，穿透能力最强，对织物的破坏也最大。可用于中等到厚重机织物，或伸缩性大的纺织物。

（二）异形针尖

异形针尖主要用于人造革和皮革类面料的缝制。这类面料不是由纱线织成，而是天然的、多层交错的网状结构，其组织紧密，若使用圆形针尖强行推开针孔周围的物料，机针容易被损坏；使用异形针尖，便可利用针尖较锐利的边缘在缝制物上切开一个割口，让针杆顺利通过，提高机针的使用寿命。因此，异形针尖又被称为切割针尖。根据针尖的形状，异形针尖又分为椭圆形、三角形及菱形针尖等（表4-4）。

表4-4　异形针尖的种类和应用

针尖名称	机针外形	针尖横截面	用途及功能
椭圆形针尖			针尖切割物料的方向与穿线方向一致，但与缝纫线迹方向成90°，缝纫出来的切口呈横切型。适合于细密线迹的缝制工序，是制鞋业中常用机针，一般用于缝制鞋面
			针尖切割物料的方向与穿线方向成90°，而与缝纫线迹方向平行。此针尖不适合细密线迹的缝纫，若线迹密度太大，会导致切割口进一步撕裂。可用作厚皮料的粗长装饰线迹的加工
		45°	针尖切割物料的方向与穿线方向成45°，与缝纫线迹方向亦成45°，缝纫出来的切口呈斜切型。适用于一般皮革的缝纫，是椭圆形针尖中最常用的一种
		135°	针尖切割物料的方向与穿线方向成135°，与缝纫线迹方向成45°，缝纫出来的切口呈斜切型。主要用于人字形线迹的缝纫

续表

针尖名称	机针外形	针尖横截面	用 途 及 功 能
菱形针尖			针尖主要切口与穿线方向及线迹方向均成45° 菱形针尖的重心稳定性好，可轻易刺穿皮料，且摩擦升温较低，适合缝纫坚硬和干性的皮革面料
			针尖主要切口与穿线方向成90°，而与线迹方向一致。特点和使用范围同上，更适合针距大的线迹缝制
三角形针尖			针尖横截面呈三角形，穿透力强。适合于厚或坚固的皮革料，同时，又需要针距较大的线迹缝制
			基本上是普通机针，只是针尖的尖端横截面呈小三角形，比普通机针更易刺穿皮革面料。适用于缝纫硬衬底皮料、合成革鞋面及PVC革料
带线槽的椭圆形针尖			机针穿线孔下方的特殊线槽设计，有助于防止缝纫坚硬皮料时，面线扭曲及底线部分小耳线圈的发生 此设计通常用于侧面引线的机针，效果较好
大头椭圆形针尖			针尖切割物料的方向与穿线方向成45°，与缝纫线迹方向亦成45°，针尖直径比针杆直径大20%，缝纫出的切口呈斜切型。适合于极厚皮料的、粗长的装饰线迹的缝纫，或配合粗长线迹缝纫时使用

背景知识·缝纫损伤及预防

1. 材料的热损伤

目前，缝制生产中大多采用高速缝纫机，加工速度可高达 5000 r/min。实验测定：当缝纫机转速为 1200 r/min 时，机针温度达 217~239 ℃；当缝纫机转速为 2200 r/min 时，机针温度达 275~285 ℃；若缝纫机转速高于 2200 r/min 时，机针温度将达到 300~350 ℃。在这样的高温下，许多服装材料将会受到严重损伤。

耐热性差的缝料，如氨纶织物，在 260℃ 左右便会出现熔融变质现象，或出现熔洞。

一些化纤面料，如浅色涤棉料，经过高温车缝，针孔周围的面料会炭化，变成黄褐色，严重影响服装成品的外观。

耐热性较差的缝纫线也会由于车缝时的高温而频繁断线，影响生产进度和加工质量。

加工过程中，温度的急剧升高主要由以下三方面摩擦引起：

（1）高速的车缝速度使机针与织物间剧烈摩擦，如以 2500 r/min 的机速车缝加工时，缝针每秒钟穿刺缝料约 42 次，其摩擦次数相当频繁。

（2）缝线在机针针眼内往复运动，摩擦次数十分频繁而剧烈。同时，随着机针的上下往复，同一段缝线多次经过针眼，发生摩擦，致使温升进一步加剧。

（3）缝线与缝料间的摩擦。

2. 材料的机械损伤

材料的机械损伤是指机针穿刺缝料时，将缝料的经纬纱线刺断，从而造成材料损伤。材料机械损伤主要由下述原因产生：

（1）缝纫机针与缝料间没有足够的滑移性，即机针穿刺缝料时太涩，不能从织物经纬纱线之间穿过，而是刺中纱线穿过，造成缝料损伤，强度下降。

（2）染整过程中，高温、染料及机械等外界作用，破坏了纱线的结构，使缝料的强度降低，直接影响了织物的可缝性。即强度低的缝料，在缝纫机针穿过时，更易被刺断。

（3）针织物本身的结构，造成纱线的移动性（或称退让性）较差。当机针穿刺时，纱线受周围线圈的牵制较难退让，易被机针刺中。一旦纱线被刺断，便会发展成较大的针洞，最终引起缝口周围的织物脱散。

3. 缝纫损伤的预防方法

（1）尽可能采用较细的机针。一般来说，细薄的缝料应选用较细的机针，而粗厚的缝料应选用较粗的机针（机针的选用可参考表 4-3）。通常在选择机针时，应在保证正常缝纫作业的条件下，尽量选用较细的机针，以降低机针的穿透力，减小缝纫时的温升。

但车缝粗厚的缝料时，若采用较细的机针，因机针所受的织物阻力较大，会产生剧烈的振荡，以致出现机针折断，影响线迹的形成和生产进度，特别是对操作工人的安全有一定威胁。此外，若成衣中存在断针头，则为一项致命疵病。

因此，缝制粗厚缝料时，应考虑选择粗一些的机针。

（2）提高机针的加工精度，即提高机针的表面光洁度，降低机针的摩擦系数，减少缝纫温升。同时，提高机针与缝料间的滑移性，减少机针刺中纱线的概率，最大限度地减小机针对缝料的损伤。

（3）采用特种机针。目前不断研制出的新型机针，如双节针、大头针、空心针等，均能有效地减少缝纫过程中产生的热量，降低车缝温度。双节针针杆部分为上下不同直径的两节。上部粗节可减少针杆的振动，提高机针刚度；下部细节可减小针杆与缝料间的接触面，即减小针杆与缝料的摩擦升温现象。大头针除针杆部分为上下不同粗细的双节外，针头部分设计的直径比针杆直径粗5%~7%，由于针头在缝料上穿刺出的针孔比针杆直径大，当针杆穿过缝料时，针杆与缝料间的摩擦将会减小，可有效降低缝纫时的温度。空心针是将机针针体的中心掏空，便可向其中通冷却剂，以降低缝制时的热量，但此类机针造价较高。

（4）对缝料进行柔软处理。使用柔软剂处理缝料，一方面可增加缝料的柔软性，减小摩擦系数；另一方面可增加织物纱线的滑移性，提高织物的退让性，减少缝纫机针刺中织物纱线的机会，有效保护织物。此方法较为麻烦，且成本较高。

（5）避免在织物完全干燥的情况下进行缝制。因为干燥会使织物纱线变脆，降低其本身应有的滑移性和强度。

（6）车缝加工时，强制冷却。对缝线施加冷却剂，如硅油乳剂，减低缝纫时缝线的温升。或采用冷风装置，对机针直接吹风冷却，降低机针温度，减少对缝料的热损伤。

（7）车缝化纤、合纤等熔点较低的材料时，可适当降低车速，减少温升。

第二节　缝纫线迹

本节主题：

1. 线迹分类和术语。

2. 线迹形成机理和过程。

3. 常用线迹的结构及用途。

一、线迹分类和术语

　　线迹是由一根或一根以上的缝线采用自链、互链、交织等方式在缝料表面或穿过缝料所形成的一个单元。自链是指缝线的线环依次穿入同一根缝线形成的前一个线环；互链是指一根缝线的线环穿入另一根缝线所形成的线环；交织（亦称为连锁）是指一根缝线穿过另一根缝线的线环，或者围绕另一根缝线（图4-4）。线迹的形成通常有下列几种情况：①无缝料；②在缝料的内部；③穿过缝料；④在缝料表面。

　　国际标准化组织（ISO）于1979年10月拟定了线迹类型标准（ISO 4915—81《纺织品——线迹的分类和术语》），将服装加工中较常使用的线迹分为六大类、共计88种不同类型。我国于1984年、2008年分别修订了《线迹的分类和术语》的国家标准（GB/T 4515—2008/ISO 4915：1991），等同于采用ISO

（a）自链　　　　（b）互链　　　　（c）交织

图4-4　线迹形成方式

4915：1991。

1. 100 类——链式线迹

由一根或一根以上针线自链形成的线迹。其特征是：一根缝线的线环穿入缝料后，依次同一个或几个线环自链。编号为 101~105、107、108，共 7 种。

2. 200 类——仿手工线迹

起源于手工缝纫的线迹。其特征是由一根缝线穿过缝料，把缝料固定住。编号为 201、202、204~206、209、211、213~215、217、219、220，共 13 种。

3. 300 类——锁式线迹

一组（一根或数根）缝线的线环，穿入缝料后，与另一组（一根或数根）缝线交织而形成的线迹。编号从 301~327，共 27 种。

4. 400 类——多线链式线迹

一组（一根或数根）缝线的线环，穿入缝料后，与另一组（一根或数根）缝线互链形成的线迹。编号为 401~417，共 17 种。

5. 500 类——包边链式线迹

一组（一根或数根）或一组以上缝线以自链或互链方式形成的线迹，至少一组缝线的线环包绕缝料边缘，一组缝线的线环穿入缝料以后，与一组或一组以上缝线的线环互链。编号为 501~514、521，共 15 种。

6. 600 类——覆盖链式线迹

由两组以上缝线互链，并且其中两组缝线将缝料上、下覆盖的线迹。第一组缝线的线环穿入固定于缝料表面的第三组缝线的线环后，再穿入缝料与第二组缝线的线环在缝料底面互链。但 601 号线迹例外，它只用两组缝线。第三组缝线的功能，是由第一组缝线中的一根缝线来完成。编号为 601~609，共 9 种。

此外，国际标准中还推荐了 700 类线迹。

线迹种类繁多，为掌握各种缝纫线迹，以便在缝制加工中能较好地选用适当的线迹类型，首先要了解线迹的三要素：①线数——线迹由几条缝纫线组成；②结构缝纫线在服装面料上形成何种状态；③线迹密度——单位长度内所包含的线迹单元个数，通常以 2cm 或 3cm 为单位长度。线迹密度是缝制的一个重要工艺参数，其大小对缝口强度、缝线消耗量及缝口缩皱均有影响。

线迹在服装生产中的主要功能是连接裁片，除此之外线迹还具有如下功能：①加固作用——利用线迹使服装某些部位形状保持相对稳定，如领子、袖口等处的明线，口袋两边的套结等；②保护作用——如包缝线迹即为保护衣片布边不脱纱、不破损；③辅助加工作用——在缝制过程中，有时为加工的方便和顺利，常利用一些线迹作辅助加工，如绷缝、抽褶等；④装饰作用——一些服装上利用缉明线等加工手段达到美化装饰的目的，有的则在线迹中加入花色线以起到装饰衣片的作用，如覆盖线迹。

二、线迹形成机理和过程

当机针带着面线穿过缝料向上运动时，由于缝纫线与缝料之间有一定的摩擦力，缝纫线便会在缝料一侧留下一个一个线环，如图4-5（a）。但该线迹很不牢固，很容易脱散，无法用来缝合衣片。为使线迹能固定在缝料上不易脱散，必须采取防止面线线环脱散的措施，如图4-5（b），在线环内穿入障碍物，图4-5（a）所示的线迹便不再会脱散，较为牢固，可以用来缝合衣片。

从上述思路出发，若用另外一根缝纫线（如下线）或用缝料下侧相邻线环作为障碍物，便可形成各种类型的线迹。

无论何种线迹，其形成过程一般经过以下五个过程。

（1）机针穿刺缝料，并将面线带过缝料。

（2）面线线环形成。

（3）下成缝器穿套面线线环，并将该线环扩大，同时完成线环的交织或穿套。

（4）机针退出缝料，挑线机构收紧已形成的线迹。

（5）送布机构向前推进一个针迹，准备形成新的线迹。

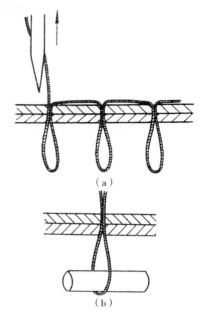

图4-5 线迹形成基本原理

这五个过程不断重复进行，从而将一个个独立的线迹单元连接起来，形成一条条缝迹。

在缝纫过程中，缝线张力对缝迹外观有较大的影响，以301号线迹为例，图4-6是几种缝线张力所形成的缝迹外观。

（a）正常线迹　　　（b）上线紧、下线松的线迹　　　（c）上线松、下线紧的线迹

（d）上、下线均松的线迹　　　（e）上、下线均紧的线迹

图4-6 不同缝线张力所形成的缝迹外观

因此，在进行正式车缝加工之前，需进行试缝，将缝纫机的各个构件调整至线迹成型良好的状态。

三、常用线迹的结构及用途

从线迹类型的角度，可将 ISO 4915 标准中的六类线迹综合为两大类，即：锁式线迹和链式线迹。

（一）锁式线迹（300类）

1. 锁式线迹特点

根据锁式线迹（图4-7）的形成及其结构，其特点是：

（1）至少有两根缝线，上线（针线或面线）A及下线（旋梭线或底线）B；

（2）每两根缝线以相互交结的方式形成线迹；

（3）在正常状态下，交结点位于两层缝料的中部；

（4）线迹正反面形状相同，均为虚线形，分有直线形锁式线迹、曲折形锁式线迹及锁式暗线迹。

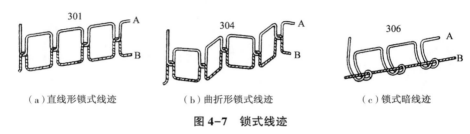

（a）直线形锁式线迹　　　　　（b）曲折形锁式线迹　　　　　（c）锁式暗线迹

图4-7　锁式线迹

2. 锁式线迹结构及用途

（1）直线形锁式线迹（301号）：亦称为平缝线迹，在服装生产中应用最为广泛。根据直针的针数分为单针和双针锁式线迹。

（2）曲折形锁式线迹（304号）：其外形为曲折形虚线。曲折形锁式线迹的弹性高于直线形锁式线迹，具有一定的延展性，亦可防止织物边缘脱散，作为简单的包边用。该类线迹较多地应用于女式内衣、文胸等的缝制加工以及打结、锁眼、装接花边等。

（3）锁式暗线迹（306号）：其外形一面为双线条虚线，另一面看不见线迹。锁式暗线迹亦称为单面线迹或缲边线迹，弯针在缝料的同一面穿入穿出，而不是对穿缝料，其交结点在缝料的表面，主要用于衣片的暗缝加工。

（二）链式线迹

1. 链式线迹的特点

（1）可由单线、双线或多线构成线迹；

（2）缝线以自链或互链成环的方式形成线迹；

（3）套结点位于缝料表面；

（4）缝迹外形，一面为虚线状直线，另一面为新旧线环依次相互串套的锁链状或网状线环，或者两面均为网状。

2. 链式线迹结构及用途

（1）单线链式线迹：仅有上线，由新的上线线环穿入自身的旧线环，自链成环。所形成的缝迹不牢固，易于拆解。按缝迹外形可分为直线形单线链式线迹、曲折形单线链式线迹及单线链式暗线迹（图4-8）。

（a）直线形单线链式线迹　　（b）曲折形单线链式线迹　　（c）单线链式暗线迹

图4-8　单线链式线迹

①直线形单线链式线迹（101号）：其新线环 a_2 穿入旧线环 a_1，将 a_1 套住固定，线迹一面呈锁链状，主要用于衣片的暂缝。

②曲折形单线链式线迹（107号）：外形呈曲折形，主要用于简单的锁扣眼、装饰内衣的缝接等加工。

③单线链式暗线迹（103号）：外形呈横向锁链状，缝料另一面看不见线迹。主要用于衣片下摆折边的缭缝，领里、驳头等的纳缝加工。

（2）双线链式线迹：由上线线环和下线线环相互穿套而形成的各种线迹，线迹弹性良好。按其外形分有直线形、曲折形双线链式线迹及双线链式暗线迹（图4-9）。

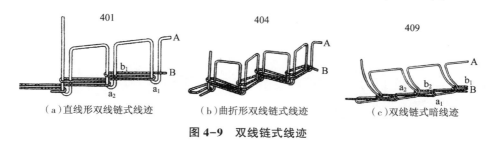

（a）直线形双线链式线迹　　（b）曲折形双线链式线迹　　（c）双线链式暗线迹

图4-9　双线链式线迹

①直线形双线链式线迹（401号）：由上线线环与下线线环相互穿套形成，下线线环 b_1 穿入上线线环 a_1，而新的上线线环 a_2 又穿入已穿过上线线环 a_1 的下线线环 b_1 之中，由此，上、下线环相互被制约固定。

直线形双线链式线迹主要用于衣片的缝合加工，由于线迹弹性较好，多用于针织服装、牛仔服等要求缝口弹性较大的服装缝制。目前在机织物服装加工中应用亦较多，如衬衫的袖下缝和侧缝、裤子后裆等处的缝合。

②曲折形双线链式线迹（404号）：一面为人字形虚线，另一面为人字形锁链。通常用于服装的边饰。

③双线链式暗线迹（409号）：其线迹外观与单线链式暗线迹较为相似，只是横向锁链

的线数多了一条，线迹更为可靠，多用于外衣、裤子等服装下摆折边的缲边。

（3）绷缝线迹：线迹形成的特点是仅有一根下线 B 的线环依次穿入所有上线的线环，而上线的线环再分别穿入下线线环（图4-10）。根据直针数和组成线迹的缝线数，分有双针三线绷缝线迹（如402号、406号）、三针四线绷缝线迹（如403号、407号）等种类。绷缝线迹用于衣片的拼接及装饰加工，如针织服装的装袖头、滚领、滚边、拼边等。

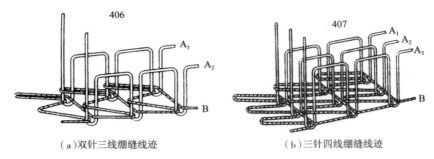

（a）双针三线绷缝线迹　　　　　　（b）三针四线绷缝线迹

图4-10　绷缝线迹

（4）覆盖线迹：亦即有装饰线的绷缝线迹。其线迹成环方式与绷缝线迹相同，只是在线迹表面的上线线环中以穿套的形式加入能覆盖缝迹的装饰线（图4-11）。该类线迹外表美观，弹性良好，可用于衣片的拼接装饰，如服装的滚领、滚边，肩缝、侧缝的拼接等。根据直针和缝线数目，分有双针四线覆盖线迹（602号）、双针五线覆盖线迹（603号）、三针五线覆盖线迹（605号）、三针六线覆盖线迹（604号）等。

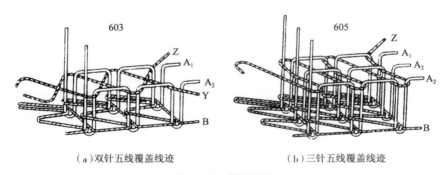

（a）双针五线覆盖线迹　　　　　　（b）三针五线覆盖线迹

图4-11　覆盖线迹

（5）包缝线迹：亦称为锁边缝线迹，缝线呈空间配置，线迹外观为立体网状（图4-12）。

①单线包缝线迹（501号）：只有一根上线，上线穿过缝料形成线环 a_1 后，被下成缝器叉钩叉住绕过衣片裁边并送到进针处，从而被新的上线线环 a_2 穿入。由于是自链成环，线迹不可靠，用于简易的锁边加工、裘皮服装的缝接等。

②双线包缝线迹（503）：下线 B 的线环 b 穿入上线的每一个线环 a，而上线 A 的线环 a 需穿入已穿过自身线环的下线线环 b，即 b_1 先穿入 a_1，a_2 再穿入 b_1。上、下线环的套结点在衣片的边缘，起保护作用。该线迹多用于针织服装底边、袖口等处向里翻折的边的缝合，

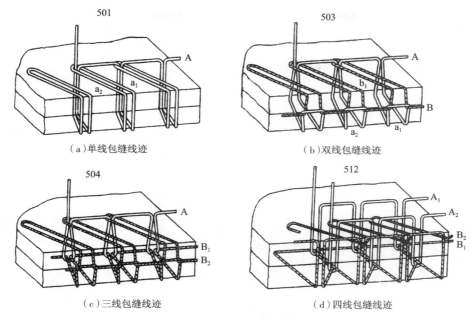

（a）单线包缝线迹　　　　　　　　（b）双线包缝线迹

（c）三线包缝线迹　　　　　　　　（d）四线包缝线迹

图 4-12　包缝线迹

或简单的包边。

　　③三线包缝线迹（504 号）：下线 B_1 的线环穿入所有上线 A 的线环内，另一下线 B_2 的线环穿入所有下线 B_1 的线环，而上线 A 的线环需穿入所有已穿过 B_1 线环的 B_2 线线环中。其中 A 线起缝合作用，B_1 线起包边作用，B_2 线起覆盖缝口的作用。此类线迹较常用，大多用于衣片边缘的包缝加工及针织服装衣片的缝合与包边，线迹弹性良好，比单线和双线包缝线迹牢固可靠。除 504 号三线包缝线迹外，505 号三线包缝线迹常用于针织服装的折边缝合，509 号三线包缝线迹多用于连裤袜、健美裤及针织秋裤等的缝合与包边。

　　④四线包缝线迹（512 号）：由两根上线和两根下线相互穿套形成线迹。下线 B_1 的线环依次穿过上线 A_1 和 A_2 的所有线环，另一下线 B_2 的线环穿过 B_1 线的所有线环，而 A_2 线的线环需穿入已穿过 B_1 线线环的 B_2 线线环。其中 B_1 线起包边作用，B_2 线起覆盖缝口的作用，上线 A_1、A_2 起缝合作用，同时 A_2 线具有夹持 B_1、B_2 线的作用，能防止缝线脱散，比单线、双线、三线包缝线迹更可靠。一般用于针织外衣的缝合加工，在内衣、T 恤加工中也常用于受摩擦较多的肩缝、袖缝等处的缝合，起加强作用。

　　除上述四种包缝线迹外，服装加工中还常用到"复合线迹"，它是由"包缝+双线链缝"两个独立线迹复合而成，线迹弹性好、强度高、缝口稳定，且生产效率高。多用于外衣的缝合，如男衬衫的袖下缝和侧缝、牛仔服等的缝合。按组成线迹的线数分，有五线包缝线迹（双线链缝+三线包缝）和六线包缝线迹（双线链缝+四线包缝）。

拓展阅读·利用线迹做装饰

1. 平缝线迹做装饰

在服装设计中，若将普通的平缝线迹缉出设定的形状或图案，会使一件普通的服装区别于其他服装，彰显出个性；如果采用与面料颜色对比强烈的缝纫线，即撞色线，更可增强服装的视觉效果，起到装饰和美化的作用（图4-13）。

2. 利用包边线迹寻求服装的变化

当包边线迹用于服装的领口、袖口等处时，可利用细密的包边线迹，使衣片布边光洁整齐，既保护布边不脱散，又可起到装饰作用，如图4-14所示；或将两块衣片的缝口外翻，放在服装的正面，此时包边线迹具有保护、缝合与装饰"合三为一"的功能。

 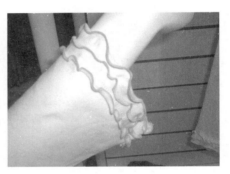

图4-13 平缝线迹做装饰　　　　　图4-14 包边线迹的巧妙运用

3. 机织服装上的覆盖线迹

近些年，覆盖线迹的应用越来越广，已逐步渗透到机织服装之中，如图4-15所示。将覆盖线迹用在机织衣片的表面，使服装整体明快、活泼与独特。

4. 曲折缝线迹做装饰

目前，曲折缝线迹也成为服装加工中一种常用的装饰手段（如图4-16所示束裤上的月牙形线迹），在童趣装饰颇为流行的今天，曲折缝线迹的灵活运用，可成为服装很好的点缀。

  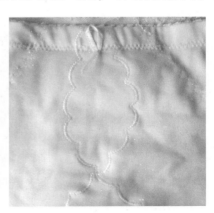

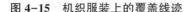
（a）正面　　　　　（b）反面

图4-15 机织服装上的覆盖线迹　　　图4-16 曲折缝线迹做装饰

服装的设计过程是设计师发挥想象力和创造力的过程，但在科技迅猛发展的今天，借助科技的力量使推向市场的服装与众不同，也不失为服装企业独辟蹊径的创意点之一。

第三节 线接缝口

本节主题：

1. 缝型种类和标号。

2. 缝口质量要求。

服装缝口，指各裁片相互缝合的部位。缝型，即缝口的结构形式，指一定数量的缝料以某种线迹在缝纫过程中的配置形态。缝型的确定对于缝纫产品的加工方法、成品质量（如缝口外观、强度等）具有决定性作用。缝型要素有三点：裁片之间的相互关系；线迹种类；车缝行数，即缝口经过几次车缝，留有几条缝迹。

一、缝型种类和标号

缝型由车缝衣片的数量、衣片间相互叠置的形式、线迹种类、车缝行数等诸多因素决定，因而缝型变化多端，种类繁杂，为便于各国服装业的相互交流，国际标准化组织拟定了缝型标号的国际标准 ISO 4916，共 8 类缝型，284 种布边配置形态，543 种缝型标号。

（一）缝型种类

缝型种类如图 4-17 所示。

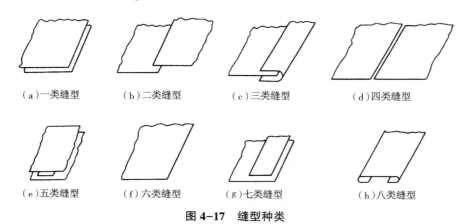

（a）一类缝型　　（b）二类缝型　　（c）三类缝型　　（d）四类缝型

（e）五类缝型　　（f）六类缝型　　（g）七类缝型　　（h）八类缝型

图 4-17　缝型种类

1. 一类缝型

缝料有两片或两片以上，有边限布边和无边限布边分别位于一侧，即有边限布边与有边限布边在一侧相互重叠，无边限布边与无边限布边在一侧。

2. 二类缝型

缝料有两片或两片以上，无边限布边各居一侧，缝料在有边限布边处相互对接搭叠。

3. 三类缝型

有两片或两片以上缝料，其中一片有一侧是有边限布边，另一片两侧均为有边限布边，并把第一片缝料的有边限布边包裹住。

4. 四类缝型

有两片或两片以上缝料，有边限布边于同一平面对接。

5. 五类缝型

有一片或一片以上缝料。若缝料在两片以下，其两侧均为无边限布边，如再有衣片，其一侧或两侧均可是有边限布边。

6. 六类缝型

只有一片缝料，其中一侧为有边限布边。

7. 七类缝型

有两片或两片以上缝料，其中一片的一侧为有边限布边，其余衣片的两侧均为有边限布边。

8. 八类缝型

有一片或一片以上缝料，所有布边均为有边限布边。

（二）缝型标号

国际标准 ISO 4916 中，缝型标号由五位数字组成：

$$×.××.××$$

第一位数字从 1~8 表示缝型的类别；第二、第三位数字从 01~99 表示缝料布边的配置形态；第四、第五位数字从 01~99 表示缝针穿刺衣片的部位和形式（图4-18）。

6.06.01	1.06.02	6.03.03	2.04.04	3.03.08
包缝折边	来去缝	缲边缝	双包边	犬牙边

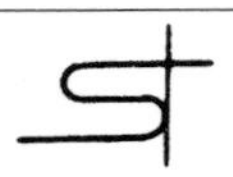

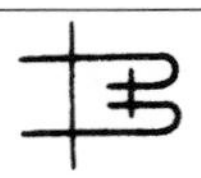

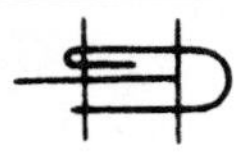

图4-18　缝型标号示例

例如：6.03.03 表示该类缝型为第六类缝型，即只有一片布料，其中一侧为有边限布边；有边限布边折两次；缝针未穿透所有缝料。

在缝型标号后的斜线下方数字为所选用的线迹代号，如：6.03.03/103，表示该缲边缝缝口采用 103 号单线链式线迹缝制。

二、缝口质量要求

成衣外观质量很大程度上是由缝口质量决定的，缝纫加工时，对缝口质量应严格要求和控制。一般来说，服装缝口应符合以下几方面要求。

(一) 牢度

缝口应具有一定的牢固度，能承受一定的拉力，以保证服装缝口在穿用过程中不出现破裂、脱纱等现象，特别是活动较多、活动范围较大的部位，如袖窿、裤裆部位，其缝口一定要牢固。

决定缝口牢度的指标有缝口强度、延伸度、耐受牢度及缝线耐磨性。

1. 缝口强度

缝口强度指垂直于线迹方向拉伸，缝口破裂时所承受的最大负荷。影响缝口强度的因素有缝线强度、缝口种类、面料性能、线迹种类、线迹收紧程度及线迹密度等。

2. 缝口延伸度

缝口延伸度指沿缝口长度方向拉伸，缝口破坏时的最大伸长量。缝口延伸的原因是缝线本身具有一定的延伸度，此外线迹具有延伸度。对于服装经常受到拉伸的部位，如裤子的后裆部，首先要考虑选用弹性较好的线迹种类及缝纫线，否则，缝口的延伸度不够，会造成相应部位的缝口纵向断裂开缝。

3. 缝口耐受牢度

由于服装在穿着时，常受到反复拉伸的力，因此，需测定缝口被反复拉伸时的耐受牢度，它包括两个方面。

(1) 在限定拉伸幅度（3%左右）的情况下，缝口在拉伸过程中出现无剩余变形（完全弹性变形）时的最大负荷，或最多拉伸次数。

(2) 在限定拉伸幅度为5%~7%的情况下，平行或垂直于线迹方向反复拉伸，缝口破损时的拉伸次数。

实验结果表明，缝口耐受牢度对评价线接缝口的牢度是比较能接受的指标。因此，一般通过耐受牢度试验来确定合适的线迹密度，以确保服装穿着时缝口的可靠性，即具有一定的强度和耐受牢度。表4-5为线迹密度参考表。

表4-5　线迹密度参考表

面　料　种　类	线迹密度/（个/2cm）
薄纱，网眼织物，上等细布，蝉翼纱	11~15
缎子，府绸，塔夫绸，亚麻布	9~11
女士呢，天鹅绒，平纹织物，法兰绒，灯芯绒，劳动布	10
粗花呢，拉绒织物，长毛绒，粗帆布	8~10
帐篷帆布，防水布	6~8

4. **缝线耐磨性**

缝线耐磨性即缝线不断被摩擦，在发生断裂时的摩擦次数。服装在穿着时，缝口要受到皮肤或其他服装及外部物件的摩擦，特别是拉伸大的部位。实际穿用表明：缝口开裂往往是因为缝线被磨断而发生的线迹脱散，因此，缝线的耐磨性对缝口的牢度影响较大。选用缝线时，需用耐磨性较高的缝线。

（二）舒适性

舒适性即要求缝口在人体穿用时，应比较柔软、自然、舒适。特别是内衣和夏季服装的缝口一定要保证舒适，不能太厚、太硬。对于不同场合与用途的服装，要选择合适的缝口，如来去缝只能用于软薄面料；较厚面料应在保证缝口牢度的前提下，尽量减少布边的折叠。

（三）对位

对于一些有图案或条格的衣片，缝合时应注意缝口处对格对条。

（四）美观

缝口应具有良好的外观，不能出现皱缩、歪扭、露边、不齐等现象。

（五）线迹密度及线迹收紧程度

1. **线迹密度**

缝口处的线迹密度，按照技术要求执行。

2. **线迹收紧程度**

线迹收紧程度可用手拉法检测，垂直于缝口方向施加适当的拉力，应看不到线迹的内线；沿缝口纵向拉紧，线迹不应断裂。

第四节　非机织材料工艺特点

本节主题：

1. 热塑材料的熔接。

2. 皮革服装工艺特点。

3. 羽绒服装工艺特点。

4. 毛皮服装工艺特点。

5. 针织服装加工特点。

一、热塑材料的熔接

以往服装产品中常用的热塑材料有薄膜和涂层材料，通常用于制作雨衣、潜水服、专业泳衣、户外服装等。目前，已扩展到具有热塑性能的纺织材料服装的应用上，如足球、篮球等专业运动服装、户外运动服装等（图4-19），因熔接缝口较线接缝口更加平整光滑，穿着时比较舒适，可降低运动时线接缝口带来的不适感，同时可缝制出线接缝口不能完成的各种造型的拼接设计，因而在专业运动服装中开始运用。

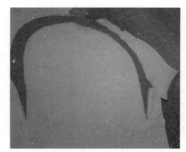

（a）专业运动服装　　　　（b）户外运动服装

图4-19　熔接技术在服装上的应用

（一）熔接工艺特点

薄膜、涂层及具有热塑性能的纺织材料，若采用线接缝口连接衣片，不仅会减弱缝口处材料的牢度，而且会破坏材料的防水性能。因此，热塑材料衣片的缝制加工，通常采用熔接的方法。

与线接相比，熔接技术具有以下特点：①缝口处具有良好的防水性能；②缝口处光滑平整，可降低缝口凸起造成穿着时的不适感；③能获得较高的缝口牢度；④可连接各种形状的衣片或装饰。

（二）熔接工艺和方法

热塑材料的熔接方法有热空气（热气体）熔接法、热脉冲熔接法、热接触法（热轧熔接法）、高频熔接法及超声波熔接法等。

1. 热空气（或热气体）熔接法

将欲接合的材料，聚氯乙烯薄膜或涂层等，由热空气喷嘴在控制的温度下加热塑化，然后将材料在两罗拉之间压合，使熔接处固定。此技术可用于雨衣、滑雪衣、帐篷、手套、潜水衣等需防水处理的服装，也可用于将商标、整理标志等压到接缝处，其强度值能达到织物强度的95%。

2. 热接触法（亦称热轧熔接法）

让热塑材料与加热物体（加热楔）直接接触，加热楔由电阻加热器间接加热，并由控制机构控制温度保持恒定。可用来熔接各种款式、厚度约1.5mm左右的涂层材料或薄膜材料，如雨衣、人造革服装等的熔接。

3. 高频熔接法

高频熔接法是技术上较完善的热塑材料熔接方法，其工作原理是将要连接的热塑材料放在金属底板和由黄铜合金或铝、铜、银制的电极之间，两块金属板通电后，会产生高频电

图4-20　高频熔接机

场，热塑材料的分子被高频激发，产生位移，使热塑材料的温度不断增加，开始熔融。此时，再施加一定压力，两块材料的接缝处便熔合为一体（图4-20）。熔接处冷却后固定，具有一定的强度。

高频熔接法熔接的缝口牢度较好，速度快，但高频设备较复杂，造价高。与热接触法相比，高频熔接时衣片轻轻触及电极的冷表面，热塑材料不会黏附在电极的冷表面上，熔接效果较好。

4. 超声波熔接法

超声缝合技术是当今先进的服装缝合技术，在超声波振动的作用下，热塑材料的熔接表面瞬间被加热到黏流态，同时，热塑材料受到一定压力的作用，使两片材料在接缝处熔合。

目前已研制出外形与普通缝纫机相同的超声波非线缝纫机（图4-21），能在缝口处形成连续熔迹，其接合点强度接近一整块的连生材料，只要产品的接合面设计得匹配，可以达到完全密封且无针脚，缝口牢度、稳定性及抗磨性均较高，经多次洗涤后变化不大。

图4-21　超声波熔接机

拓展阅读·运动户外类的反光面料

图4-22　反光面料制成的服装

随着人们收入水平的提高及生活方式的变化，户外运动类服装日益受到追捧。与之相关的户外服装新材料不断开发应用，服装技术与工艺随之加速更新。图4-22所示为反光面料制成的服装，闪耀银光、烫金等带有科技感的涂层运用，将面料表面塑造出耀眼光泽的效果，带有微妙暗色光泽的材料呈现出一种神秘的美感与未来感。可用于日夜皆宜的户外功能性服装，提高穿着时的能见度，或兼具防风防雨的户外时装。

资料来源：中国纺织信息中心，2016-09-17，http：//mp. weixin. qq. com/s？＿ biz = MzI5MTQxNTYwOA = = &mid = 2247483851&idx = 1&sn = f5309b2e3ed3eb2331d2fcfd4c713545& scene = 23&srcid = 0917L4BdMw2fqRJpOKfkqubV#rd.

二、皮革服装工艺特点

皮革是把动物生皮通过化学鞣制方法制成的，具有耐用、美观、保暖等性能的材料，它具有天然的、多层交错的网状纤维组织结构。用于制作服装的皮革材料一般采用软革制品，而网状的纤维组织使皮革材料较为挺括，这种柔软和挺括的统一是皮革特有的性能之一。

皮革的另一特点是耐用，网状的纤维组织结构使皮革具有耐折、耐磨、耐压等性能，皮革服装的穿用寿命比其他纺织材料的服装要长。

（一）皮革的种类和特点

1. 黄牛皮革

黄牛皮革耐磨性、耐折性、吸湿透气性均较好，粒面磨光后亮度较高。黄牛背部中心皮是最好的制革原料，其组织细密、抗拉强度高、有弹性、厚薄均匀；头颈侧和肋侧皮质量稍次。

2. 水牛皮革

皮面厚实、涨幅大，但粒面粗糙、纤维组织疏松、耐磨性较差。多用作产业革。

3. 猪皮革

猪皮毛孔粗大，呈明显的三点一组状，形成猪皮独特的风格。猪皮的透气性优于牛皮，但强度低、弹性差，多用于制鞋。

4. 羊皮革

羊皮革分为山羊皮革和绵羊皮革。山羊皮较薄，皮面较粗糙，但制成的皮革粒面紧密、光泽度高、透气、柔韧。绵羊皮比山羊皮柔软，粒面细致、手感滑润、延伸性和弹性均较好，强度稍差。目前，绵羊皮革在服装上应用最为广泛。

5. 麂皮革

麂皮的毛孔粗大稠密，皮面粗糙，斑疤较多，不适合做正面革。但反绒革皮质厚实，坚韧耐磨，绒面细密，柔软光洁，透气性、吸水性良好，制成服装具有独特的风格。

6. 蛇皮革

蛇皮的表面具有明显的、易于辨认的花纹，脊背花纹清晰、颜色较深，腹部花纹较浅。成品皮革的粒面细密轻薄，弹性好，柔软而耐折。蛇皮革在服装、皮包、鞋帽等制品中多有使用，但价格较贵。

（二）皮革服装制作

由于皮革材料的上述特性，皮衣在加工过程中的工艺方法、要求及所用设备也与纺织材料的服装有所不同。

1. 选皮

动物皮一般分为三类，即头层皮、二层皮和三层皮。无论从手感、弹性、延伸性，还是从丝绸感及丝光效应上，头层皮的质量都是最好的，但价格也最高。通常，要根据所生产皮革产品的档次，选择相应的皮革材料。

一般高级皮革制品的原料选用头层皮；中档次皮革制品选用二层皮；三层皮质量较次，服装产品中很少使用。

2. 配皮

由于一件完整的皮衣要用许多张动物皮，为使同一件皮革成品的外观（包括皮子的颜色深浅、毛孔大小、厚薄等）基本一致，就要对原料进行挑选，将外观相似的皮革放在一起，并作相应的记录，以便排料人员领用。

3. 排料

通常采用对称法，即以动物脊柱线为对称线，以其头部方向为衣片的上侧，顺序排放各个衣片。由于皮革无方向性，衣片排放时允许一些偏斜，但要注意衣片的对称性，如将一只袖片排在动物的腹部位置，另一只袖片也应该排放在其腹部位置，以确保左右对称衣片外观的一致性，减小差异［图4-23（a）］。

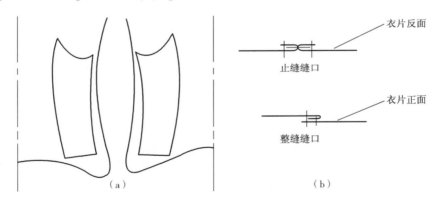

图4-23　皮革衣片的排放与缝口

4. 裁剪

与纺织面料的多层裁剪不同，皮革制品柔软易变形，耐热性较差，皮料大小不一，因此，需要单层裁剪。传统的裁剪方法为扑粉法。其法简单易操作，便于修改，成本低。但裁剪效率低，粉尘污染严重，若扑粉后搁置时间长，粉印会影响皮料外观。

目前大多采用刀割法，即把皮料放在玻璃台面上，在相应部位放上硬样板，用割刀沿样板边缘直接将皮料裁下。此方法裁剪准确，效率高，无粉尘污染；但是一旦出现裁剪错误，较难挽回，对操作人员的技术要求较高。

裁剪皮料时应特别注意不能对皮料施加任何压力，因皮革的柔软性及弹性较好，受力易变形。如果裁剪出的衣片比样板略小，可轻微拉大皮料，并用低温熨斗定型。

5. 修补

皮革衣片表面的疤痕、残疵等缺陷须进行修补。如反绒皮上有孔眼，可从皮子背面用细针细线缝合。

6. 缝纫

皮革因其良好的柔韧性使衣片的缝份很难用熨斗烫倒，解决的方法主要有两种。

（1）用专用胶水把缝份与衣片粘住。衣片缝合后，在缝份背面涂上胶水，用锤子沿缝口将缝份敲平固定。皮衣用锤子是一种专用工具，多为橡皮锤，锤面呈扁球状，需经常用锉刀和砂纸仔细打磨，保持光滑无棱角，以防锤头损坏皮革表面。

（2）正面缉明线固定缝份，如采用止缝缝口、整缝缝口等［图4-23（b）］。具体采用哪种方法，需根据皮革服装的品种款式、工艺要求等选择。

缝制皮革材料时需选用异型（切割型）机针，即穿透力较强的三角形或菱形针尖。为使缝纫顺利进行，大多选用较粗的机针。缝纫线是皮革服装重要的辅料之一，除起缝合作用外，还具有装饰作用。缝制时，需根据皮革厚度选用相应的机针和缝纫线（表4-6、表4-7）。

表4-6 皮革厚度与机针

皮革厚度/mm	0.4~0.7	0.6~1.2	1.1~2
机针针号	90	100~110	110~120

表4-7 皮革厚度与缝纫线

皮革厚度	缝合线/tex（英支）	缭缝线/tex（英支）	钉扣线/tex（英支）
较厚皮革材料	29.5~11.8（20~50英支）锦纶或涤纶线	19.7~14.8（30~40英支）软线	29.5~14.8（20~40英支）锦纶或涤纶线
较薄皮革材料	19.7~8.4（30~70英支）锦纶或涤纶线	19.7~14.8（30~40英支）软线	29.5~14.8（20~40英支）锦纶或涤纶线

皮革服装的线迹密度较小，即针距较大。普通缝合线迹密度为7~8个/2cm；明线视款式而定，以美观为主，线迹密度通常为5~10个/2cm。缝皮革的缝纫机大多为缝厚料机，如图4-24所示。

图4-24 皮革等厚料缝纫机

7. 整烫

皮革面料怕潮湿，受潮后易变形、变色，甚至霉变腐烂。整烫时不能使用蒸汽，可用美丽绸或羽纱为衬垫，轻轻压烫皮革表面。

拓展阅读·羽绒服工艺特点

1. 羽绒服装具有轻、暖、软的特点，御寒性能好，舒适轻便。其中的羽绒丝细且富有弹性，很容易从面料中钻出而出现跑绒现象。为防止跑绒，可采取以下手段：

（1）选用组织细密、经过涂层处理、手感柔软、轻薄挺括的上等面料，如高密度防绒、防水的真丝塔夫绸、尼龙缎、防绒棉、TC布等作为面料。此方法的缺陷在于服装清洗困难，只能整体洗涤；服装外观臃肿，影响美观。

（2）采用一层密度较高、牢度较强的防绒纸或涂层尼龙做内层，可有效防止跑绒。制作时，将里布、羽绒及防绒纸绗缝在一起作为内胆，外面的罩衣便可做成款式多变的时装，使羽绒制品不再显得臃肿。由于外罩可拆卸，清洗容易方便。

（3）在羽绒服装的缝制过程中，因羽绒比重很轻，能随气流飘走，所以不能像棉花或腈纶棉那样先铺料，后裁剪，再缝合。而是先将里布和防绒纸或涂层尼龙裁剪缝合好，留一小孔，再用专用设备向缝合好的内层中充绒，并拍打均匀，最后进行绗绒加工。绗绒时，要求绗线均匀、顺直、线迹清晰、面里平服、松紧一致，保证绒胆厚薄无明显差异。一般绗线成方块状或规定的图案形状，目的是固定绒丝，使服装各部位绒丝均匀，不涌向一堆。羽绒服装的缝制工艺流程与一般机织面料服装大体相仿，只是增加充绒、拍绒、绗绒等过程。

图4-25所示为第四代充绒机，其充绒速度比人工快2~4倍；无接触式称重，不同机型单次充绒误差最高显示精度范围在0.01~0.1 g；分层控制绒面流量技术，提高了充绒精度；充绒数据由USB直接导入，无须手工输入，一键操作完成出绒、回绒、去皮流程一步到位；称重箱具有除尘功能，实现充绒过程中即时清理绒灰，除尘袋内置，桌下除尘系统独立一体化，极大地改善了生产作业环境，健康环保。回收羽绒并将其与灰尘分开，羽绒可再次利用，最大限度地降低羽绒的损耗，节约羽绒成本。

2. 制板时，一般以背长为基本尺寸，同时应考虑以下几方面因素：

（1）因面料的经向自然回缩（填充料引起），一般衣长加1cm。

（2）因绗面线而产生回缩。若竖向有绗线，回缩量加在胸围尺寸上，每档加0.5cm；若横向有绗线，回缩量加在衣长尺寸上，每档加0.5cm。

（3）胸围自然回缩量，样板上的胸围预放量一般为2cm。

图4-25 充绒机

三、毛皮服装工艺特点

毛皮服装价格昂贵，原料来自动物的毛皮，如狐皮、貂皮等。由于不同张的毛皮，或同一张毛皮不同的部位，其毛色、毛长、皮板的厚度等各不相同。因此，毛皮的加工制作工艺较其他材料复杂，需要一些特殊的工艺方法。

（一）毛皮服装的加工过程

1. 选料

选择毛色、毛长符合产品要求的毛皮。

2. 配料

按原料的毛色、毛绒厚薄、毛向等确定哪些毛皮做服装的主要部位、哪些做次要部位，以及上下左右的衔接及花纹图形的完整。

3. 吹缝

将毛皮在加工过程中伤残的部位找出，并剪掉，以便进行拼接和挖补。

4. 机缝水缝

将吹缝工序剪出的剪口和需拼接、挖补的部分进行缝合，一般可用手缝或缝皮机缝合。

5. 靠活

负责裁剪前的定质、定量、定位工作，使毛被布局合理，从而鉴定出配料的好坏，确定抨皮和裁制方法，决定撤皮、添皮、换皮数量等。

6. 抨皮

通过对湿润的毛皮进行反复揉搓，用钝刀拱皮板，将皮内胶质纤维拱松，使皮板柔软平展。可采用手工抨皮或机械抨皮。

7. 裁剪

毛皮的裁制应注意毛芒的长短与方向，保留毛被的天然花色。裁剪时应先选好纸样，按样板进行裁制。

8. 印活

裁制后按上中下顺序检查毛被板的合理程度，修改存在的毛病，使毛皮的外观和尺寸符合质量标准。

9. 缝制

为节约材料，提高毛皮服装的外观质量，目前通常使用毛皮专用缝纫机缝制衣片（图4-26）。用缝毛皮机缝制时，先将衣片边缘对齐，用针别好，缝合时上、下层不能错位，边缝边用锥子将倒伏的毛芒挑入正面毛被，避免拴毛、窝毛。薄毛皮缝迹密度为3~5针/cm，厚毛皮为9针/cm。缝合后用锥子头敲打线迹使之稳定平服。

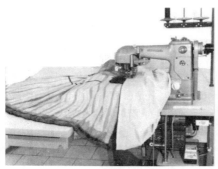

图 4-26 毛皮服装专用设备

10. 清搀

根据服装样板靠活的位置，把缝成的条状或块状裘皮半成品搀在一起形成衣片，搀时主要以颜色相逐为准。搀后需按样板修剪成符合标准的衣片，再经机缝即可成衣。

11. 钉活

钉活是固定成品或半成品外形的方法，在皮板上喷少量20℃~30℃的水，待皮板润湿后将皮板面向上，按样板曲线将成品或半成品钉在网板上，使横竖线缝钉得平直，四周边缘整齐，不要的部分置于钉线以外。在通风处晾干后皮板的形状即可固定。

12. 整修

整修包括对毛皮的破裂或缝线脱开部分进行修补，除去皮板和毛绒上的灰尘污垢。对产品上的色差进行顺色，使色调一致。对不平服处的皮板喷少量水，用90℃左右的温度熨平。

（二）毛皮服装裁剪技巧

毛皮服装在裁剪上与其他面料的服装有较大区别，是随服装款式的不同而变化的。如间皮技巧（图4-27）、浮凸效果技巧（图4-28）、对角抽刀技巧（图4-29）及延长伸展技巧等工艺方法，使毛皮服装呈现出千变万化的效果。

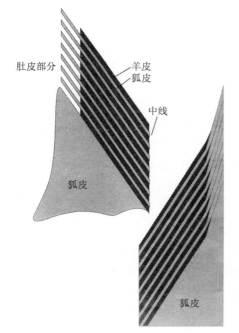

图 4-27 间皮技巧

图 4-28 浮凸效果技巧

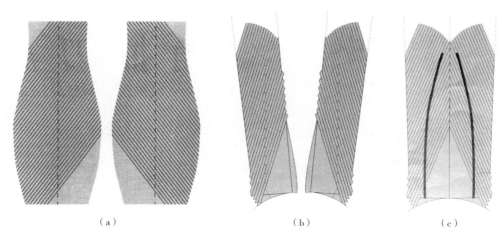

| （a） | （b） | （c） |

图 4-29　对角抽刀技巧

四、针织服装工艺特点

随着针织面料品种的不断开发，针织类服装的品种日益增多，逐渐成为服装成品中不可忽视的一大类别。按服装成形方式，可将其分为针织裁片类服装和编织成形类服装（毛衫）。

针织裁片类服装（图 4-30），其生产过程的工艺要求相对简易，但对操作工人的手势及熟练程度的要求较高，流水线作业一般按设备的不同功能进行分工。针织服装在加工过程中需要注意解决的问题主要是防止面料的脱散、工艺回缩、滑移以及出现针洞；同时缝合衣片所用线迹应与面料一样具有一定的弹性。因此，在选择机器设备时，应注意其专业性和适用性。

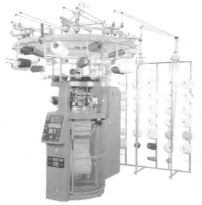

图 4-30　圆机及其产品

由于针织面料的弹性较好，其加工设备以三线、四线包缝机、绷缝机、链缝机、之字机等为主，利用这些设备进行加工，可有效保证缝合后的服装具有良好的伸缩性能。另外，根据款式的需要，生产线还可配置相应的专用机，如针织服装专用的锁眼、钉扣机，能有效保护扣眼周围不脱散，钉扣部位不出现针洞等疵病。

编织成形类服装产品是用机器编织或人工编织的服装（亦称毛衫），其设备以针织横机和缝盘机（俗称套口机）等为主，如图 4-31 所示。生产过程或用流水线按编织、拼合、缝补进行分工，或按单件加工。熨烫针织羊毛衫时，一般使用专用的熨烫设备，为防止熨烫后羊毛衫变形，熨烫时也可将羊毛衫套在专用的金属衣架上，如图 4-31（c）所示。

（a）横机及其产品

（b）缝盘机　　　　　　　　（c）羊毛衫熨烫机

图 4-31　毛衣类针织服装设备

拓展阅读·无缝针织服装

无缝针织服装是采用专用的无缝针织机生产的一次性成形服装（图 4-32）。

无缝针织服装结构设计有别于普通针织或机织面料裁剪缝制的服装，四肢以外的躯干部位一般不做裁剪缝接。因此，制作出的服装成品合体、舒适且耗材小、缝制量少，可以制作内衣、健美服、泳装、运动服、护腰、护膝、短裤等产品。

无缝针织内衣使用的原料以弹性纤维为主体。在编织过程中，以弹力包芯纱分别与纯棉纱、混纺纱、锦纶丝、涤纶丝、丙纶丝、绢丝或再生纤维素纤维如莫代尔、天丝、竹纤维、大豆蛋白纤

图 4-32　无缝针织内衣及设备

维等原料进行交织，大多数产品都是用 2 种或 2 种以上的原料，可以充分体现和突出无缝内衣的特色与优势。

无缝针织服装的优势：缩短生产时间，节省劳动力和厂房面积，减少原材料和能源的消耗，大大降低了生产成本；通过计算机辅助设计系统，能迅速有效地变化设计方案，既能在较短时间内生产不同规格尺寸的成形内衣，又能任意改变各种花色组织，快速生产出消费者需求的产品，满足追求时尚、享受舒适、突出个性的市场要求，与服装行业科技领先、资源低消耗、市场为导向的转型升级方向相吻合。

本章小结

缝纫机针是形成线迹、连接服装衣片的基本部件，由于机针在缝纫过程中与面料直接接触，因此它对缝纫的质量有直接影响。目前，服装业对缝纫机针的研究工作也逐步重视。

无论何种服装，均是由缝纫线所形成的各种线迹将衣片缝合在一起的。因此，线迹是构成服装最重要的因素之一。正因如此，提到缝纫线迹时，通常首先想到其作用是缝合衣片。然而，随着成衣加工技术的不断发展，缝纫线迹的种类日益增多，作用也越来越多样化。如作为服装的装饰、加固、保护衣片等多种功能，用途日益广泛。

随着科技的发展和生活方式的变化，人们对服装的需求更迭加速，催生了各种新型面料的研发与应用。对于不同类型的服装材料，由于材质、性能等的特殊性，其服装加工技术和工艺也在日益更新。在实际应用中，需依据其特征，选择相应的加工技术、工艺和设备，以充分体现材料的优势和特点。

思考题

1. 缝纫过程中，缝制物会受到哪些损伤？如何预防？
2. 从现有服装中收集 4~5 种缝纫线迹，并阐述其应用场合与原因。
3. 从加工、经济等角度分析比较梭式线迹和链式线迹的优劣势。
4. 通常，对服装缝口有哪些质量要求？
5. 热塑材料可应用于哪类服装？其缝制的特殊性体现在哪些方面？
6. 试分析不同类型服装材料的特征和成衣加工技术，并完成下表：

服装种类	服装材料特征	成衣加工技术特征		
		裁剪工艺	缝制工艺	熨烫工艺
裁剪类针织服装				
编织类针织服装				
机织服装				
皮革服装				

续表

服装种类	服装材料特征	成衣加工技术特征		
		裁剪工艺	缝制工艺	熨烫工艺
毛皮服装				
具有热塑性能的服装				
羽绒服装				

课外阅读书目

1. Ruth E. Glock，Grace I. Kunz. Apparel Manufacturing：Sewn Product Analysis. Upper Saddle River，NJ.

2. 周萍主编. 服装生产技术管理. 高等教育出版社。

3. 李世波，金惠琴. 针织缝纫工艺. 中国纺织出版社。

4.【美】斯特拉奇著. 皮革服装设计. 中国纺织出版社。

5. 周莹编著. 裘皮服装设计与表现技法. 中国纺织出版社。

6. 陈雁，陈超，余祖慧编著. 针织服装生产管理. 东华大学出版社。

应用理论与实践——

缝纫设备与选用

课题名称：缝纫设备与选用

课题内容：缝纫设备简介

通用缝纫机械

装饰用、专用及特种缝纫机

车缝辅助装置

课题时间：6课时

训练目的：结合各类缝纫机械的视频和图片资料以及企业参观等活动，讲解各类缝纫机械的用途和应用场合，并组织学生参与实践操作，以加深学生对教学内容的理解和掌握，使其达到能在服装上灵活应用的目的。

教学要求：1. 让学生了解缝制设备的发展和分类。

2. 让学生掌握各类缝纫机的用途和应用场合。

3. 让学生熟知车缝辅助装置的类别和作用。

课前准备：有条件的学校尽可能组织学生参观企业或学校的实验室，观察常用缝纫设备的工作过程，以及所形成的线迹形式、特点以及应用场合等。

第五章　缝纫设备与选用

第一节　缝纫设备简介

本节主题：

1. 缝纫设备发展简史。

2. 缝纫设备的分类。

3. 缝纫机主要成缝构件。

一、缝纫设备发展简史

从 18 世纪末期，英国人托马斯·山特（Thomas Saint）发明第一台单线链式缝纫机至今，已有两百多年的历史，纵观缝纫机的发展，大致可以分为四个阶段。

（一）缝纫机创始阶段（1790~1878 年）

随着 1790 年第一台单线链式缝纫机的问世，几年间，在其基础上又发明出双线链式缝纫机。经过不断改进，缝纫机逐步显示出效率高的优越性。但此时的缝纫机均属链式缝纫机，其耗线量比手工用线量多 4.5 倍，缝纫的牢固度及缝迹耐磨性亦较差。

1832 年，沃尔特·亨特（Walter Hunt）发明了锁式缝纫机，使缝纫机的耗线量大大降低，仅为手工缝纫的 1.5~2 倍，而且缝纫牢度与手工缝纫相比有所提高。

1851 年，美国的列察克·梅里瑟·胜家（Isac Merrt Singer）兄弟设计出第一台全部由金属材料制成的缝纫机，缝纫速度提高到 600 针/min。此时，缝纫机初步定型，开始投入批量生产，并大量用于服装的缝纫加工中。

（二）完善缝纫机性能，扩展品种阶段（1879~1946 年）

在这一阶段，缝纫机性能逐步得到完善，结构趋向合理。缝纫速度较前一阶段提高，缝制质量趋于稳定。

随着服装品种的增多，陆续出现了各种性能的缝纫机种。20 世纪 30 年代，包缝机问世；40 年代，先后生产出三针机、滚领机、绷缝机、锁眼机等新机种，缝纫机种类不断被扩展。

（三）缝纫机高速化、自动化、省力化阶段（1946~1980 年）

从 20 世纪 40 年代中期开始，随着高效率生产的要求，缝纫机转速从 3000r/min，迅速提高到 5000r/min。20 年后，缝纫机速达到 5500r/min；70 年代，达到 8000r/min。80 年代中期，有些机种速度可达 9000r/min。

缝纫机的省力化、自动化始于 20 世纪 60 年代，美国 Singer 公司生产的缝纫机带有自动切线装置，使缝制效率提高了 20%，同时节约了缝线。此项改进，给服装加工厂和服装机械厂带来可观的经济效益。此后，世界各大缝纫机制造商开始致力于缝纫机自动化、省力化的研究，出现了各种自动切线装置、缝针自动定位装置、自动绕松紧带装置等辅助设施，不仅提高了生产效率，而且减轻了工人的劳动强度，深受服装加工厂的欢迎。

（四）结合人文科学，综合应用机械、液压、气动等技术，达到省人化阶段

随着社会的发展，西方各国的人工费用极高，而服装业作为劳动密集型产业，要想节省人力，降低服装成本，必须要提高生产效率。由此，各种高科技含量的缝纫设备应运而生。

1. 机电一体化的高科技专用缝纫机械应用日益广泛

从 20 世纪 80 年代开发的机电一体化产品——全自动开袋机至今，已有大量的同类高科技缝纫机械产品被研制成功，并广泛应用于服装加工中。如全自动连续锁眼机、连续钉扣机、全自动绱袖机、自动省缝机、自控布边缝纫机、自动绱袋机等。各种机电一体化专用机的应用，使服装生产加工的水平迅速得以提高。因专用机的自动化程度较高，对员工操作技能的要求相对降低，使服装加工质量比使用平缝机容易保证，并可一人多机台操作，减少了流水线上的操作人员数，有效地提高了生产效率，为服装工业逐步走出劳动密集型的生产状况提供了一定的基础。

2. "一机多能"有助于达到"省人化"

近年来，具有多种功能（如自动剪线、针定位、自动倒缝等）的电脑平缝机，在服装生产中已屡见不鲜。世界各大服装机械厂的精力逐渐集中于研制服装专用机械的"一机多能"上。

如德国 PFAFF 公司的 3822—1/04 型自动勾止口机，配有上、下两把切刀，集缝合、切边、修边等功能于一体，一台缝纫机可同时完成"勾止口""分止口""修剪"等多道工序，至少可节省两名操作人员。

3. 功能各异的车缝辅助装置，减少操作中的人为因素

随着服装工程理论研究的深入，有关人员发现，过去认为生产效率与缝纫机速度呈正比的观点有失偏颇。在缝纫机创始及发展初期，其速度的提高对生产效率有较大影响，但当缝纫机速度达到一定程度后，再一味地提高机速，除了会大幅度提高缝纫机的加工难度和价格外，对缝纫速度的影响很小。其原因在于，即使是熟练的作业员，在整个加工过程中，用于

缝纫（即缝纫机启动到停止阶段）的时间很少，只占20%～25%，作业员的大部分时间消耗在衣片的拿、放、整理等附随作业和浮余动作上。因此，当机器速度达到一定程度后，提高生产效率的有效途径应是：减少作业员的附随和浮余动作，增加机器的运转时间。

基于上述原因，各种提高缝制效率和缝制质量的简单而有效的工具——车缝辅助装置逐渐被各服装加工企业所青睐。如已开发应用的卷边器、排褶盘、定位器、滚轮送布装置等附件，使缝纫作业中的附随动作明显减少，缝纫机的自动化程度大大提高，加工质量更易控制，亦扩大了缝纫机的使用范围。如在双针缝纫机前加装并更换卷边器，便可缝接分腰和连腰等数种款式的腰头，实现"绱腰头"和"缉明线"一次完成。

目前，车缝辅助装置作为缝纫机械的派生门类，已得到越来越多的缝纫机制造商的高度重视。

拓展阅读·"智能时尚"——服装产业链中的科技推手

服装生产涉及一个庞大的生态系统，它的升级需要多方联动，而科技正在促动着服装生态圈的能量衍变。CHIC2015秋季展主打的"智能时尚"概念，将目光聚焦于服装行业中的科技力量，旨在借助科技的力量探寻服装产业升级发展的新路径。

图5-1　缝纫机器人

"从面料的裁剪到成品，缝纫机器人大约需要4分钟。全面运作时，每22秒就能生产一件T恤，每件人力成本低至0.33美元。"如图5-1所示的缝纫机器人（Sewbot）可模拟缝纫工人的操作方式，用相机"观察"面料，机器臂代替手脚，在布料上做微观或宏观的操作，缝纫误差可以控制在半毫米之内。

位于美国阿肯色州的江苏天源服装有限公司加工厂，将"智慧缝制"作为产能提升的一次机会，预期2020年年产量达到2000万件，应用中国的数码印花、德国的自动分拣技术，实现智能化生产线：1个裁剪系统，4个智能化的缝制生产系统，4个包装系统，"1/6"分拣系统，全部使用缝纫机器人，27个员工年产400万件。

"智慧缝制"将给服装制造业带来新的机遇，"智能化"不仅体现在加工效率的显著提升上，也有助于服装个性化定制的推进、社会资源的节约以及提高资源利用效率，是服装企业提高产品核心竞争力的有效助力。

资料来源：

1."阿迪中国工厂全部将使用缝纫机器人"，2017-09-12，智裁缝，http：//mp. weixin. qq. com/s/eGt79Ucmj4pgzJ4M4w2mNw.

2. "关注 CHIC2016：关联产业—科技力量改变服装生态圈"，中国服装协会，2016-03-11，http：//mp. weixin. qq. com/s？ _ biz = MjM5ODI0NDA5Nw = = &mid = 402387052&idx = 5&sn = 4481fd224d0f280128a90ffa9467a22b&scene = 23&srcid = 0311USA3soA3eZ0YqSu82I5z#rd.

3. 赋能智慧缝制专家谈（之一），2017-11-29，中国缝制机械协会，http：//mp. weixin. qq. com/s？ _ biz = MjM5MjEzNzYzMA = = &mid = 2656280175&idx = 3&sn = 9ff18384450b3a8f82c19b8ea 6141bc6&chksm = bd0dd69e8a7a5f888422b997a3a8694d815fe37e5fd439f110b4ed9420216a3f1ef152c7e305 &mpshare = 1&scene = 1&srcid = 1129UeY14isVXbczrqTLEqzO#rd.

二、缝制设备的分类

缝制设备的种类较多（4000 种以上），大体上可粗分为三类，即家用（J）、工业用（G）及服务行业用（F）缝纫机。在批量服装加工中，工业用缝纫机所占比例最大。以下是工业用缝纫机的详细分类。

（一）按使用对象分

工业用缝纫机可粗分为通用、专用、装饰用及特种缝纫机四类。

1. 通用缝纫机

通用缝纫机是生产中使用频率高、适用范围广的缝纫机械，如平缝机、包缝机、链缝机、绷缝机等。

2. 专用缝纫机

专用缝纫机是用来完成某种专门缝制工艺的缝纫机械，如套结机，钉扣机、锁眼机等。

3. 装饰用缝纫机

装饰用缝纫机是用以缝出各种漂亮的装饰线迹及缝口的缝纫机械，如绣花机、曲折缝机、月牙机等。

4. 特种缝纫机

特种缝纫机是能按设定的工艺程序，自动完成一个作业循环的缝纫机械，如自动开袋机、自动缝小片机等。

（二）按机头机体形状分

缝纫机的机头机体形状是指机体支撑缝料部位的形状（图 5-2）。

1. 平板式机头

平板式机头是最常用的机头形式，分为短臂形和长臂形两种。它的主要特点是工作位置（即送布牙位置）与台板处于同一平面，支撑缝料部位的形状为平板状。此机头适用于各类服装的车缝。平缝机、链缝机多采用此种机头。

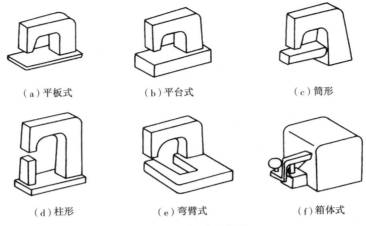

（a）平板式　　　（b）平台式　　　（c）筒形

（d）柱形　　　（e）弯臂式　　　（f）箱体式

图5-2　机头示意图

2. 平台式机头

平台式机头支撑缝料的机体部位形状为平台状，将其安装在缝纫机整机上时，工作位置高出台板平面。这种机头便于穿换下线，也便于大片裁片的高速车缝操作，多见于包缝机等机种。

3. 筒形机头（或称悬臂式机头）

筒形机头的特点是工作位置成筒状，高出台板之上，如同手臂从机体的一边悬空伸出。这种机头便于车缝圆筒形制品。

4. 柱形机头（或称高台机头）

柱形机头的工作位置不仅高出台板，且呈立柱状。这种机头多用于制鞋、制帽的缝纫，便于车缝凹凸部位。服装的缝垫肩机也采用此类机头。

5. 弯臂式机头

弯臂式机头支撑缝料部位的形状为弯折状，如同弯着的手臂从机体的一边悬空伸出。可用来车缝筒形卷接部位，如衬衣袖子及侧缝的卷接、裤腿侧缝的卷接等，多见于双针、三针绷缝机及暗缝机。

6. 箱体式机头

箱体式机头似块状的箱子，无支撑缝料部位。裘皮拼接用的单线包缝机等采用此类机头。

三、缝纫机主要成缝构件

成缝构件是指使缝线在缝料上形成线迹所需要的基本构件。工业缝纫机成缝构件主要包括机针、下成缝器、缝料输送器及收线器等，各成缝构件间正确配合，才能形成所需的线迹。

(一) 机针

机针内容详见第四章第一节。

(二) 下成缝器

下成缝器一般装于缝纫机台板下部位置，其作用是钩取并扩大上线线环。根据不同线迹形成的需要，大致分为带下线或不带下线的四类下成缝器（图5-3）。

1. 旋梭

旋梭是形成锁式线迹的下成缝器。其中的线轴带线，能提供形成线迹所需的下线。旋梭主要由梭壳、梭床、梭芯及线轴组成 [图5-3（a）]，其作用分别为：

（1）梭壳2随下轴转动，带动其上的梭嘴3一起旋转，用来钩取上线线环，通过梭尖4扩大该线环，以便线环能顺利通过梭床10。

（2）梭床10套装在梭壳2中，需用机架上定位钩6的凸头嵌在梭床凹口5中，使梭床10固定不动确保缝纫机正常工作。

（3）线轴7装在梭芯9中，缝线从梭芯9上的簧片引出后，将线轴7及梭芯9一起套在梭床10中的小轴上并固定。

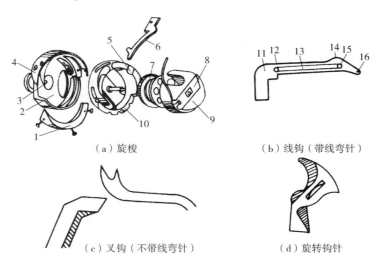

（a）旋梭 （b）线钩（带线弯针）

（c）叉钩（不带线弯针） （d）旋转钩针

图5-3 下成缝器

1—可折回线钩 2—梭壳 3—梭嘴 4—梭尖 5—梭床凹口 6—定位钩 7—线轴 8—梭门闩
9—梭芯 10—梭床 11—针柄 12—针杆 13—针槽 14—针头 15—引线孔 16—针尖

梭芯9与梭床10固定不动，不随梭壳2转动。当下线与上线相互交结受到上线的拉力时，线轴7会被拉动，提供适量的下线。

2. 线钩（带线弯针）

带线弯针 [图5-3（b）] 是形成多线链式线迹、包缝线迹等的下成缝器。它能为形成线迹提供下线，以实现上、下线环的相互穿套。

针柄 11 固装在弯针架上，起支撑作用；针头 14 及针尖 16 用于穿套并钩取上线线环；针杆 12 连接针柄 11 与针头 14；其上的针槽 13 用来引导下线，并使下线埋于其中，以减少摩擦；15 为引线孔。

3. 叉钩（不带线弯针）

叉钩是形成单线链式暗缝等线迹的主要成缝器之一。叉钩本身不带线，构造简单。针头形状分有叉和无叉两种［图 5-3（c）］，均用于钩取上线线环，并将其扩大和转移，以实现上、下线环间的相互穿套。

4. 旋转钩针（菱角）

旋转钩针是形成单线链式等线迹的下成缝器［图 5-3（d）］。与叉钩一样，旋转钩针本身不带线，其上的尖嘴用来穿过上线线环，并将其拉长扩大，协助上线线环的自链成环。

（三）缝料输送器（送布牙及辅助送布装置）

线迹的长短主要是由缝料输送器送布量的大小决定的，而送布动作一般是由送布牙与压脚相互配合共同完成，也有机针或其他构件共同参与送布动作。因此，缝料输送器是较复杂的成缝构件。

为完成不同性质面料的输送，或为满足某些特殊工艺要求，需要采用相应的送布方式，以达到要求的工艺质量。送布方式归纳起来主要有以下几种。

1. 下送式（单牙送布）

下送式是最普通、最常见的送布方式，其结构较简单，主要靠针板下部的送布牙和面料上面的压脚共同完成送布任务［图 5-4（a）］。压脚起压住衣片、防止衣片错动的作用。在送布过程中，衣片受力情况如图 5-4（b）所示。

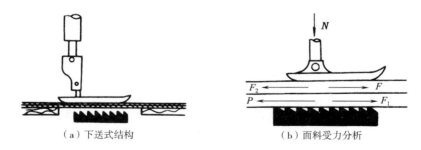

（a）下送式结构　　　　　　　　　（b）面料受力分析

图 5-4　下送式

P—送布牙对下层面料的推力　F_1—上层面料对下层面料的静摩擦力

F_2—下层面料对上层面料的推力　F—压脚对上层面料的摩擦力　N—压脚压力

从面料的受力情况可以看出，要保证送布过程正常进行，即面料间无相对滑移或伸缩现象，就必须保证面料所受的力合理而平衡，即 $P>F_1$（$F_1=F_2$）$>F$，此时面料受到一个向前的力而运动。如果使 $P-F_1=F_2-F$，上、下层面料所受向前的力相同，面料将同步前移，不会发生错位、伸长、缩短等现象，这是最理想的受力状况。

但实际在车缝过厚、过薄面料及针织面料时，单牙送布的方式易导致面料伸长、缩短或错位。

目前，有的平缝机采用聚四氟乙烯材料制作压脚，可使压脚与面料间的摩擦系数减小。当压脚压力增大时，压脚与面料摩擦力 F 的增值比面料间的摩擦力 F_1、F_2 的增值要小，从而使 F_2 能大于 F，对防止两层面料间的滑移及上、下面料间的伸缩有较大的改善。但要彻底解决这一问题，最好的办法还是采用上下同步式输送器。

2. 同步针送式（针牙送布）

当直针刺入面料完成上、下线交结后，直针开始上升，在其退出面料前，有一个向前摆动的动作，以协助下面的送布牙共同输送面料，从而有效地防止面料间的滑移 ［图5-5（a）］。

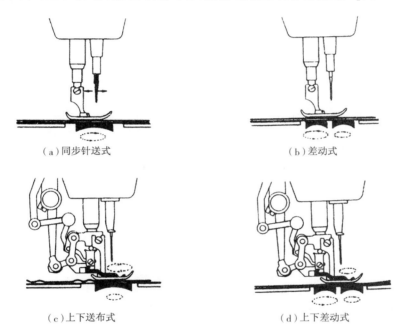

（a）同步针送式　　　　　　　　（b）差动式

（c）上下送布式　　　　　　　　（d）上下差动式

图5-5　四种缝料输送方式

同步针送式适合车缝粗厚面料，由于车缝粗厚面料时，阻力较大，上、下面料间易产生错位，若直针协助送布，便能克服阻力，使面料顺利前移。

3. 差动式（前后牙送布）

差动式缝料输送器 ［图5-5（b）］ 有两个送布牙，均位于针板下面，两个送布牙的送布速度可单独调节。

当车缝弹性较大的面料时，可调节成后牙速度稍快于前牙速度，以达到向前推布的目的，防止面料被拉长。当车缝轻薄面料时，将前、后牙调成前快后慢的状态，形成拉布的趋势，以防止面料产生皱缩。

4. 上下送布式（单牙双侧送布）

上下送布式缝料输送器由带牙的送布压脚与下送布牙夹住面料共同送布［图5-5（c）］。这种送布方式不仅可使上、下层面料被平衡地输送，同步前移不发生错位，而且由于小压脚带牙，抓面料较紧，能防止缝迹歪斜，提高缝制质量。

5. 上下差动式（双牙双侧送布）

由带牙的送布压脚与位于面料下面的前、后送布牙共同送布［图5-5（d）］。由于上、下牙均能送布，因而上、下层面料不易出现错位和滑移。同时，前、后送布牙的送布速度可分别调节，能有效地解决面料的拉长或皱缩问题，是差动式和上下送布式两种输送器的综合体。此输送器车缝任何性质的面料，均能达到预期的效果。利用差动送布机构可进行缩缝加工，如西服的绱袖工序，童装或时装的泡泡袖等的加工。

6. 其他送布方式

对于一些特粗厚面料、多层面料及松紧带等的车缝加工，需采用特殊送布方式，以提高产品的加工质量（图5-6）。

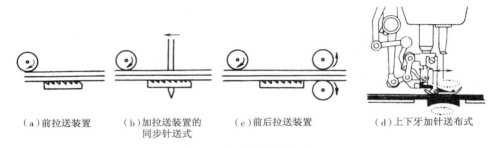

（a）前拉送装置　　（b）加拉送装置的　　　（c）前后拉送装置　　　（d）上下牙加针送布式
　　　　　　　　　　　同步针送式

图5-6　其他送布方式

（四）收线器

工业缝纫机使用的收线器，随机器种类的不同有许多，但不论何种收线器，主要任务是提供线迹形成所需的上线，以及收紧已成形的线迹。目前，常用的收线器大致有杆式和轮式两类。

1. 杆式收线器

根据传动方式的不同，分有连杆式收线器和滑杆式收线器，图5-7（a）所示为连杆式收线器。杆式收线器的优点是在高速运转时，

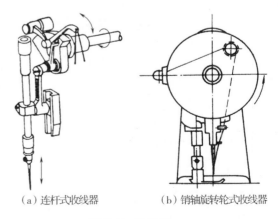

（a）连杆式收线器　　　（b）销轴旋转轮式收线器

图5-7　收线器

噪声较小，使用寿命较长；缺点是结构较复杂，造价较高。一般在平缝机、链缝机等机种上应用较多。

2. 轮式收线器

根据结构不同，分有销轴旋转轮式和异形旋转轮式收线器，图5-7（b）所示为销轴旋转轮式收线器。轮式收线器结构简单，可用于高速缝纫机。与其他类型的收线器相比，轮式收线器价格较低，但在制造时，需严格进行静平衡和动平衡试验，以保证旋转轮运动时的平衡和稳定。

第二节　通用缝纫机械

本节主题：

1. 梭缝缝纫机的种类与应用。

2. 包缝机的种类与应用。

3. 链缝机的种类与应用。

4. 绷缝机的种类与应用。

一、梭缝缝纫机

梭缝缝纫机在服装企业中亦称之为平缝机，是形成锁式线迹的缝纫机，可在缝料正、反面形成外观相似的虚线状直线。其特点是：①结构简单，用线量较少；②形成线迹的牢度较好，线迹不易拆解或脱散；③线迹拉伸性能较差；④与链式线迹缝纫机相比，换梭芯所占时间较多。

（一）平缝机种类

1. 按适用的缝料厚度分

有轻薄、中厚及厚重等类型。通常在缝纫机的标号后加字母区分，如"H"表示适于厚料的缝合，"B"表示适于薄料的缝合等。

2. 按机针数量分

有单针平缝机（图5-8）、双针平缝机（图5-9）。单针平缝机用于普通的缝合加工或压缝单明线；双针平缝机用于双明线的缝纫，一次可形成两条平行的直线，如夹克、牛仔服等的明线加工。

图5-8　单针差动平缝机

3. 按送布方式分

有下送式、针送式、同步式、差动式及上、

181

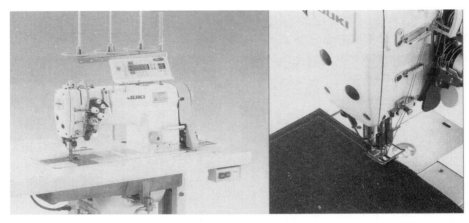

图5-9　双针平缝机

针、下综合送布式等机种，分别适合不同缝料和加工的要求。

4. 平缝机的技术进步

随着科学技术的发展，平缝机不仅种类增多，性能也越来越好，如：

（1）带侧切刀、自动剪线装置的平缝机（图5-10），可替代手工剪线和修边，既减轻了工人的劳动强度，也提高了生产效率。

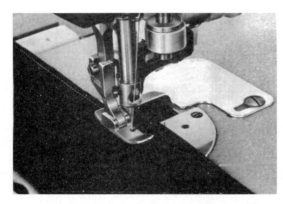

图5-10　带侧切刀、自动剪线装置的平缝机

（2）采用吊杆式送布机构和平行度微调装置的平缝机，防止缝纫时缝料出现错位及起皱现象，使缝迹更漂亮。

（3）采用大旋梭自动润滑系统的平缝机，可减少换下线次数，延长旋梭使用寿命。

（4）高速无油缝纫机，加工时不会产生机油污染所缝纫面料的现象，可保持作业时的清洁。

（5）从人体生理角度考虑，为符合"人机工效学"原理，缝纫机外壳采用纯白色机体，有利于减轻操作者的疲劳感等。

（二）线迹成缝过程

锁式线迹的形成，靠针机构、旋梭机构、挑线机构及送布机构的正确配合而获得。设定机针下降至最低点时，主轴转角为0°，则平缝机在某一时刻，各成缝构件的运动位置如图5-11所示。

图5-11所示的线迹成缝各步骤详解如下：

（1）针杆下降到最低点，将上线带过面料；挑线杆向下运动，使上线保持松弛状态；

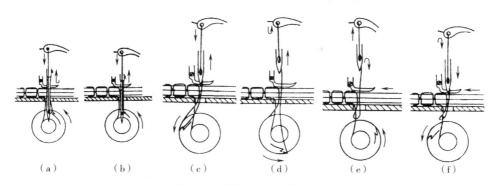

(a)　　　　　(b)　　　　　(c)　　　　　(d)　　　　　(e)　　　　　(f)

图5-11　锁式线迹成缝过程

旋梭梭尖转到300°位置，从逆时针方向接近机针；送布牙处于针板下面，不送布 ［图5-11 (a) ］。

（2）针杆开始向上运动，上线线环开始形成；挑线杆继续下降，保证上线线环的稳定；旋梭梭尖刚刚转到360°位置，正好对准已形成的上线线环，开始钩取线环；送布牙仍处于针板下面，不送布 ［图5-11 (b) ］。

（3）针杆上升，针尖即将离开面料；挑线杆仍向下运动，输送更多的上线；旋梭梭尖已插入上线线环内，并扩大该线环，转到90°位置；送布牙处于针板下面，不送布 ［图5-11 (c) ］。

（4）针杆仍上升，已远离面料；挑线杆下降到最低位，开始回升，上线线环此时最大；旋梭梭尖转到180°位置，已拉着上线线环绕过了梭体最下端；送布牙开始上升，但仍在针板下面，不送布 ［图5-11 (d) ］。

（5）针杆上升到最高点，挑线杆上升，拉紧上线；此时上线线环已通过梭体中心，脱离梭体；旋梭转过一周，又回到300°位置，但并不准备钩取线环；送布牙已上升到最高位，开始送布 ［图5-11 (e) ］。

（6）针杆正下降，针尖已接触面料，准备穿刺；挑线杆已通过最高点，将上线线环拉紧，又开始下降输送上线；旋梭继续转动（空转）；送布牙已将面料输送了一个针距，即将下降 ［图5-11 (f) ］。

(三) 主要成缝构件位置配合

平缝机的主要成缝构件为机针、旋梭、送布牙及挑线杆。这些成缝构件的位置配合十分重要，如果配合不当，不仅会妨碍线迹的正常形成，如产生跳针、跳线、送布不良等，还会造成断针、断线的现象。

1. 机针与旋梭的配合

以操作人员工作时面对机器所观察的零部件位置为基准观察，当针下降到最底部时，梭嘴到机针运动线的距离，即旋梭投圈距，应在要求的距离之间（图5-12）；否则梭嘴钩不到上线线环，或梭嘴与机针可能相碰；当机针向上回升，梭嘴转到机针运动线位置时，梭嘴必须位于机针针眼以上一定距离，以使梭嘴恰能钩取到上线线环。

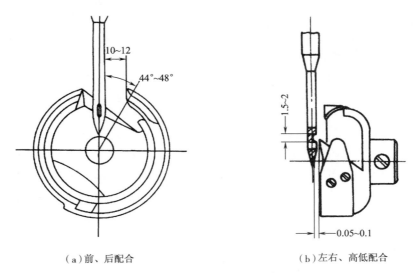

（a）前、后配合   （b）左右、高低配合

图 5-12　机针与旋梭的配合

2. 梭床与定位钩的配合

定位钩凸头与梭床凹口配合时，在凹凸接口处，要保持一定的间隙，一般略大于缝线直径，通常在 0.45~0.65mm 之间（图 5-13）。通过调节定位钩的位置，来控制梭床的定位，保证机针降到针板之下时，不碰到梭床上的窄针孔边缘，以防止断针。

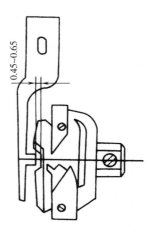

图 5-13　梭床与
定位钩的配合

3. 送布牙与针板的位置

通常，送布牙齿尖需稍许磨平，防止面料被刺破。送料时，一般要求送布牙与针板平面及压脚相互平行［图 5-14（a）］，否则会出现缝迹直线度不好等疵病。送布牙露出针板上平面的高度 H，需根据面料的性质确定。对于一般面料，H 值取 0.8mm 左右；在缝制薄料时，H 值取 0.6mm 左右；缝纫厚料时，H 值可取 1.2mm 左右；最大不宜超过 1.4mm，否则会引起面料来回移动。在具体调节 H 值时，应以能顺利推送面料为前提，尽可能取小值，以防止较高的牙齿损坏面料。

虽然标准的送布牙安装通常与针板面呈平行的位置，但遇到特殊性质的面料时，仍应作适当的调节，如可调成前高后低或前低后高的形式［图 5-14（b）（c）］。送布牙前高后低时，使压脚底面与送布牙接触面减少且重心前移，可防止面料起皱，但易使面料出现滑移，所以对上、下层面料对位要求较高的缝纫，不宜采用；送布牙前低后高时，将压脚底面与送布牙的接触重心后移，可防止面料的拉伸变形，但易使面料起皱，故多用于需要微量收拱的缝纫加工。

（四）平缝机常见故障分析及其维修

平缝机在使用过程中，常见的故障主要有断线、跳针、浮线、断针、缝迹不匀、缝迹歪斜、送布不良、噪声过大、油路系统故障等。

1. 断线

锁式线迹是由上线和下线交织而成，可分为断上线和断下线两类故障。

（1）断上线：上线经过的零部件较多，其原因较为复杂。

（a）标准水平安装

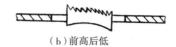
（b）前高后低

（c）前低后高

图 5-14　送布牙与针板的位置

①机器启动，上线即断：

a. 机针装反，或针柄未顶到位，机针太低——检查机针及针柄安装位置，进行调整；

b. 上轮倒转——检查上轮转动方向；

c. 上线张力器压力太大——检查张力器是否正常，调松张力器；

d. 上线穿引顺序不符合要求——按照要求穿引上线；

e. 装配未达要求——检查定位钩与旋梭、机针与梭嘴间的间隙是否符合要求。

②正常缝纫过程中断上线：

a. 机针或缝线与缝料不相配——选用与缝料相适应的机针及缝线；

b. 缝线质量不好——选用强度较高的缝线；

c. 过线部位有锐棱或伤痕——换新零件，或用三角油石、研磨膏等进行修、磨、抛光，消除零部件的锐棱或伤痕；

d. 针过热，缝线被熔断——采用"针热对策"，即在上线的过线处加硅油冷却，或采用压缩空气对机针进行吹风冷却（图 5-15）；

e. 旋梭嘴或梭尖有毛刺，伤痕或光洁度不够——采用三角油石、尼龙线加绿油研磨膏进行磨光、拉光、抛光，使上线经过旋梭时，轻滑顺利，无受阻现象。

③倒缝断线：

a. 送布牙与机针配合不当——按标准要求调整送布牙

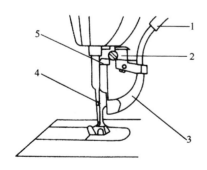

图 5-15　吹风冷却

1—送风管　2—夹具　3—送风扁管
4—机针　5—压杆套

与机针的配合，使倒缝时速度不太快；

b. 上线经过部位不光滑——将倒缝时上线经过的部位抛光，减少摩擦。

（2）断下线：

①下线线轴绕线松、乱、散，使下线出线不畅，时多时少，时紧时松——检修绕线器，使线轴线缠绕均匀、紧凑、整齐；

②梭芯与线轴配合精度差，使下线出现周期性重轧现象——检查梭芯及线轴，观察出线时张力是否均匀，线轴旋转时，外缘是否碰到梭芯内缘，梭芯与线轴应配合良好，以保证线轴在梭芯中能运转自如，无明显重轧现象；

③弹簧钢皮与梭芯配合不均匀，造成两者间隙大小不匀，使下线出线张力时大时小——调整弹簧钢皮，或更换新钢皮，使之与梭芯相配，保证下线在任何位置上出线时，其张力稳定；

④送布牙位置过低，下线出线时与送布牙底部发生接触，将缝线磨断——合理调整送布牙的高低位置，或拆下送布牙用细砂皮拉光牙板底部；

⑤旋梭质量问题——检查位于旋梭架左上侧的出线凹槽（图5-16），观察此槽的深浅，槽内是否光滑、有无伤痕，若不符合要求，应按出线方向，用尼龙绳加绿油研磨膏将凹槽拉深、拉光。

2. 跳针

（1）偶然性跳针：

①机针弯曲或选择不当——调换合适机针；

②机针与旋梭距离不当或机针未装正——调整机针与旋梭尖的距离使之在标准范围内，将机针装正；

③针杆高度位置不对——调整针杆高度到正确位置；

④旋梭嘴磨损——修磨、抛光旋梭嘴；

⑤压脚压力过小，压不住线——加大压脚压力；

⑥缝线捻度不匀，影响线环形成——选择质量好的缝线。

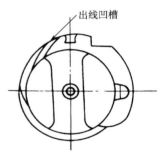

图5-16　旋梭出线凹槽

（2）连续性跳针：

①高速缝纫时，机针及线发热，使缝线软化，难以形成理想的线环——使用化纤线高速缝纫时，可采用"针热对策"，降低缝纫时的温升；

②上线张力太大，缝线受较大的拉伸作用，线环不易形成——调小上线张力，使缝线在缝料下侧时，受到的拉伸尽量减小，以形成理想的线环；

③缝制厚薄不同的过渡部位，或缝纫不同软硬、松紧的缝料所造成的跳针——缝纫时，根据面料厚薄及其性质，及时调整机器各零部件的配合尺寸。若面料软硬、松紧、厚薄程度超出其使用范围时，应更换机器零件，如针板、送布牙、压脚、机针等，或调换适合的机器进行加工。

3. 浮线

（1）浮底或面线：

①送布牙与机针及挑线杆运动配合不当（送布快、收线不紧等）——调整针机构与送

布机构的位置，必要时可将送布牙调至稍慢于标准位置，有利于收线；

②上、下线张力不相配——调节上、下线张力，使之协调一致。

（2）反面毛巾状浮线（成圈状）：

①旋梭过线部位有划痕，致使上线收紧时受阻，形成浮线——修磨旋梭各过线部位，并进行抛光，保证过线顺利；

②缝线绕在定位钩凸缘上，使上线出线不畅——清除绕在定位钩上的缝线，使定位钩与旋梭间缝隙正常，保证上线出线畅通无阻；

③上线夹线器失灵或上线未通过夹线器——检查夹线器螺钉长短，能否起到紧线作用；检查两片夹线板平面是否互相平行，修磨或调换夹线板，使上线通过顺畅，压力适当。

（3）浮线时有时无：

①梭子、线轴配合不准，造成下线出线困难——选配适合的梭子及线轴，使下线出线顺畅；

②弹簧钢皮与梭芯外缘配合不紧密，出线时紧时松——选配或修正钢皮，使其出线均匀、稳定；

③压脚趾板下出线槽太浅或太短，压不住线——用尼龙线拉深、拉长压脚趾板下出线槽；

④机针、缝线与缝料不相配。

4. **断针**

（1）偶然性断针：

①机针太细，缝制粗、厚、硬料时强度不够——选用与缝料相适应的机针；

②缝厚薄不均匀的衣片时，缝速太快，机针发生偏移，造成断针——当缝制厚薄相差很大的制品时，适当放慢速度；

③操作者动作不协调，人为推拉缝料动作太大，使机针发生位移，与针板碰撞——操作人员应正确使用机器；

④机针弯曲、针尖发毛或支针螺钉未旋紧——调换机针，或旋紧支针螺钉。

（2）连续性断针：

①压脚固定螺钉未旋紧；

②针板窄针孔与机针同轴度误差太大——重新选配针板，或调节针板螺钉，直至机针与针板孔同轴度误差在 0.2mm 以内；

③机针与梭尖位置配合不当——按标准要求调整机针与旋梭的位置，使机针在运动中不与旋梭相碰；

④机针与送布牙配合不良——调整机针与送布牙的运动配合，确保送料过程中，送布牙不会碰断机针；

⑤针杆行程不正确，与其他机构运动配合不当——检查针杆曲柄螺钉是否紧固在凹槽

处，装正即可。

5. 送布不良

（1）滞布（面料不向前运动）：

①压脚压力太大——调小压脚压力；

②送布牙倾斜——把送布牙位置调正；

③送布运动慢于针杆运动——调节送布牙与针杆的运动配合，必要时，让送布速度略快于针杆运动；

④送布牙位置太低——调整送布牙露出针板的距离，使其位置正确。

（2）缝料起皱：

①上线张力大——缝薄料时，适当减小上线张力；

②送布牙快于针杆运动速度——将送布牙速度调到标准或略慢于针杆运动速度；

③送布牙倾斜——将送布牙位置调正，或调到前高后低的状态，可使压脚底面与送布牙的接触面减少，防止缝料起皱，但此方法易使缝料出现上下错位；

④送布牙高出针板过多——调整送布牙露出针板的距离位置，缝薄料时，送布牙高于针板0.6mm即可；

⑤针太粗——调换细针；

⑥针板孔太大，致使面料凹陷——调换针孔较小的针板。

6. 线迹不良

（1）线迹长短不匀：

①缝纫机转速偏高——在许可范围内降低转速；

②压脚压力弱——适当增加压脚压力；

③送布牙位置太低——抬高送布牙位置；

④上线张力大，或下线张力小——调小上线张力，或增大下线张力，以减小上、下线张力差；

⑤各过线部位不光滑——拉光各过线部位。

（2）线迹歪斜：

①送布牙与压脚平面不平行——修磨送布牙齿面或压脚平面，更换相应的零件；

②上线张力大——减小上线张力；

③机针安装不正——重新装正机针；

④针杆导线钩及针杆导线套位置不正——装正导线钩及导线套。

相关链接·缝口缩皱的形成及消除方法

缝口缩皱是指服装面料经过缝制加工后，沿缝口产生的变形现象，如缝口凹凸不平，缝口长度缩小、起皱，缝口产生波纹，上、下两层面料移位等。缝口缩皱是服装缝制加工中经常出现的问题，对产品外观质量有很大的影响，应予以控制。

1. 缝口缩皱的形成

（1）机械因素：缝纫设备的性能和工作状态对缝制质量有直接的影响。如压脚压力、送布牙高度、缝纫机速度、线迹密度、上线张力等因素，均会影响缝口的缩皱程度。其中，上线张力和送布牙高度对缝口缩皱的影响最为显著。上线张力越大，缝缩越严重；送布牙越高，缝缩越严重。所以，在正式作业之前，首先将缝纫机调至良好的状态。

（2）面料性能：对于不同性能的面料，经过缝制后产生缩皱的情况不同，如轻薄柔软的面料缝制时易产生缩皱现象；针织等弹性较大的面料常产生上、下层错位现象，即上赶下缩；同一种面料不同方向上的尺寸稳定性不同，缝制时产生缩皱的程度也不相同。一般来说，沿经向车缝时缩皱较大，而沿纬向车缝的缩皱较小。

2. 消除方法

（1）针对由机械因素产生的缝口缩皱，可采取下述方法尽可能消除：在不影响送布的前提下，尽可能降低送布牙高度；在保证线迹成型良好（无上线或下线浮出）的条件下，尽可能调小上、下线张力；车缝时，适当降低缝纫速度；压脚压力适中；线迹针距不能太大。

（2）针对由面料性能产生的缝口缩皱，可采取下列相应的措施尽可能消除：车缝薄软面料时，可选用适合薄料的缝纫设备；尽可能选用较细的机针和孔径较小的针板；或在面料上垫一层薄纸，用以增加缝合厚度，车缝后将纸除去，能有效地减小缝纫线因张力回复而对面料的收紧作用；车缝弹性较大或回复性较大的面料时，可采用上下差动送布缝纫机进行车缝，该类缝纫机能有效地防止面料上、下层的位移。

（3）掌握正确的缝制操作技术，也是避免缝口缩皱的重要手段：由于目前我国服装生产加工中，手工作业及配合机械设备的手工辅助作业较多。因此，作业人员操作时，双手的手势、动作、操作方法及与机械的配合等都会影响到缝制时面料的缩皱。其解决的方法之一，就是对作业员加强作业指导以及操作方法的训练，以提高作业员的作业技能。

但上述作业时的人为因素是难以绝对控制的，最理想的途径还是采用性能更全面、自动化程度更高的缝制机械设备来代替作业员的手工操作，从根本上解决面料的缩皱问题，保证缝制质量。

二、包缝机（GN 型机头）

包缝机是用于切齐并缝合裁片边缘、包覆布边，防止衣片边缘脱散的设备。所形成的线迹为立体网状，弹性较好。除包覆布边外，亦广泛用于针织服装的下摆、袖口、领口及裤边等处的折边缝以及针织服装衣片的缝合。

（一）包缝机种类

根据直针数量及组成线迹的线数，包缝机分有单线、双线、三线、四线及五线包缝机。

1. 三线包缝机（图5-17）

三线包缝机是由一根直针和大、小弯针形成的三线包缝线迹的缝纫机，其用线量适中，线迹可靠，机织和针织服装加工中均可使用，是最为常用的包缝机种。

2. 四线包缝机（图5-18）

图5-17　三线包缝机

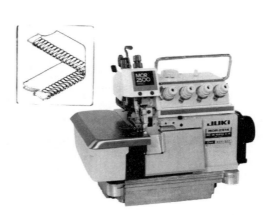

图5-18　四线包缝机

四线包缝机是由两根直针和大、小弯针形成的四线包缝线迹的缝纫机，所形成的线迹较为牢固，大多用于针织服装肩缝、女式连裤袜等处的缝合及包边加工。

图5-19　五线包缝机

3. 五线包缝机（图5-19）

五线包缝机是由两根直针和三根弯针形成的五线包缝线迹的缝纫机，所形成的线迹是由三线包缝线迹和双线链缝线迹呈平行独立配置而成，能将缝合与包边两道工序的加工一次完成，故又称之为"复合缝机"。由于五线包缝机效率高、线迹可靠，因此，其应用日益广泛，如衬衣侧缝、袖底缝的缝合，牛仔裤侧缝的缝合等。

4. 包缝机的技术进步

目前，各种包缝机的性能日趋完善，功能日益增多。

（1）机针和针线配有硅油冷却装置，能在高速状态下，缝制化纤面料。

（2）备有容易清扫布屑的弯针罩，同时，采用不漏油的过滤器，可保持缝纫过程的清洁。

（3）微型调校器，能规范差动送料的动程，便于进行间断的缩褶或伸长缝纫，既可拉伸面料、防止起皱，又可将缝料抽褶。

图 5-20 所示为自动包边工作站。

（二）包缝线迹的形成

1. 过线装置

如图 5-21 所示，直针线 8 经过上线压线板 5 穿入直针 3 中，大弯针线 9 经过大弯针线压线板 6 穿入大弯针 2 中，小弯针线 10 经过小弯针线压线板 7 穿入小弯针 1 中，各压线板控制缝纫线张力，配合形成良好的线缝。

2. 线迹成缝过程

三线包缝线迹的成缝过程，如图 5-22 所示。

（1）直针 1 穿过缝料位于最低点，即将上升；小弯针 2 及大弯针 3 均位于直针最侧位，即将向直针方向运动［图 5-22（a）］。

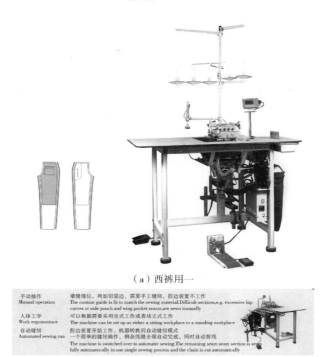

（a）西裤用一

手动操作 Manual operation	难缝部位，列如切袋边，需要手工缝边，控边装置不工作 The contour guide is fit to match the sewing material.Difficult sections,e.g. excessive hip curves or side pouch and wing pocket seams,are sewn manually
人体工学 Work ergonomince	可以根据需要采用坐式工作或者站立式工作 The machine can be set up as either a sitting workplace or a standing workplace
自动缝纫 Automated sewing run	控边装置开始工作，机器转换到自动缝纫模式 一个简单的缝纫操作，剩余线缝全部自动完成，同时自动剪线 The machine is switched over to automatic sewing. The remaining seam seam section is sewn fully automatically in one single sewing process and the chain is cut automatically

（b）西裤用二

图 5-20 自动包边工作站

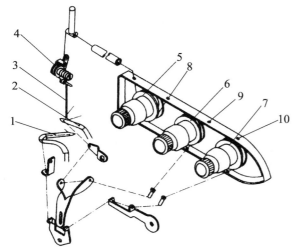

图 5-21 过线装置

1—小弯针 2—大弯针 3—直针 4—小压线板

5—上线压线板 6—大弯针线压线板 7—小弯针线压线板

8—直针线 9—大弯针线 10—小弯针线

（2）直针 1 上升，形成直针线环；小弯针 2 由左向右穿入直针线环［图 5-22（b）］。

（3）直针 1 退出缝料，直针线环被小弯针 2 扩大，同时，大弯针 3 由右下向左上摆动，针尖穿入小弯针 2 所形成的线环内。此时，缝料开始向前移动［图 5-22（c）］。

（4）大弯针 3 继续向左上摆动，已经过缝料表面的直针运动线处。缝料已向前推进一个针迹长度，直针 1 下降，开始穿刺缝料，同时穿过大弯针 3 所形成的线环［图 5-22（d）］。

（5）直针 1 穿过缝料继续下降，大、小弯针各自向相反方向运动，远离直针。

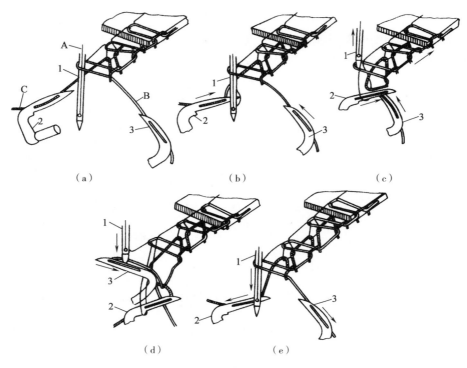

图 5-22　三线包缝线迹成缝过程

1—直针　2—小弯针　3—大弯针

小弯针 2 和大弯针 3 曾各自穿过的直针线环和小弯针线环开始分别脱离小弯针和大弯针，而直针 1 仍在大弯针线环之中。由此，所有线环已相互穿套住［图 5-22（e）］。

（6）直针线及大、小弯针线，在各自收线器的作用下，开始收紧线迹。至此，一个三线包缝线迹形成。

三、链缝机（GK 型机头）

链缝机为以针杆挑线和弯针钩线形成各种链式线迹的工业缝纫机。其形成的线迹在面料一侧总为锁链状，线迹弹性良好，多用于针织服装、运动服、牛仔服、衬衫等服装衣片的缝制加工。

根据直针个数和缝线数量，链缝机分为单针单线、单针双线、双针四线、三针六线等机种。除单针单线链缝机外，其他链缝机的直针与弯针均为成对、分组同步运动，即一个弯针和一个直针成对配合，各自形成独立的线迹。

随着针织面料新产品的不断开发，链缝机的使用范围越来越广泛，功能不断增加。

（1）配有后拖轮及可调校升降的下轮，可充分保证缝料的平稳输送，保证上、下层缝料长短一致，车缝出均匀而平滑的线迹，特别适于厚牛仔裤的绱腰头工序。

（2）切刀机构、拉布器和自动切线装置，可一边剪切缝料一边缝纫，缝完后可剪去所有的上线和下线，减少工人的劳动量。

（3）低惯性压杆系统，在缝制多层缝料时，能保证推布均匀，线迹稳定。

（4）摆动式钩线松线装置，方便调节钩线的稳定供给，避免断线时出现夹线或缠线。

（一）单针单线链缝机

单针单线链缝机，是由一个带线直针和一个不带线旋转钩针（菱角）相互配合形成单线链式线迹的缝纫机，根据所形成线迹的外观，分有直线型和之字形单线链缝机等机种。因所形成的线迹具有一定的拉伸性，但较易脱散，单线链缝机可用于衣片的暂缝加工以及针织服装衣片的缝合。

单针单线链缝机的主要工作机构有针机构、挑线机构、送布机构及菱角钩线机构，线迹成缝过程如图5-23所示。

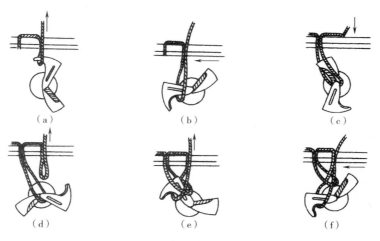

图5-23 单线链式线迹成缝过程

在单线链式线迹成缝过程中，菱角两次穿套旧线环，穿套一次新线环，从而实现了新旧线环的相互穿套。

（二）单针双线链缝机

单针双线链缝机是由一个直针和一个带线弯针相互配合，完成直针线环和弯针线环相互穿套的缝纫机。其外形多为平板式（图5-24），所形成的线迹具有一定的耐磨性和拉伸性，但较易脱散，且耗线量较大。

单针双线链缝机的线迹形成过程如图5-25所示，［图5-25（a）］为下成缝器弯针的运动曲线。

图5-25所示的线迹成缝各步骤详解如下：

（1）直针运动到最低点准备上升，弯针在极右位置，准备向左运动［图5-25（b）］。

图5-24　单针双线链缝机

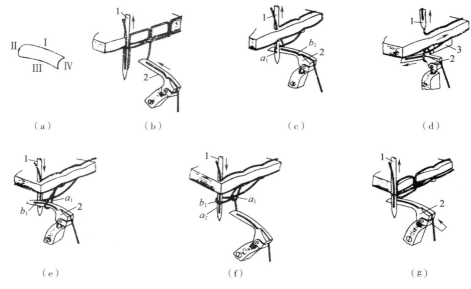

图5-25　单针双线链缝机线迹成缝过程

1—直针　2—弯针　3—送布牙

（2）直针向上运动，形成直针线环 a_1，弯针从直针的后面穿套并钩住直针线环 a_1［图5-25（c）］。

（3）弯针继续向左运动，已穿入直针线环 a_1 中，并将直针线环拉大；送布牙3开始向前输送面料［图5-25（d）］。

（4）直针继续上升，经过最高点后开始下降；弯针已经过极左位置，横向位移一段距离，开始向右摆动，同时形成弯针线环 b_1；直针穿过面料，开始穿入已形成的弯针线环 b_1 之中［图5-25（e）］。

（5）直针下降，并完全穿入弯针线环 b_1；弯针继续向右运动，已脱掉前一个直针线环 a_1，使直针线环 a_1 套在弯针线环 b_1 上；而此时弯针线环 b_1 被新的直针线环 a_2 穿入，不会脱散。上、下线环实现了相互穿套［图5-25（f）］。

194

（6）直针下降到最低点后，开始向上升；弯针到达极右位置，横向位移一段距离，开始向左运动。至此，完成一个双线链式线迹单元［图5-25（g）］。

（三）多针链缝机

根据直针及缝线的数量，多针链缝机又可分为双针四线、三针六线等多针链缝机（图5-26）。多针链缝机与单针双线链缝机的线迹成缝过程基本相同，只是各条线迹的形成是由成对的直针和弯针分组、同步运动实现的。

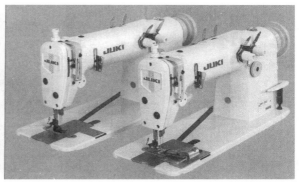

（a）平板式双针四线链缝机

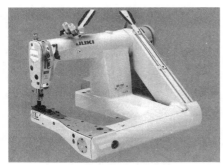
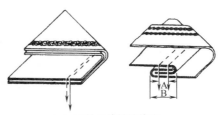

（b）弯臂式双针四线链缝机　　　　（c）双针四线链缝线迹

图5-26　双针四线链缝机

双针四线链缝机的机针除横向排列外，还有纵向排列的机种，前者用于裤子侧缝、袖缝、领子、绱拉链等双道线迹的加工；后者主要用于裤子后裆缝的加固缝合，以提高后裆部位缝口的强度。

四、绷缝机（GK型机头）

绷缝机是由两根或两根以上的直针和一个下成缝器（即带线弯针）相互配合，形成部分400类多针链式线迹及600类覆盖链式线迹的通用缝纫机械（图5-27）。所形成的线迹呈扁平网状，其强度及拉伸性均较好。主要用于针织服装衣片的对接，女装和童装的滚领、滚边及装饰等加工。

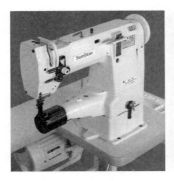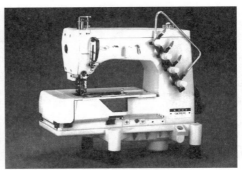

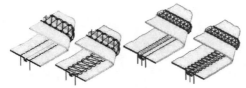

图 5-27　绷缝机

根据直针的数量，绷缝机分有双针、三针及四针绷缝机；按机头外形分，有筒式和平式绷缝机等机种。

服装厂常用的大多为筒式绷缝机，由于操作台为悬臂式，缝纫区较为小巧，机针部位被阻挡的视线很少，因此，操作人员观察工作状况时，比较方便，有利于缝制质量的提高。另外，筒状的操作台十分适合于小筒径衣片的缝合加工，如合袖下缝工序便可用此机。但悬臂亦使该类机型的刚性较差，当缝纫较厚面料，或机速较快时，会发生振动现象，令车缝速度受到限制。

平式绷缝机的外形与平缝机类似，操作台为平板式。由于采用滚针轴承及全自动润滑系统，该型绷缝机的机械性能有所改善，具有速度快、噪声小、适应性强等特点，但无法进行筒形衣片的缝合加工。

不论双针、三针、还是四针绷缝线迹，其成缝原理相似。以三针四线绷缝线迹为例，成缝过程如图 5-28 所示。

图 5-28 所示的线迹成缝各步骤详解如下：

（1）直针已从最低位置开始上升，弯针开始从最右边位置向左运动 ［图 5-28（a）］。

（2）当直针上升到一定高度，在缝料下面形成直针线环时，弯针继续向左运动，其针尖依次从后面穿入直针所形成的线环 ［图 5-28（b）］。

（3）直针继续上升，针尖均已离开缝料；送布牙开始向前输送缝料；弯针钩住并拉长所有的直针线环，同时将前一个线迹线环收紧 ［图 5-28（c）］。

（4）弯针已运动到最左端极点，开始向右运动，形成弯针线环。此前弯针横向移动一定距离，已位于直针前面。缝料被输送一个针距长，直针下降穿过缝料，准备穿入弯针所形

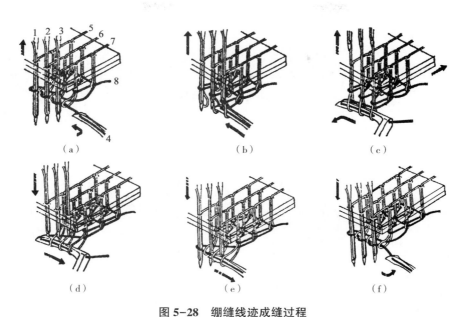

图 5-28　绷缝线迹成缝过程

1、2、3—直针　4—带线弯针　5、6、7—直针线　8—弯针线

成的三角形线环［图 5-28（d）］。

（5）直针继续下降，已穿入弯针所形成的三角形线环；弯针继续向右运动，套在其上的直针线环开始依次脱离弯针，并套在已被直针穿入的弯针线环上，此时直针与弯针线环实现了相互的穿套［图 5-28（e）］。

（6）直针继续下降，达到最低位，弯针继续向右运动到最右端，收紧弯针线环，准备形成新的线迹单元［图 5-28（f）］。

第三节　装饰用、专用及特种缝纫机

本节主题：

1. 装饰用缝纫机的种类与用途。

2. 专用缝纫机的种类与用途。

3. 特种缝纫机的种类与用途。

近年来，随着人们生活水平的日益提高，对成衣的需求日益多样化、多品种化，成衣市场的竞争也日趋激烈，并因此促进了服装装饰用、专用及特种缝纫设备的开发和应用，使服装的质量、档次和加工速度得以大幅度提高。

一、装饰用缝纫机

在成衣生产中，出于美观或为增加服装的花色品种的需要，常使用装饰用缝纫机，用以缝出各种漂亮的装饰线迹及缝边。由于装饰手段和方法千变万化，因此所使用的装饰用缝纫机种类也较多，如曲折缝机、绣花机、打褶机、绗缝机等。

（一）曲折缝机

曲折缝机是通过针杆左右摆动，在服装上形成曲折形线迹的缝纫机（图5-29）。当将针杆摆动幅度调至0位置时，即为普通的平缝机。

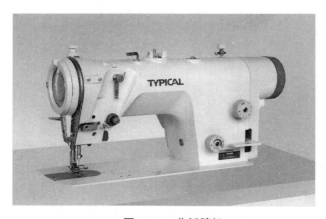

图5-29 曲折缝机

根据所形成的线迹外观，曲折缝机又分为之字缝机（亦称人字车）和月牙机。月牙机是在织物的边缘缝出等距或不等距曲牙的缝纫机，常用于加工手帕、枕套的缝边，童装及女装的饰边。之字缝机通常有一针、两针或三针"之"字，多用于女式内衣、内裤、泳装等对接加工。对接出的缝口光滑平整，且具有一定的弹性。

为提高加工质量，增加产量，曲折缝机的功能越来越多，操作也更为简单方便。

（1）加装自动剪线、压脚自动提升等装置，使加工更快捷。

（2）配有额外的踏板，进行车缝时可改变上送布动程。

（3）针落点位置变更时，只需操动杠杆，简单方便。

（4）镀钛内梭减少梭子的发热，提高了梭子的耐久性。

（5）加装松线装置，可使领面与领底呢接合后，领面稍有吃势，形成"里外匀"的良好状态。

（6）可调上送布装置，有效防止上、下层面料的错位。

（7）采用新型旋转式挑线及夹线机构，使送出的缝线圆滑顺畅、张力小。

（8）高位型上线抓取装置、拔线装置及压脚刀片，可消除起缝时的"鸟巢"现象；吸线头装置使压脚周围能保持清洁。

（二）绣花机

绣花机是在服装面料上绣出各种花色图案的服装设备，按机头数量分有单头绣花机和多头绣花机，可完成链状线迹、环状线迹、镂空、平缝等不同类型的绣花加工，广泛应用于女装、童装、衬衣及装饰用品等。按一次完成绣花的数量分，有单头绣花机（图5-30）和多头绣花机（图5-31），绣花机均由电脑程序控制，按所输入的程序自动完成各种图案的绣花工艺。

1. 单头绣花机的特点

（1）具有多种编制机能，如放大、缩小、绣花针迹密度调节、反转、排列、自找中心定位、重缝等。

（2）装有断线传感器，当面线切断时，机器自动停止。

（3）线迹长度可自动调节，花样在缝区范围内，起始点可单独选择，无论结束的地方在何处。

2. 多头绣花机的特点

（1）存储花样，花样编辑、缩小或放大，花样数个位置的旋转。

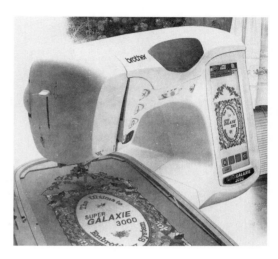

图5-30　单头绣花机

（2）当底线用完时，机器将自动停止，同时彩色监控器指示出哪个机头无底线，便于快速更换。

（3）在刺绣过程中能自动进行补绣。

（4）刺绣中途能自动剪线，并高速向下一个刺绣点移动。

（5）开机前，可在控制系统屏幕上对布料和图案的各个部分进行模拟配色，以避免多次起样。

较先进的绣花机还具有更为优良的功能，如有的绣花机配备专用绣框（图5-32），可对袋状物、弧状物进行刺绣加工，如使用帽子绣框，可直接在帽子上刺绣；加装相应的附属装置，便能自由地进行圆珠片绣、圆珠绣、立绣、花带绣、粗线绣、特殊线绣及挖孔绣等多种

图5-31　多头绣花机

特殊刺绣方式（图5-33）。这些富有立体感的复合刺绣只用一台机器就能迅速而正确地完成，并可把平绣和特种绣乃至亮片、钻石镶嵌、金属饰物等加工手段综合应用，实现组合加工，使绣品得到多彩的花型与颜色变化，创造出美丽而具有较高附加价值的制品。

（a）袋状物绣框　　　　　　　　　　　　　　（b）帽子绣框

图5-32　专用绣框

（a）圆珠绣　　　　　　　　　　　　　　（b）卷绣

图5-33　特殊刺绣工艺

拓展阅读·激光雕花技术

布料激光雕花技术，是使用 CO_2 激光管切割布料，其切割精确、速度快，操作简捷，具备加工过程和精度个性化、激光头运行轨迹仿真显示、多种路径优化功能。雕刻的布料花型平整，不会有焦边，收边好（图5-34）。

应用激光雕花技术，能轻松解决刀模裁剪布料时出现的问题，如复杂的图案、布料脱丝等。对于聚酯或聚酰胺含量较高的布料来说，激光雕花技术更有优势。因为激光能使这类布

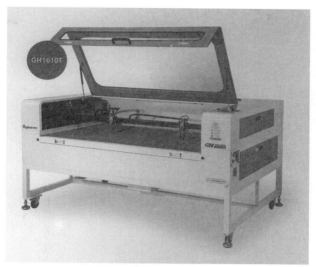

（a）布料专用激光切割机

（b）布料专用激光切割机样品

图5-34　激光切割机雕花技术及样品

料裁剪的边缘轻微熔化形成不会散边的熔接边缘，激光切割技术也适合裘皮及各种皮革材料的图案雕刻。

（三）花针机与打褶机

1. 花针机

花针机是在多针双线链式线迹或绷缝线迹的基础上加入花色线，在缝料表面形成各种花式线迹的装饰缝机（图5-35），多用于童装、女装或针织服装的装饰或饰边。

2. 打褶机

打褶机是在平整的缝料上打出款式所需的各种褶裥的装饰缝机，除少数机型采用单线链式线迹、锁式线迹外，大多数打褶机采用多针双线链式线迹，用于女装上衣、裙子、家居用品等的打褶。按所打褶裥的形式，可分为横褶和竖褶两种类型。

（1）横褶：靠安装在机针前的打褶板往复运动，使位于打褶板下的面料形成具有一定规律、垂直于送布方向的褶裥，由线迹将褶裥固定。选用不同沟槽曲线的凸轮，改变打褶板的运动规律，可得到所需的横褶（图5-36）。用普通的上线和下线进行平缝或抽褶缝，如将下线换成特定的松紧线，即可进行薄料的松紧线打褶。

（2）竖褶：顺着送布方向形成的各种褶裥，由线迹将各行竖褶分别固定。竖褶是靠在

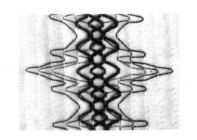

图 5-35　花针机

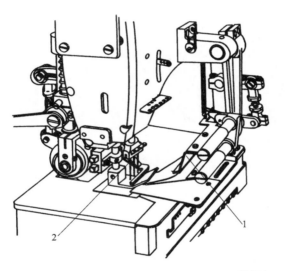

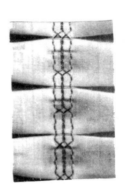

图 5-36　横褶机

1—打褶板　2—上弯针

上、下排褶盘（图5-37）插入不同的面料导片而形成的，改变导片插法或变更导片，可得到变化繁多的各种竖褶。

许多情况下打褶机与花针机为一体，即在打褶的同时加上各种花式线迹。利用配备的各种凸轮花盘，结合相应的装饰缝线，可缝出为数众多的花式线迹和图案，使成品更具装饰性、更美观。

（四）绗缝机

绗缝机是在缝料上做出各种图案的大型多针装饰缝机，用于棉衣、棉被、床罩等用品的装饰加工，更换机器上的凸轮，可获得需要的绗缝图案（图5-38）。

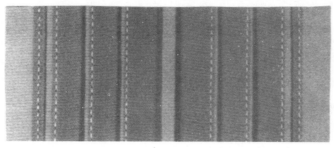

图 5-37 竖褶机

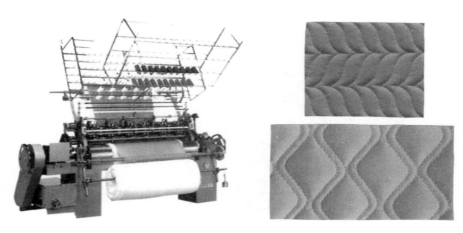

图 5-38 绗缝机

目前开发的自动绗缝模板机（图 5-39），可以在计算机中自行设计所需花型，采用激光雕刻衣片模板（图 5-40），并对服装裁片进行相应花型的绗缝。

（五）珠边机

珠边机主要用于西服止口的珠边加工。通常分为两类：一类是仿手工线迹的珠边机

图 5-39　自动绗缝模板机及样品

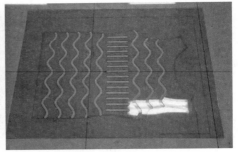

图 5-40　模板专用激光切割机及衣片模板成品

（图 5-41），用于高档西服的珠边缝；另一类是仿珠边机，用于一般西裤的珠边缝。

图 5-41　珠边机

1—珠点大、小调节钮　2—线迹密度调节钮　3—翻转珠点控制杆　4—缝线

意大利金柏斯（COMPLETT）公司生产的 780NP 型珠边机，具有独特的钩针结构（图 5-42），当钩针位于针板下面时，针眼口打开；当钩针位于针板上面时，针眼口关闭。利用针眼口的开、闭和缝线的钩结与脱开，获得手工线迹。只需按动机头前的控制钮

（图 5-41 中的 1 和 2），即可转换上、下线迹珠点的长度和密度；按动图 5-41 中的控制杆 3，可使珠点朝向翻转。

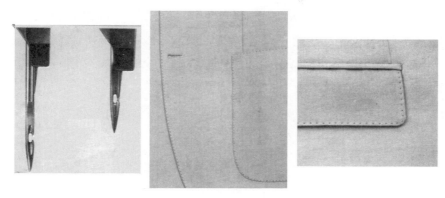

图 5-42 珠边机钩针结构及其线迹外观

日本 JUKI 公司生产的 FLS—350N 型珠边机，采用电脑控制，缝纫长度达 1800mm，减少了换线和理线次数。

二、专用缝纫机

专用缝纫机是用来完成某种专门缝纫工艺的缝制机械，在成衣生产中占有相当重要的地位。在德国、日本等发达国家的服装加工企业中，专用缝纫机的使用率已达 40％以上。与通用缝纫机相比，专用缝纫机具有加工精度高、工艺质量好、生产速度快等优点。由于大多数专用缝纫机的结构较为复杂，机电一体化程度较高，因此，对生产、维修、管理人员的要求也相应提高。

（一）套结机

套结机亦称打结机或加固缝机，用于防止线迹末端脱散、加固线迹，或固定服装某些部位的专用缝制设备（图 5-43）。其线迹按套结尺寸和形状，有大套结（袋口两端的套结、裤子门襟等处的加固）、小套结（里袋布等附件的固定）、扣眼套结（圆头扣眼尾端的封口）、针织套结（大针距）、钉裤串带、钉商标以及花样打结等种类。

因套结线迹密度较大，使用套结机时，容易将面料的纱线刺断。对于稀薄面料，应在其套结部位的反面粘衬，以提高面料的强度，同时，在保证正常作业的前提下，尽可能选用较细的机针，防止出现针洞。

套结机大多采用平缝线迹，当套结针数和尺寸调定后，自动完成一个套结循环，并自动剪线。较先进的套结机均为机电一体化产品，具有如下功能：

（1）可在一台机器上不更换附件而改变套结针数、套结长度和宽度。

（2）采用交流伺服机构实现自动停车、自动抬压脚等，将作业停顿时间减到最少，大

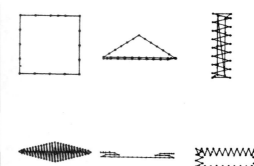

图 5-43　套结机

大缩短了起始缝及缝纫结束至剪线完成的时间，提高了工作效率。

（3）具有能检验诸如"气压不足，不抬压脚"等情况的安全装置，以控制缝纫机的启动。

（4）采用轻薄踏板器，升降压脚时，操作方便，降低了操作人员的劳动强度。

（5）采用 1.7 倍的大型摆梭或双横式旋梭及大容量梭芯，不用频繁更换梭芯，减少换线时间，提高了缝纫效率。

（6）自动切线装置与压脚升降机构是联动的，当压脚落下，切线刀会自动退回，不会发生折断机针、碰坏切线刀等故障。

（二）钉扣机

钉扣机是用来缝钉服装纽扣的专用缝纫机械（图5-44），通常采用单线链式线迹或平缝线迹，采用平缝线迹缝钉的纽扣，线迹不易脱散，较为可靠。

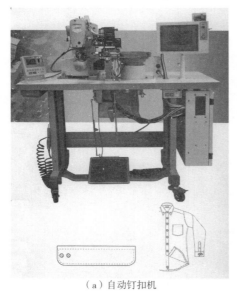

（a）自动钉扣机　　　　　　　（b）缝钉操作　　　（c）缝钉线迹

图 5-44　自动钉扣机

为提高钉扣机的适应性和钉扣速度，钉扣机功能不断被扩充和完善。

（1）能缝钉多种缝型的平纽扣；加装相应的附件，还可缝钉各种金属带柄纽扣、带柄塑料纽扣、子母扣及纽扣周围的缠卷加固等。

（2）配有纽扣输入器，可自动送扣。

（3）采用强制送扣方式，不受纽扣尺寸不匀及静电影响。

（4）通过纽扣自动排出机构及其简单的调节，能够方便地更换纽扣。

（5）可自动完成钉纽扣和绕线工艺。

（6）装有特殊的线头打结装置，产品质量稳定。

（7）具有自动剪线装置，能进行低张力缝纫，能稳定地切线。

（8）单脚踏板式，纽扣夹子自动升降，操作简便。

（9）四孔和两孔纽扣的缝钉变换操作简单、方便。

相关链接·缝钉其他类型纽扣的纽扣机

现代服装设计与技术的支持密不可分，2018 年平昌冬奥会闭幕式"北京 8 分钟"给世人提供了一场视觉饕餮之宴，其中熊猫和运动员身着的闪光服装就是艺术创意与技术创新完美结合的成果。

在服装设计中，扣合件（如纽扣、拉链、挂钩等）的设计与实现同样很关键，不同类型的纽扣需要对应的机械设备将其缝钉在服装上。如自动钉金属扣机（图 5-45），可自动输送并缝钉一定直径范围的各种圆形金属铆合纽扣，及部分方形金属铆合纽扣；自动钉珍珠扣机（图 5-46），珍珠和铆钉自动从上、下两端供应，并被同时挤压；自动单面金属钉眼机（图 5-47），铆合的孔眼工整、美观；自动钉装饰扣机（图 5-48），适用于缝钉一定直径范围的各种形状的塑料纽扣、金属纽扣。

图 5-45 自动钉金属扣机

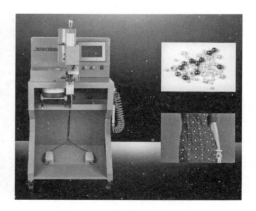

图 5-46 自动钉珍珠扣机

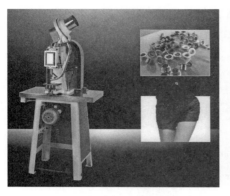
图 5-47　自动单面金属钉眼机

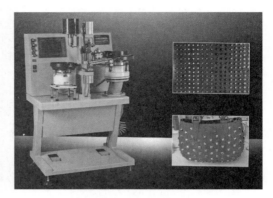
图 5-48　自动钉装饰扣机

（三）锁眼机

锁眼机亦称开纽孔机，是防止纽孔周围布边脱散的缝制专用设备。按所开纽孔形状分为平头锁眼机和圆头锁眼机。

1. 平头锁眼机

平头锁眼机（图5-49）大多用于男女衬衫、童装及薄料时装等平头扣眼的锁缝加工，一般采用平缝线迹或链式线迹。根据纽扣外径大小及成衣要求，平头锁眼机可锁缝相应尺寸的扣眼。大多数平头锁眼机具有如下功能：

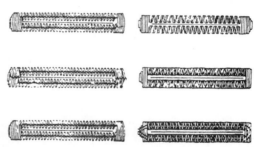
图 5-49　平头锁眼机

（1）当缝线被切断时，开孔刀自动停止作业。

（2）装有断线传感器，如在锁眼过程中发生断线，下刀装置自动停止动作。

（3）偏侧机身设计，能安装布料自动输送系统，操作人员只需把布料放置在指定位置上，其他缝纫工作自动进行，直至完成所需锁眼的距离和数量。

（4）采用电脑控制缝速、制动、纽孔大小及一遍锁缝或两遍锁缝。

2. 圆头锁眼机

圆头锁眼机（图5-50）大多用于西服、外衣等圆头扣眼的锁缝，加工出的扣眼外形美观、空间大、易于纽扣通过。按锁缝顺序，分有"先切后锁"和"先锁后切"两种形式，"先切后锁"的扣眼边缘光滑，外观较好。

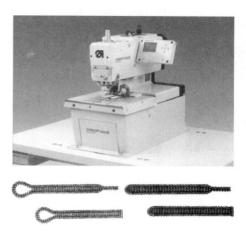

图 5-50　圆头锁眼机

新型的圆头锁眼机只需按动操作板上的控制钮，便可由电脑自动控制缝出所设定纽孔的形状及大小，并可自由选择锁缝顺序。此外，一些性能较好的圆头锁眼机，可独立调整左右压脚的高低和压力，以适应不同厚薄的缝料；加装结构坚固的夹布托板附送器，使操作平稳、低噪声。

拓展阅读·从自动化到智能化的锁眼工作站

图 5-51 所示为电脑控制的自动连续锁眼机，操作人员将待加工衬衫衣片按要求放入机器中，按下启动按钮，便可按预定的扣眼尺寸和距离自动锁缝至要求的扣眼类型和个数，一人可操作 2~3 台相同机器。与之配套的有自动连续钉扣机，可存储多个钉扣模式。

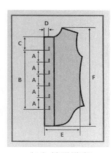

（a）衬衫锁眼　　　　　　（b）锁眼设定　　　　　（c）工作效率

图 5-51　自动连续锁眼机

图 5-52 所示为智能无人锁眼工作站，配有视觉系统实时监控纠正对条对格缝纫轨迹的调整导向，可实现衬衫锁眼的无人化操作：自动上料、智能抓取、精准输送、高质缝纫、视觉对条、下料堆垛一系列循环工作。

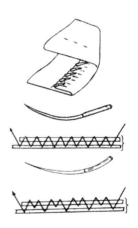

图 5-52　智能无人锁眼工作站

（四）暗缝机

暗缝机（图 5-53）用于加工暗缝在服装面料反面的线迹。与其他缝机最大的不同，在于它所用的上成缝器不是直针而是弯针。缝纫时，弯针从面料的同一面穿入、穿出，而不是对穿面料，因此，所形成的线迹在服装的正面看不到或只能看到一些"点"。

图 5-53　单线暗缝机

暗缝机的品种较多，按用途大致分为缲边机和纳驳头机。缲边机用于上衣、大衣、裙子底边及裤脚口等处的缲边，或用于西服、大衣领子、领嘴及口袋等处的暗缝。

暗缝机大多采用单线链式暗线迹，也有一些机种采用双线链式或锁式暗线迹。

1. 单线暗缝机

单线链式暗缝机的成缝过程（图 5-54）与单针单线链缝机相似，只是下成缝器不是菱角，而是叉钩，其线迹成缝过程如下：

（1）上弯针穿过缝料，到达最右点，叉钩前移 ［图 5-54 （a）］；

（2）上弯针后退，形成上线线环，叉钩已移至线环处，对准线环 ［图 5-54 （b）］；

（3）叉钩穿入线环中，上弯针继续后退，即将退出线环 ［图 5-54 （c）］；

（4）缝料向前移动一个针迹距，叉钩翻转，并将线环扩大，随着缝料的前移，线环被拉至新的位置 ［图 5-54 （d）］；

（5）上弯针穿刺缝料，同时穿入被叉钩叉住的线环 ［图5-54（e）］；

（6）上弯针继续向右移动，叉钩退出，线环套在上弯针及新线环上 ［图5-54（f）］，形成一个单线链式暗线迹。

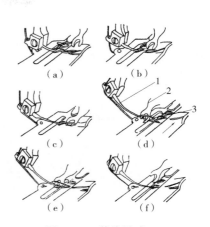

图5-54 单线链式暗缝机成缝过程

1—带线弯针 2—叉钩 3—缝线

单线暗缝机具有如下功能：①线迹深浅可依布料厚度进行调节，并由液晶显示器显示，适合不同布料的加工；②两用托布器分别适合软料和硬料；③装有切换普通缲缝和跳针缲缝的转换盘，底边缲缝时宜用跳针方式，纳驳头时宜用普通方式；④配1:2跳缝器，适应不同加工要求的暗缝；⑤拆下台板，可作小筒径衣片的缲边；⑥压脚前方装有特别的皮带和压布辊辅助送料装置，使在布端即可缝上第一针；⑦自动切线和止缝装置使收针时自动剪线和打结，防止线迹脱散等。

根据不同的用途，单线暗缝机又有许多种类。

（1）裤腰衬暗缝机：用于西裤腰头内层暗缝，具有弹簧式压脚，即使在裤袋或裤串带边缘缝过，也不会影响操作。

（2）裤串带暗缝机：可缝制不同宽度的裤串带，正面看不到缝线，无须使用与面料颜色相配的缝线，耗线量低；可加装切刀装置和烫压装置，以得到最佳效果的裤串带。

（3）点缝加固机：用于暗缝加固商标、翻边裤脚等，可在完成整条西裤后加固，加固点松紧度能随意调节。

2. 双线暗缝机

双线暗缝机形成的线迹为双线锁式或链式暗线迹，在服装的面料正面和里料正面均看不到线迹，而是夹在面、里料之间（图5-55），也有线迹在反面可看到、正面看不到的类型。

（1）暗缝衬里和下摆机：用于全衬里或半衬里西服的底边折缝工序。衬里和底边由一条类似于工缝纫线迹的交叉十字线连接，线迹被衬里盖住，此类机型装有下送料和可调式侧送料装置以及线迹深浅控制、压板张力放松装置；附设自动布托，使布料输送顺畅；可选择不同大小的针板，以适合各种面料或不同折边尺寸的要求。

（2）锁式袖口暗缝机：用于袖口圆周最小为27.5cm或24cm的内侧折缝，或袖内里合缝。配有线圈放大器、线迹深浅控制、自动缝线张力调节、压板张力放松、下送料等装置。

（3）锁式暗缝领底或底领机：用于暗缝领底或底领于衣身上，可代替手工操作。将线迹调到极短会产生类似"T"形线迹的效果，有线迹深浅控制器、自动缝线张力器、线圈扩大器、活动式台板等装置，缝迹方向呈45°角。

（4）链式袖窿暗缝机：可模仿手针暗缝效果，将缝线很浅地缝在袖里上，且不会穿过

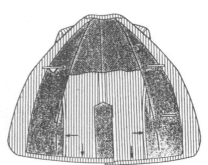

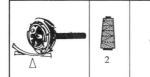 

图 5-55　双线暗缝机

垫肩。装有上送布可调式装置，能方便调节袖窿归拢量。

3. 纳（扎）驳头机

纳（扎）驳头机专门用于西服驳头面与衬的扎缝，使驳头形成弧形，自然向外翻折，可取代传统的手工纳驳头工序。德国士多宝（STROBEL）公司推出的 KA—ED 型全自动纳驳头机（图 5-56），由电脑控制两台独立的左、右纳驳头机组成，当第一台进行生产时，第二台放置衣片，准备生产。线迹深浅由气动手柄调节、液晶显示器显示。

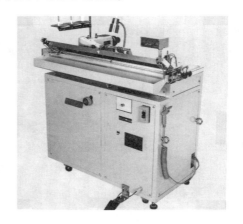

图 5-56　全自动纳驳头机

左、右驳头穿刺深度、扎缝长度、行数及行间距均可保证相同，按预先设定的上述数据，可自动完成左、右两个驳头的整个扎缝过程。翻领轮廓由光感应器控制，自由选择驳头形状。

（五）绱袖机

绱袖机是将衣袖和前后身衣片进行缝合的专用缝纫设备。为使绱好的袖子左右对称、袖山丰满圆顺，绱袖工序的难度较大，工艺要求较高，花费工时很多，利用绱袖机可使此工序大为简化。

目前，绱袖机已从先容袖、后绱袖进入边容袖、边绱袖阶段。图 5-57 所示的全自动绱袖机，可储存 22 个不同的程序和两个固定程序（即指每个程序中包含有若干个容袖段，固定了容袖段后，每个容袖段又可设置不同的容袖量）。当预先调节好容袖段和容袖量（包括左、右袖的对称设定）后，便可按程序自动进行缩袖操作。缩完一只袖子，电脑根据左、右袖对称设定程序，变换相应的容袖段和容袖量顺序，自动缩另一只对称袖。通过自动缩袖机缝合袖子，不仅效率高，而且质量易于保证——袖山吃势量均匀，左右对称，且外观圆顺。

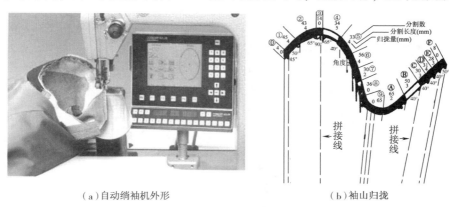

（a）自动缩袖机外形　　　　　　　（b）袖山归拢

图 5-57　自动缩袖机

在西服生产线中，与缩袖机配套使用的还有缝垫肩机和缩袖里机。机械式缝垫肩机，带侧切刀和松上线机构，可边缝垫肩、边切边，使面料和垫肩贴合平齐；松上线机构可使垫肩缝纫后，仍能保持原有的弹性，保证服装肩部丰满平挺。缩袖里机，用于衣身里袖窿与衣袖里袖山的缝合，因工作台面为立柱式，与西服的肩部形状接近，便于垫肩和袖窿的加工。

拓展阅读·双面呢剖缝机

双面呢大衣因其柔软、轻薄的质感，不逊于传统面料大衣的保暖性，以及特殊的工艺深受消费者喜爱，连续多年在市场上有良好的销售业绩。应运而生的相关缝制设备也陆续研制应用，如图 5-58 所示的双面呢剖缝机，可剖薄至 100g 左右的双面呢面料，对面料无损耗；可根据面料的倒顺毛，调节刀片的正反转；有两种可剖缝度规格供选择。

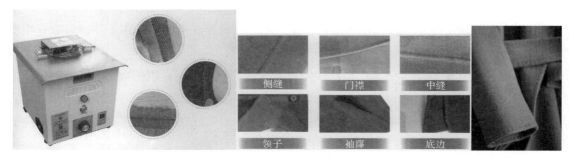

图 5-58　双面呢剖缝机及服装缝口示例

三、特种缝纫机

特种缝纫机是按设定的工艺程序，自动完成一个作业循环的缝纫机械。如自动开袋机、自动钉裤襻（串带）机、自动钉袋机、自动省缝机等。这些特种缝纫机大多用在西服、西裤、男衬衫、制服等品种较为固定的服装生产线中。

（一）自动开袋机

自动开袋机（图5-59）是在衣片上自动完成开袋口（包括三角口）、嵌线条缝纫和绱袋盖等连续作业循环的专用缝纫机械。通过光电定位装置、气动夹持器、自动切刀及双针缝纫机等设备的有机组合，将袋口嵌线条、袋盖及衣片一起夹持送入缝纫区，自动完成开袋口、缝嵌线条、绱袋盖工艺。

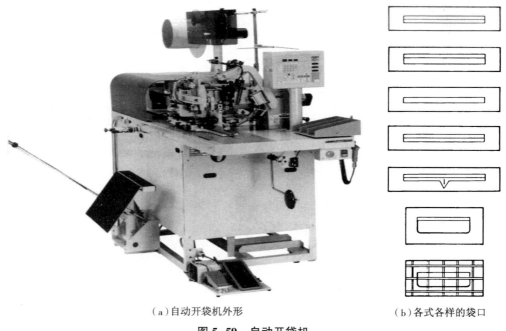

（a）自动开袋机外形　　　　　　　　（b）各式各样的袋口

图5-59　自动开袋机

自动开袋机发展至今已实现了高度自动化，除能自动完成上述连续作业外，电脑自控功能也较为齐全。

（1）具有记忆装置，使复杂的口袋缝制作业大为简化，缝制范围扩大。

（2）为满足小批量、多品种生产的需要，开袋机均具备多种缝制程序循环调用的功能，可进行直袋口或斜袋口、有袋盖或无袋盖、单嵌线条、双嵌线条或不对称双嵌线条、绱拉链等多种形式的袋口制作，袋口的大小可根据实际要求进行调节。

（3）具有自动取放各种小片、机械于自动抓取并叠放制成件等辅助功能。

（4）附有断线检测机构，断线时可自动停止，防止衣片损坏。

（5）嵌线条夹持器可自由升起，不妨碍换线与穿线工作。

（6）四片角刀能独立调整切口角度和高低，自动依据车缝长度进行调整。

（7）具有光敏底线感应装置、光控始缝与结束缝纫装置等。

（二）自动钉袋机

口袋位于服装的明显部位，必须缝钉得准确美观，工艺要求较高。利用机械手和电脑程序控制可保证缝钉的精度，减少缝制疵病的发生，且提高生产效率。自动钉袋机（图5-60）具有如下功能：

（a）　　　　　　　　　　　　　　　　（b）

图5-60　自动钉袋机

（1）由人工将衣片放置在工作台上，真空台面吸气固定衣片；再将口袋片插入弹簧夹片中［图5-60（b）］，并对准缝钉部位（包括对条格），机器自动折叠口袋边（或将已在成形烫机上熨烫成形的口袋，按光标叠放在衣片相应位置）；按动传送开关，机械手抓取衣片送入缝纫区，压紧模板；按缝纫启动开关，缝纫夹开始按设定的口袋形状程序缝钉，并在袋口两端套结加固；缝纫结束，堆料器自动堆叠衣片。

（2）除缝料定位由手工完成外，整个口袋缝钉过程由电脑程序控制自动完成，操作容易，非熟练工亦可胜任。

（3）安装有磁盘驱动器，各种口袋的缝钉程序可通过磁盘存储和调用。

（4）有约2000个不同的口袋模型供选择，更换模板或改变设定程序，可缝钉不同形状和大小的口袋，适合多品种生产。

（5）可按缝钉一个口袋所需的下线耗量，计算每个梭芯容线量所能缝钉的口袋数，并显示于液晶屏幕。加工过程中，每完成一个口袋的缝钉，屏幕显示的缝钉数自动减少，操作工可随时了解剩余下线量，及时更换梭芯，避免因下线不足而耽误生产或影响缝钉质量。

（6）由于电脑程序控制缝迹形状，要求口袋的尺寸十分准确，如果机器没有自动折叠口袋边功能，一般需与专用烫口袋机配套使用。

（三）自动钉裤襻（串带）机（图5-61）

自动钉裤襻机是由电脑控制、传感器探测、汽缸驱动，完成裤串带两端缝钉作业的全自动专用缝纫机械。其工作顺序为：由人工将缝制成的整条裤串带装入送襻器中，将待钉裤串带的裤子腰部置于缝纫机头下；按动机器开关，裤串带按设定的长度被切断；夹裤钳转动，将裤串带两端进行折边；夹裤钳连同已折边的裤串带被送至待钉部位，分离式双针同时对裤串带两端套结缝钉；完成一个裤串带的缝钉后，移动裤腰到下一个待钉部位，开始新的裤串带缝钉。

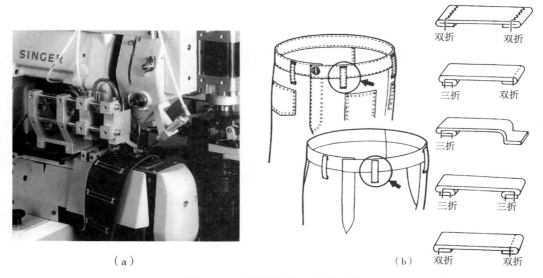

（a）　　　　　　　　　　　　　　　　　　　（b）

图5-61　自动钉裤襻（串带）机

（四）自动缝小片机

自动缝小片机是按衣片形状，沿衣片边缘进行自动缝制加工的专用缝纫设备，其制成品的尺寸及形状准确，机械效率高，适合小部位衣片的缝制，如衣领、袖头、袋盖、肩襻、袖襻、手套等的加工。

早期的自动缝小片机，使用专用模板控制衣片的位移。对于不同形状和规格的衣片，需准备相应的模板，而模板的成本高，制作麻烦、费时，对于多品种、小批量生产来说，很不合算。

随着计算机技术的普及，自动缝小片机改进为由电脑程序控制衣片位移，因此，不同形状和规格的衣片，只需编制相应的程序，即可完成衣片的自动缝制。

（五）省缝机

省缝机是将衣片腰部、胸部及裤子、裙子腰部的省进行缝合的专用缝纫设备，除能自动缝纫通常的直线形省和平行褶裥外，还能自动缝纫曲线形省，比普通平缝机缝合速度提高30%~50%。下装省缝机（图5-62）用于女裤、裙子等的打省，依靠夹持器将衣片固定，按设定的省缝长度和曲线弧度将缝料送入缝纫区，均匀地缝合省缝；送布板采用和导轨同时移动的方式。

图5-62 自动省缝机

（六）长缝机

长缝机［图5-63（a）］用于缝纫上衣侧缝、后背缝、袖缝及裤子侧缝或下裆缝等长度较大、具有曲线的缝口缝合。由电脑控制、模板定位、真空吸气固定、导轨引导送料，将缝料按照导轨弧度曲线均匀地缝合。整个缝纫过程自动完成，无人工因素影响，进行较长缝料的加工时，也能保证缝制的准确性和一致性，缝纫效率高。因减少了诸如对比、控制布边等附随作业时间，加工速度比用平缝机提高约50%左右。通过调换模板和导轨［图5-63（b）］，可适合不同形状缝口的缝制。

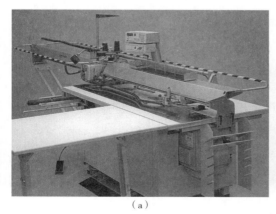
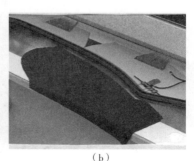

（a）　　　　　　　　　　　　　　　（b）

图5-63 长缝机

（七）自动勾止口机

自动勾止口机用于西服止口的初缝及修边工序，机器上配有两把切刀，在缝合前片与贴边的同时修整布边（上、下衣片切去的缝份尺寸不一），并将贴边止口的容缩量按工艺要求缩缝到位，达到止口部位较薄，外观平整、均一等工艺要求。自动勾止口机（图5-64）可预先输入七种不同缩褶量的程序，据工艺要求边缝合、边容缩、边修边；装有抽废料系统及自动剪线、自动压脚提升、首尾倒缝等装置，保证止口初缝工序的质量。

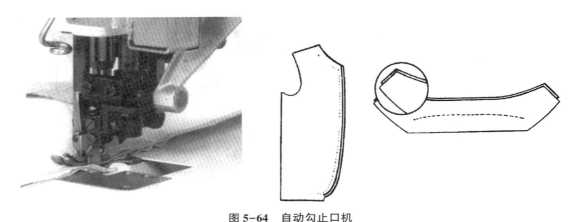

图5-64　自动勾止口机

拓展阅读·缝纫机器人，离我们有多远？

智能化将带来一场颠覆劳动密集型行业的无情变革。

2016年，美国西雅图软件开发者乔纳森·佐诺（Jonathan Zornow）研究出一套方法并申请了专利——他认为新工艺扫除了数十年来制约着缝纫自动化的技术障碍：把布料浸泡于热塑塑料溶液，让棉花等纤细材料像木板一样硬挺，之后机器人对这种硬挺面料进行缝纫和定型；经过热水洗涤后，面料会恢复弹性，成为一件衣服。用这种方法，他做出了第一件完全由机器人制作的T恤（图5-65）。佐诺把缝纫机器人视为一次机会，旨在制造业更贴近购物者，缩短漫长而迟钝的供应链（以往每件T恤平均要运输约2万英里才能抵达顾客手中）。

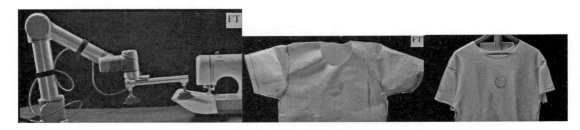

图5-65　完全由机器人制作的T恤

大型零售商沃尔玛一直在关注自动化制衣技术，持相同观点的还有亚马逊（Amazon），2017 年 4 月申请了一项“按需缝制”机器的专利，可以在接到订单后自动生产服装。

值得关注的是，目前国内人工智能市场存在泡沫，AI 技术在随意和缺乏严谨性的交流或展示中被强烈地夸大。AI 概念早在 20 世纪 60 年代便被提出，虽经历了两次大热潮，但却呈现出“热 5 年、冷 10 年”的趋势。对 AI 基础理论和核心关键技术难度的低估，是反复出现冷热潮的主因，人工智能需要的是清醒客观的判断和扎扎实实的努力。

现在急着断言机器人很快追上甚至取代人类，为时尚早。晶苑集团的行政总裁罗正亮认为，近几年内，处于初期阶段的缝纫机器人还难以与低成本国家的人类劳动者竞争。

资料来源：

1. FT 大视野：缝纫机器人威胁新兴国家优势产业，英国《金融时报》基兰·斯泰西，安娜·尼科拉乌，何黎译，http：//www. ftchinese. com/story/001073602，2017-7-31.

2. 人民日报、中央电视台接连点名痛批 AI 伪创新，95%公司都是骗钱的，Vera 笔记，https：//www. yidianzixun. com/article/0HrkI9z9? title_ sn/0 = &s = 8&appid = xiaomi&ver = 4. 5. 4. 0&utk = a5oiu4h3&from = timeline&share_ count = 2，2017-12-7.

3. 全球最大的服装制造商将继续投资于人力，英国《金融时报》，白杰明、梁艳裳译，http：//www. ftchinese. com/story/001075720? tcode = smartrecommend&ulu - rcmd = 1_ 02ra_ art_ 2_ 6ed9549fec194f0a90e117c73198ccfd，2018-1-2.

第四节　车缝辅助装置

本节主题：

1. 车缝辅助装置的作用。
2. 车缝辅助装置的类别和应用。

缝纫机辅助装置是安装在缝纫机上、用于协助缝纫作业的特别零件（图 5-66），服装行业中亦称之为“车缝附件”。在服装企业中，车缝附件有着不同的名称，如许多服装厂称其为“捋子”，香港的成衣厂称“蝴蝶”，而台湾称“喇叭”，部分东南亚地区称“筒”。

与高科技缝纫设备相比，车缝附件不仅能达到所加工产品的质量易于保证、提高生产效率之外，还能大幅降低高端设备的投入成本。

车缝附件除包括确定衣片位置及折叠方式的喇叭筒外，还包括压脚及针板。按照车缝附件的用途，大体可将其分为傍位类、折叠类、包边类、打褶类及暗线类 5 种。

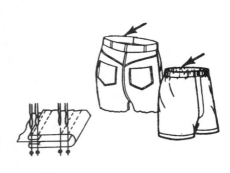

图 5-66　带辅助装置的缝纫机

一、傍位类车缝附件

"傍位"，意即确定衣片边缘位置，从衣片旁边进行车缝加工。傍位类车缝附件的作用是固定衣片车缝位置，如利用带导向的压脚，确定线迹距衣片边缘的距离，在加快缝纫速度的同时，保证衣片前后缝口宽窄一致且线迹顺直，使缝纫质量得到保证。根据具体用途，傍位类车缝附件还可分成两种类型。

1. 固定型

固定型傍位车缝附件被固定在缝纫机上，不能随意移动（图 5-67），操作者作业时，只需把握衣片缝口方向，缝口宽度的大小由傍位附件控制。

图 5-67（a）、图 5-67（b）为高低压脚和挡边压脚。这些短小的傍位压脚是专门为曲线衣片边缘加工设计的，较短的定位块易于衣片的转弯。

图 5-67（c）、图 5-67（d）为钉扣尺和锁眼尺，用于确定锁眼、钉扣的位置，可省去手工划眼位、手工划扣位等工序。

图 5-67（e）为单边压脚，在绱拉链时使用。

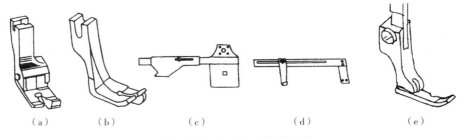

（a）　　　　（b）　　　　（c）　　　　（d）　　　　（e）

图 5-67　固定型傍位车缝附件

2. 活动型

活动型傍位车缝附件可根据加工需要随时调整位置（图5-68），根据款式及工艺要求，可将缝口宽度在一定范围内调节。其应用较为方便灵活，当不需要定位缝纫时，亦可将傍位附件移向他处而作普通加工。活动型傍位车缝附件在直线迹加工中应用较多。

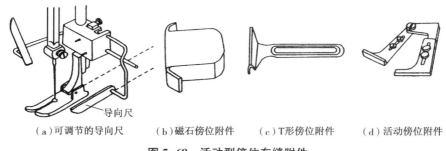

（a）可调节的导向尺　　（b）磁石傍位附件　　（c）T形傍位附件　　（d）活动傍位附件

图5-68　活动型傍位车缝附件

二、折叠类车缝附件

折叠类车缝附件的作用是确定衣片的折叠形式，通过合理设计车缝附件的形状和结构，使衣片边缘能按要求折叠，从而将两个甚至三个工序合并为一次操作工序，不仅节省加工时间、增加产量，而且提高了产品质量。如底边卷边附件、双卷边附件等，可使衣片的底边、袖下缝等处的卷边工序一次车缝完成。此外，由于衣片是在车缝附件的导引下进入缝纫区的，因此，缝口不易出现不齐、打绺及线迹歪斜等疵病，使缝制质量显著提高。折叠类车缝附件按衣片折叠方式可分为三种类型。

1. 光边型

光边型折叠车缝附件可将衣片边缘控制为呈两次卷折状进入缝纫区加工，其卷折宽度是按照服装款式设计及工艺要求而特别制作的（图5-69）。

［图5-69（a）］所示的卷边器，用于假卷接缝纫，如衬衫门襟等处的加工，可一次成型。

［图5-69（b）］为活动型卷边器，卷边宽度较大，用于车缝较宽的光边缝口，如衬衫门襟、里襟的加工；若卷边宽度设计得较为窄小，可用于衬衫、裙子等底边处的光边缝口加工。

［图5-69（c）］为曲线卷边器，因附件长度较短，易于衣片的转弯，所以适用于曲线的光边缝口加工，如衬衫、T恤等的圆下摆卷边等。

［图5-69（a）］［图5-69（c）］所示卷边器需固定安装在缝纫设备上，不宜任意拆换，只适用于批量较大的服装加工。如果生产批量较小，品种经常更换，可选用［图5-69（b）］所示的活动卷边器，其上配有活动摇臂，使用时可视生产品种的需要将附件移至缝纫区前；如不需要，亦可将其移到他处待用。

2. 毛边型

当加工的衣片缝口只需折叠一次送入缝纫区时，可使用毛边型折叠车缝附件（图5-70）。

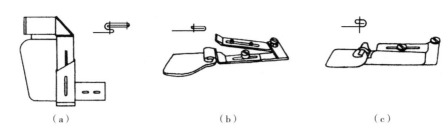

图 5-69 光边型折叠车缝附件

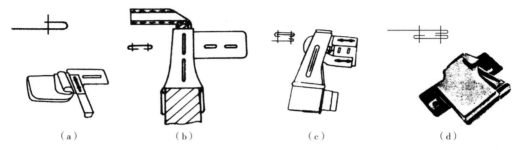

图 5-70 毛边型折叠车缝附件

［图 5-70（a）］所示为散口卷边器，一般与包缝机配合使用。先将衣片边缘包缝，再经加装了散口卷边器的缝纫机车缝，使衣片边缘光整。

［图 5-70（b）］所示为拉带器，所加工出的衣片呈两边单折状，多安装在双针机前，用于绱裤腰、缝裤串带或加条等加工。

［图 5-70（c）］［图 5-70（d）］所示均为拉筒器，安装在宽间距的双针机前，用于绱衬衫门襟条、绱裤腰等的加工。

3. 互折型

互折型折叠车缝附件（图 5-71）结构较为复杂，经过互折型折叠车缝附件的两块衣片缝口必须能按设计或工艺要求相互叠置，形成光边形式送入缝纫区加工。

［图 5-71（a）］所示适用于缝合袖下缝、裤侧缝及上、下衣片的接缝。

［图 5-71（b）］所示可进行衣片的光边接缝，如衬衫过肩与前片、后片的连接，可一次车缝而成。

三、包边类车缝附件

包边类车缝附件的作用是用布条将一片或多片衣片的缝口包住，一起送入缝纫区进行车缝加工。根据所形成的缝口形式，分有光边型和散口型两种（图 5-72）。

［图 5-72（a）~图 5-72（c）］所示光边型包边车缝附件可夹住另一衣片边缘一起车缝，形成表面光滑美观的缝口。其中，［图 5-72（a）］［图 5-72（b）］可用于绱裤腰加工；［图 5-72（c）］用于领口、袖口等处的包边或滚边，因缝口处较厚，适合面料较薄的

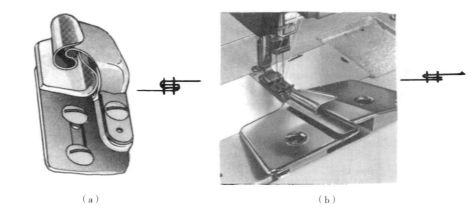

（a）　　　　　　　　　　　　（b）

图 5-71　互折型折叠车缝附件

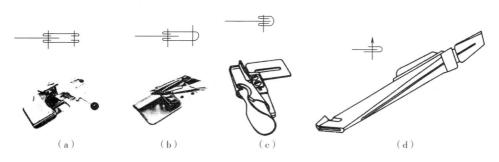

（a）　　　　　　（b）　　　　　　（c）　　　　　　　　　（d）

图 5-72　包边类车缝附件

真丝服装或针织内衣、文胸等的加工。

[图 5-72（d）] 所示为散口型包边车缝附件，可将布条折叠一次包住另一衣片的边缘，所形成的缝口较薄，但布边毛茬露在外面，影响美观。通常采用覆盖线迹将布边毛茬盖住，多用于针织服装的花样滚领、滚边，作为装饰。

还有一种为一边散口一边光边的包边车缝附件，经过该附件的布条，一边为光边另一边为毛边，同时将另一衣片的边缘包住。所形成的缝口比光边型的薄，但比全散口的结实，主要用于针织 T 恤及针织内衣裤的包边。

四、打褶类车缝附件

打褶类车缝附件（图 5-73）主要用于衣片装饰性缝纫中，即根据设计要求，利用车缝附件在衣片上加工出具有一定间隔及一定形态的褶裥。根据所打褶裥的形式，打褶类车缝附件分为三种类型。

1. 碎褶型

碎褶型打褶车缝附件通常为特制的压脚 [图 5-73（a）、图 5-73（b）]，位于针孔后面的压脚底部为凹穴形，可形成连续的、不规则的小碎褶，多用于儿童服装抽褶花边的嵌入、女装的缩缝装饰加工等。

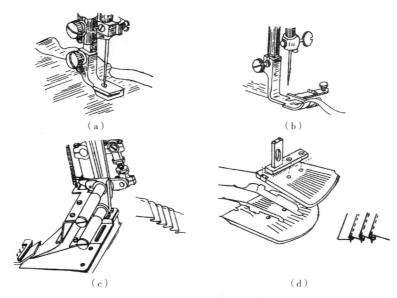

(a)　　　　　　　　　　　　　　(b)

(c)　　　　　　　　　　　　　　(d)

图5-73　打褶类车缝附件

目前，上下差动式平缝机也可完成打碎褶加工，其缩褶效果较好，可替代碎褶型打褶车缝附件，但这种缝纫机的价格较高。

2. 横褶型

［图5-73（c）］所示为打横褶的辅助装置，它是附加在缝纫机上的活动零件，由主轴带动或利用针机构对送入缝纫区的衣片向前作有规则的横向推褶，车缝成一定形状的横褶，主要用于时装及童装的装饰加工。

3. 竖褶型

［图5-73（d）］所示为典型的竖褶型打褶车缝附件——排褶盘，它是由上、下两块不锈钢片及固定其上的不锈钢条（导片）组合而成，是安装在多针链缝机上的一种特殊配件，专为女装或童装上多行竖褶的缝纫加工而设计的。

各行竖褶的距离可分别依据多针链缝机的针位距离而定。不同竖褶的形式可通过改变导片或变换导片插法获得。

五、暗线类车缝附件

暗线类车缝附件的功用是将布条或衣片按照附件的卷折形式送入缝纫区，使车缝后的衣片正面看不出明显的线迹，形成隐蔽线迹的效果（图5-74）。

［图5-74（a）］所示为暗线拉带附件，多用于泳衣或时装饰带的缝制。加工时，布条经过缝纫区车出线迹后，将其反向拉回，形成一条没有明线的带子。

［图5-74（b）］所示为卷边龙头，是加装在包缝机直针前的一种车缝附件，用于针织

服装底边及袖口边的卷边暗线迹加工。它能使包缝和折底边两个工序一次完成，且在服装的正面看不到明显的线迹。

[图5-74（c）]所示为双槽压脚，用于绱隐形拉链。车缝好的拉链表面无线迹，合上拉链后，两片衣片浑然一体，令服装外观整洁漂亮，薄料时装应用较多。

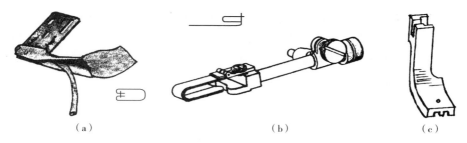

（a）　　　　　　　　　　　（b）　　　　　　　　　（c）

图5-74　暗线类车缝附件

除上述几类车缝附件外，还有许多其他类型的缝纫机辅助装置。图5-75为两种嵌线压脚，其作用是固定住需缝入两层布料中、且可活动的软绳。缝纫时，绳子被压脚叉口压住[图5-75（a）]或被压脚底部的凹槽固定[图5-75（b）]，便可与机针始终保持一定的距离，不会左右活动，机针也不会刺中绳子，使缝制速度加快。

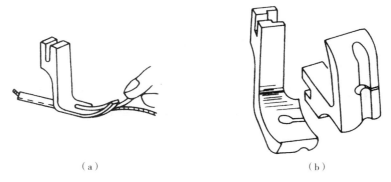

（a）　　　　　　　　　　（b）

图5-75　嵌线压脚

在实际生产中，多数情况是将上述各类车缝附件，按缝制工艺要求合理地配套使用，常见的有傍位类与折叠类、傍位类与包边类、折叠类与打褶类等组合使用（图5-76）。

随着服装市场的竞争日趋激烈，对服装的生产速度及品质要求越来越高，车缝附件已逐渐成为成衣生产中不可缺少的生产辅助装置之一。

图5-76　傍位类与包边类车缝附件组合

本章小结

随着科技在服装设备上的应用日益广泛，缝制设备的种类层出不穷，品种多达4000种以上，功能也越来越多。根据所生产服装品类的不同，各企业所配备的缝纫设备有较大差异，如生产西服等正装的服装厂，除需具备常规的通用缝纫机之外，还需配备较多的诸如绱袖机、暗缝机、开袋机、之字机等自动化程度较高的专用缝纫设备；而生产针织类服装的企业，则需配备适合针织面料加工的包缝机、链缝机、绷缝机等缝纫设备。随着服装面料品类的增加，相应的缝制设备被不断研发应用，因此，服装企业应依生产的品种和规模，配备相适应的机器类别，以使设备的利用更加高效适合。

思考题

1. 结合针织、机织、皮革等服装类别的工艺特点，完成下表：

面料品类	机　织	针　织	皮　革	毛　皮	防　水	羽绒服
应选用的典型缝纫设备						

2. 缝制设备的发展对服装行业产生哪些影响？

3. 配置先进设备是否是服装企业制胜的基础和法宝？

4. 分别列出男、女衬衫加工所需的缝纫设备和装置。

5. 分别列出男、女西服加工所需的缝纫设备和装置。

6. 列出夹克/牛仔服等休闲服装加工所需的缝纫设备和装置。

7. 分别列出西裤、休闲裤/牛仔裤加工所需的缝纫设备和装置。

8. 平缝机在使用时会发生哪些故障？如何排除？

9. 缝纫机应用练习：

（1）目的和意义：

①学会部分通用、专用及装饰用缝纫机的使用，并能较为熟悉地操作；

②了解所使用缝纫机的线迹成缝过程，及所形成线迹的外观和作用。

（2）工具和设备：

①部分通用、专用及装饰用缝纫机，如链缝机、绷缝机、曲折缝机等；

②缝纫线、30cm×20cm的面料三块；

③白纸、铅笔等。

（3）步骤和方法：

①从流水线中找出属于通用缝纫机、专用缝纫机及装饰用缝纫机的机种；

②操作各种不同类型的缝纫机，学习各类缝纫机的穿线方法；

③观察各类缝纫机的线迹成缝过程；

④分别在三块面料上车缝一段距离（20cm 以上）、包括两种以上线迹密度的线迹，并注明线迹种类。

（4）报告撰写：

①上交三块带有线迹的料样，并标注出相应的机械名称和线迹种类；

②简述并绘出包缝机线迹密度、之字缝机线迹宽度大小的调节方法；

③简述链缝机、包缝机、钉扣机、锁眼机等的穿线方法；

④总结本练习的收获。

10. 观察并收集各种缝纫机上的车缝辅助装置，列表说明其用途及优势。

课外阅读书目

1. 李世波，金惠琴. 针织缝纫工艺. 中国纺织出版社。

2. Gini Stephens Frings. Fashion：From Concept to Consumer.

　　　　　　　　　　　　　Publisher Upper Saddle River，NJ：Prentice Hall.

3. 【德】奥拓·布劳克曼. 智能制造——未来工业模式和业态的颠覆与重构. 机械工业出版社。

4. 【德】克劳斯·施瓦布. 第四次工业革命——转型的力量. 中信出版集团。

5. 汪建英编著. 服装设备及其运用. 浙江大学出版社。

6. Ruth E. Glock，Grace I. Kunz. Apparel Manufacturing：Sewn Product Analysis. Upper Saddle River，NJ.

应用理论与实践——

缝纫生产线设计与组织

课题名称： 缝纫生产线设计与组织

课题内容： 缝纫生产方式

缝纫流水线类型

工序编制

生产线布局

在制品处理与传递

课题时间： 8 课时

训练目的： 结合图片和视频让学生了解服装生产线的发展过程和类型，以及现代化流水线的管理方法和手段，由此引入生产线平衡的目的、意义、方法和步骤等内容；结合企业中实际生产线案例，让学生掌握生产线布局的基本原则以及在制品传送方法、特点和选择时应考虑的因素。

教学要求： 1. 让学生了解缝纫流水线的含义和基本类型。

2. 让学生掌握服装生产线平衡的方法。

3. 让学生了解传统与先进的衣片传送方式和管理系统。

课前准备： 组织学生到典型服装企业进行参观和现场讲解，以便对缝纫流水线有初步的认识和理解，加强对课程内容的掌握。

第六章　缝纫生产线设计与组织

第一节　缝纫生产方式

本节主题：

1. 服装整件制作的特点与应用场合。

2. 粗分工序加工的特点与应用场合。

3. 细分工序加工的特点与应用场合。

服装生产企业中的缝制加工方式大致可分为三种：①整件制作；②粗分工序加工；③细分工序加工。三种方式以不同程度存在，各有利弊，其日产量比例大致为 1∶2∶4，占地面积约为 1∶1.6∶1.3。

当决定采用某种生产方式后，便可根据需要购买机器设备、设计安排设备的摆放位置、招聘适合此种生产方式的管理人员和作业人员。一旦生产方式确定，不能随意更改，否则需要重新组织人员和设备。

一、整件制作

整件制作即由具备较高技能的作业员负责完成除手工和熨烫作业以外的所有缝纫工作（手工和熨烫等作业由其他作业员完成），直至整件服装缝合为成品。

整件制作的优点：

（1）初期投资少，占地面积小（只需平缝机和案板）。

（2）灵活性高，可适应款式的不断变化。

（3）因每个作业员只需负责自己加工的服装，缺勤不会造成太大的问题。

（4）熟练的作业员可生产出质量较高的服装。

（5）无须裁片的分扎与配发，收发员（或技术员）每天与作业员进行交接工作即可。

整件制作的缺点：

（1）对作业员的技能要求高，招聘作业员难，且工资高，如果是新手或不熟练的作业员，需进行培训方可上岗。

（2）生产效率低，因缝纫工需完成一件服装的大部分工作。

（3）低效率和较高的劳务费致使服装的成本提高。

（4）因成品质量与作业员的技能水平、熟练程度及情绪等因素有关，较难获得稳定、统一的服装质量。

整件制作的方式适合于生产批量小、款式变化大的服装加工，通常用于加工高档时装的服装厂。

二、粗分工序加工

将整件服装的缝纫过程粗分为几个工序，按照服装加工的先后顺序，由每个作业员完成其中的某些工序，最终将服装裁片组合为成品。缝纫过程的分解，可根据作业性质（如手工、缝纫、熨烫等）或服装裁片的部位等条件划分。如图6-1（a）所示的西服裙，其缝纫过程可粗分为图6-1（b）的各项工序：裙面、裙里和腰头的缝纫由不同的缝纫工完成，再由其他作业员完成熨烫、包装等工序，整件服装的组合需数个作业员组成的小组共同完成。

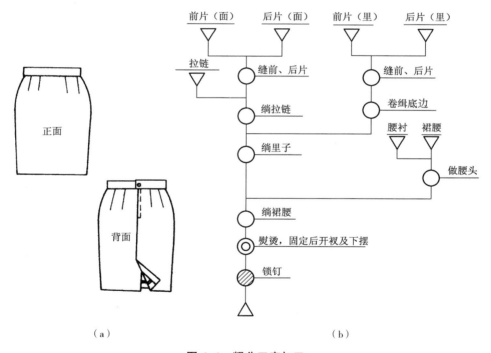

图6-1 粗分工序加工

粗分工序加工的特点：

（1）灵活性高，能适应款式的不断变化。

（2）工序分配相对容易，生产线易保持平衡生产。

（3）分配任务时，根据款式、批量及传送条件，将服装各裁片分扎在一起投入生产小组，收发工作由各组组长处理。

（4）生产效率较低，初期投资费用与所占空间较整件制作方式大。

粗分工序加工适合于需频繁变换款式的时装及定做服装的加工。

三、细分工序加工

细分工序加工类似于粗分工序加工，只是缝纫过程被进一步分解为更小的工序，每个作业员需完成更为专一的作业。再以图6-1（a）所示的西服裙为例，其缝纫过程可进一步细分为图6-2所示的各项工序：裙面加工分为缉省、合后中缝、绱拉链、合侧缝等细小的工序，按各工序所需加工时间的长短，分配给相应的作业员，整件服装的组合需要十多位作业员组成流水线完成。

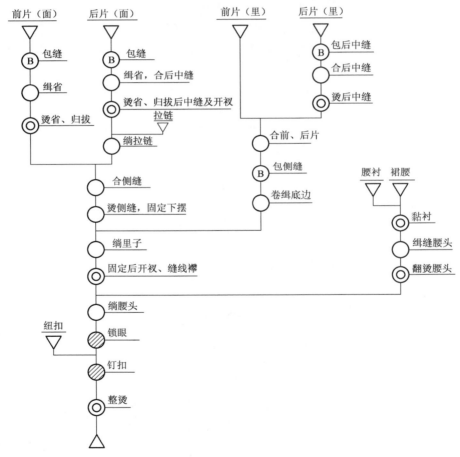

图6-2 细分工序加工

细分工序加工的优点：

（1）能有效地利用专业人员和设备，服装加工质量和生产效率较高。

（2）对作业员的技能要求不高，因作业员可轻易地在短时间内掌握重复操作。

（3）分配任务时，根据款式、批量及传送条件，将服装各裁片分扎在一起，分别送至各支线的相应工位进行同时加工，再由主线合成。

细分工序加工的缺点：

（1）所需的人员、设备数增多，初期投资费用较大。

（2）需要将工序很好地分解，保证生产线平衡生产，必须具备较高的管理水平。

细分工序加工方式适合于款式变化不大、生产周期较长的服装，如衬衫、西服、西裤、制服等的生产加工。

相关链接·服装加工方式选择示例

根据生产规模，某厂以女装产品为主的生产方式可考虑如表6-1所示的选择。

表6-1　某厂女装产品生产方式选择

订单数量/件	人员/人	每周换款次数/次	换款方法	生产方式
100以下	6~7	3以上	一齐变更	整件或粗分工序
100~1000	10~20	1~2	顺次变更	粗分或细分工序
1000以上	20以上	1以下	顺次变更	细分工序

第二节　缝纫流水线类型

本节主题：

1. 缝纫流水线基本特征。

2. 流水线各基本类型的特点及应用场合。

流水作业是指同一品种的服装产品，在生产过程中，按工艺规程的路线、工艺及时间，如同流水般一件件地经过所有工序加工完成的生产过程。由于在流水作业中每个作业员只负责完成一件衣服的某道或几道工序，其熟练率会随着加工件数的增多而提高，从而使流水线的整体生产效率和加工质量得以提高。因此，流水作业在采用粗分工序和细分工序生产方式的服装企业中被广泛采用。整件制作的加工方式无须采用流水线加工。

一、流水线基本特征

流水线有如下基本特征：

（1）加工产品在各工位之间作流水式移动。

（2）在工作场地中各工位的职业化程度较高。

（3）各工位的作业员只需完成整件服装制作中的某几个工序即可，服装的制作过程经过数个或数十个工位。

（4）生产按一定的节拍进行，即在一定的节拍时间内投入和产出产品。

在流水线上，由一定数量的作业员按一定的规律排坐在一起，每人完成一道或几道工序，而后传给下道工序，在制品的传递可以采用人工搬运方式，但最理想的是采用机械化传送装置。

流水线作业形式的优点在于，它能达到合理组织生产、提高生产效率的目的。由于每个作业员只负责完成单一的工序加工，生产质量易于保证；此外，一批服装均经过同样的工序及作业员，一批产品质量的同一性较高。

因具体的生产条件不同，流水线组织和排列可有多种不同的形式。企业应根据自身的特点采用相应的组织形式使在制品传送线路尽可能短、总加工时间尽可能减少，使企业获得更好的经济效益。

流水线需具备一定的组织生产条件，才能取得预期的经济效益：

（1）产品品种相对稳定，有一定批量的产品生产。

（2）产品结构和工艺具有相对的稳定性。

（3）产品结构的工艺性比较符合流水线生产的工艺要求，如产品能分解成可单独进行加工、组装和检验的部件。

对于服装产品，除少数及极具个性的服装款式外，均符合上述流水线的组织条件，只要服装企业具有一定的管理水平，即可采用流水线加工。

二、缝纫流水线类型与应用

服装缝制流水线的形式依生产品种的特点及企业的习惯有所不同，目前国内采用较多的流水线形式大体有三种：集中捆扎式、渐进扎束裁片式及线型流水线。随着服装市场多品种个性化、小批量快交货的需求，在国外传统的流水线形式开始逐步改进，转而探索适合新的市场要求的缝制流水线形式，即所谓的"快速反应"生产系统。

（一）集中捆扎式流水线（Bundle Line）

集中捆扎式流水线是由运输台（带）将成捆的裁片送给各个作业员，完成其应做的工序后，送回存储中心，再由管理者发送给下一作业员操作，直至整件服装组合完成（图6-3）。集中捆扎式流水线的特点：

（1）需存储半成品的空间较大，半成品运送量过大，致使生产周期延长。

（2）各工位生产质量易于控制，因作业员送交所完成的裁片捆时，管理者便可检查其作业质量，确认合格后，再送交至下一名作业员处。

（3）生产灵活性较高，不必为服装品种的更换而改变机台位置。

此种方式适合粗分工序的款式变化较大的时装类产品加工。

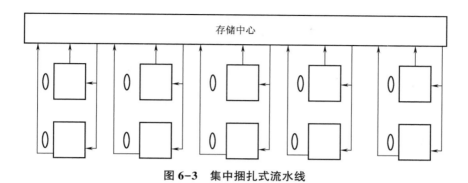

图6-3 集中捆扎式流水线

（二）渐进扎束裁片式流水线（Progressive Bundle Line）

渐进扎束裁片式流水线是将操作工位按工序顺序或设备种类有序地排列，每个作业员接受一捆裁片，完成要求的工序任务后，重新将裁片捆扎送至下一名作业员处（图6-4），裁片捆需按规定的流程路线传送。与集中捆扎式不同，渐进扎束裁片式流水线中，每个作业员必须清楚知道本工位的"上家"和"下家"，才能保证生产顺利进行。此种方式适合夹克、衬衫、牛仔服等品种变化不多、生产批量中等的成衣加工，这种流水线形式在国内服装企业中应用最为广泛。生产中的问题主要由组长解决和协调，组长通常由具有一定管理能力的熟练工或技术人员担任。

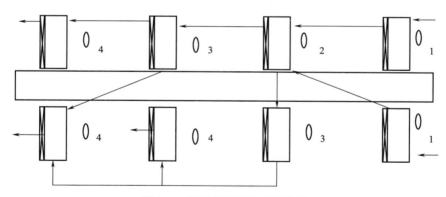

图6-4 渐进扎束裁片式流水线

渐进扎束裁片式流水线特点：

（1）同类机种（或相近工序）相对集中，便于生产的组织和管理，工位间易于调配。

（2）裁片成捆加工，有一定的缓冲时间，不易出现半成品涌塞地带。

（3）作业员解捆及捆扎所需花费的时间较多。

（4）车间在制品较多，生产周期较长。

（三）线型流水线（Straight Line）

线型流水线是顺着作业流程方向，利用延伸台（或其他传输装置）将一件服装的裁片或半成品从一个作业员传递给下一个作业员，逐件而不是成捆地加工前移（图6-5）。裁片传输装置可采用固定的延伸台，延至各个工位，方便作业员拾取裁片或半成品；也可以是一条传送带或吊挂线。

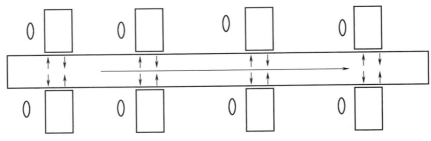

图6-5　线型流水线

线型流水线的特点：

（1）生产过程中的裁片搬运时间减少，且无半成品逆流现象，使生产周期缩短，能很快出成品。

（2）车间中的在制品少，车间整齐划一。

（3）每个作业员所需空间较小。

（4）生产灵活性低，当品种有细小的变化时，机器位置便需变动。

（5）易出现半成品涌塞地带，使生产线失去平衡。因生产线的每一工位只完成整件服装的某一工序，生产线中若有工作效率低的作业员，或机器设备未处于良好状态，则整条生产线会在这些工位出现半成品的堆积，影响生产的顺利进行。

（6）需要较高的管理水平和及时的技术指导。

（四）灵活生产流水线（Flexible Manufacturing Line）

上述几种生产系统在20世纪50~70年代应用较为普遍，但进入80年代后，服装消费市场竞争日益激烈，以往稳定的、可预测的、庞大而单一的服装市场已一去不复返。传统的缝制生产系统必须调整和改进，以适应小批量、短周期、快交货的生产要求。

1. 单元同步系统

单元同步系统（Unit Synchro System）是将由2~3人和数台服装机械组成的工作站作为一个单元在缝制生产线中运行，在这个单元内实现同步化，以减少转换产品时等候衣片的时间，使整个生产流程平衡而顺畅。

单元同步系统的优点：

（1）一人多机台，转换产品时，无须改变车间布局，生产灵活性较高，能适应多品种、少批量生产。

（2）每扎裁片的件数控制在十件以下，生产线在制品数量少，生产周期短。

（3）可减轻组长的负担，使其从事务性工作中解脱出来，将更多的精力投入到管理工作中。

（4）通过单元内的相互协作，共同完成规定的工作，可激发团队精神。

（5）质量易于保证。

单元同步系统的缺点：

（1）所用设备较多，特别是专用设备增多，设备投资费用高。

（2）作业员通常需要较高的技能水平，培训和劳务费用较高。

在单元同步系统的基础上，1985 年 JUKI 公司推出快速反应系统，1990 年推出 QRS—2 系统，力求成衣生产的即时性和灵活性。其软件开发以服装加工流程和工位编制为主要内容，硬件设计和开发则适合多品种、小批量、短周期加工的要求，利用悬架运输系统传送衣片，采取一个工位配多个机台的方式（图 6-6）。其特点是：①单件流水生产，周期短，每隔 0.5~1 天便可更换品种；②品种变化时，无须变换机台位置，灵活性高，能适应多品种、小批量如 50~100 件/批的加工；③设备投资大；④需要多技能工。

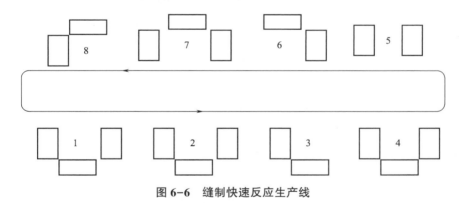

图 6-6　缝制快速反应生产线

2. 模块式生产系统

模块式生产系统（Modular Manufacturing System）是将数名作业员（6~8 人）组成一个独立的小组（灵活生产小组）负责完成整件服装的所有制作工序，或完成一个完整部件的制作加工。

将单件或 2~5 件的服装衣片扎束成捆，通过一个 U 形或半圆形缝纫机组合工作站（图 6-7）加工，在制品在工作站中按工艺流程顺序流动，每个作业员负责 2~4 台设备的操作，各作业员之间总有一台机器由 2 人共同使用，或作为应急时用。

模块式生产系统的特点：

（1）要求每个工作站的作业员能自我管理、自我调节，其潜能和积极性可充分发挥，且能增加作业员的相互协调精神，但对作业员的技能和知识水平要求高。作业员需具备：

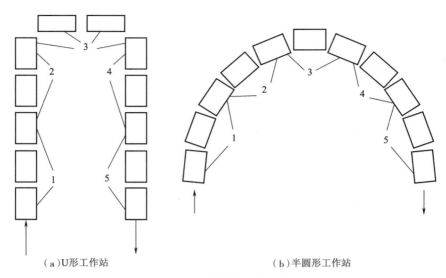

（a）U形工作站　　　　　　　　　　　（b）半圆形工作站

图6-7　模块式生产系统

①即时生产概念，工作站内每部缝纫机械都要为下一工序准备所需的半成品，如果遇到某一工序出现阻滞，作业员可自行调整生产，共同协助清理阻滞地带积存的在制品，使生产较快地进入正常状态；②全面质量管理（控制）知识；③人际关系技巧；④解决问题技巧；⑤生产平衡方法；⑥机械维修能力。

（2）生产灵活性高，变换品种时，无须大范围调整机台位置，只需在小组内部自行调整。

（3）服装以单件或5件以下成扎加工，半成品数量少，生产周期短。

（4）由于组内所有作业员为一个集体，对质量问题较为关注，各组员随时检验产品质量，返工和修补量可大大减少，质量得以提高。

（5）所用设备多，投资大。

总之，每个服装生产系统都有其优缺点，在实际应用中，应根据生产品种、销售前景、各单位实际生产情况等因素，权衡利弊，再决定采用相应的生产流水线类型。

拓展阅读·服装行业的"魔幻工厂"

顾客从下单到收货，不到一周时间，就能拥有一身为自己量身打造的高级定制服装——十多年前，这种在流水线上实现个性化的服装定制，还处于摸索阶段。当服装行业中的大多数企业仍在依靠生产规模和产能赚钱时，而青岛这家企业的董事长，却一门心思扎在大规模个性化服装定制的研发上，目前已卓有成效（图6-8）。

每天能生产3000件款式各异的服装，负责给流水线员工派活的是工位前的小屏（图6-9），即服装信息化管理系统的各工位终端显示屏。

图 6-8 红领的"魔幻工厂"

图 6-9 各工位前的终端显示屏

以前这些工作都是由车间主任、技术员以及班组长（线长）等技术及管理人员，根据每款服装的样衣及工艺说明书进行工序分析，编制工艺流程，而后依据每道工序的具体工作内容及时间，合理地分配给生产线上的各个员工，需要较多的人力共同完成。

现在，这些繁杂的服装工艺安排与技术标准、要求等，完全由服装信息化管理系统进行处理，流水线上的操作人员不用担心出错，刷卡后就能在屏幕上读取到该工序应该完成的详细明晰的加工要求。

智能化的大规模个性化服装定制，颠覆了私人定制奢侈的刻板印象，取而代之的是高性价比、个性化与快速反应的融合。

资料来源：李天路，这家工厂很"魔幻"，指挥工人的车间主任竟是它，央视财经《中国财经报道》，2016 - 12 - 03. http：//mp. weixin. qq. com/s？ _ biz = MjM5NzQ5MTkyMA = = &mid = 2656855086&idx = 3&sn = 26dc968cb3fa7777f3330540a8ef3327&chksm = bd71e1918a0668876bacdab7c5006d99627dbb4a6d4b6e50bfaca82d378808df30f31d431846&mpshare = 1&scene = 23&srcid = 1203O2XsVHuBHcoY16JDsPkD#rd.

第三节　工序编制

本节主题：

1. 工序编制的目的和意义。

2. 工序编制的方法。

3. 工序编制优劣的评价。

在缝纫流水线运行过程中，为保证流水线的平衡，尽可能避免"瓶颈"现象出现，即某工位作业员无事可做（等待），而其他工位作业员努力工作仍有大量半成品堆积。当新产品投入流水线之前，管理者首先要对所加工的服装产品进行工序编制（即生产线平衡），就是将要制作的产品部件，合理分配给有能力做相应工序的作业员，且每个作业员所完成的工作量需大致相当，从而使生产线的各工位间尽可能平衡。

一、工序编制的目的与意义

（1）确保生产线运行稳定顺畅：基于各工位作业员的产量和能力，只要分配合理，在制品的流动过程中便不会有"瓶颈"现象出现。

（2）减少材料传递时间和生产费用（成本）：保证产品沿生产线稳定地流动，减少在制品的传递时间，使生产费用降低。

（3）更好地利用空间：一个平衡的生产线，将使生产过程中的在制品维持在较低水平，在制品数量越少，生产所需空间越小。

（4）改善工作环境：一个平衡的生产线，因为生产线上在制品的堆积较少，缝制车间将更为整齐，有可能形成一个好的工作环境。

（5）有利于生产进度的控制：有关产量的相关数据可在平衡的生产线上轻松获得。

（6）可减少人员流失：一个恰当而平衡的生产线可使作业员有足够的时间完成规定的工作，作业员不会超负荷劳动，同时也不闲暇。因此，合理的工序编制实际上是一个相对公平的鼓励计划，会减少人员的流失。

二、工序编制的方法

工序编制的目标：尽可能有效地利用时间；保持生产过程最短；确保流水线平衡稳定地运行，没有"瓶颈"现象。因此，进行工序编制时可从以下几个方面考虑。

1. 时间值

以时间值为准，力求各个工位的作业时间相近，不出现"瓶颈"现象。如某产品平均加工时间为114s，若工序编制时将各工位的加工时间都安排为114s，即在制品在各工位同一时间完成，此时称之为"同步"，表明生产线达到完全的平衡。但实际生产中，要实现这一理想状态是不可能的。一般编制效率达到85%以上时，生产可基本保持平衡。

在以时间值为准分配工序时，可考虑三个方案。

（1）一人完成一个工序，或几个人完成一个工序。这种方案适用于少品种、大批量生产。工序细分使作业员的操作专业化，有利于作业速度和质量的提高，但作业员对新品种的适应性较低，在更新品种时，生产量会受到较大影响。

（2）性质相近的工序归类，交给一个工位的作业员完成。此方案可用于多品种、少批量的生产。因作业员每次都需完成不同工序，适应性较强，更换品种时，能较快地接受新任务，但人员的培训费用较大，必须使用熟练工。此外，因相近工序合并，会出现在制品逆流交叉现象，致使工序间的管理有一定的困难。

（3）一人完成几种不同性质的工序，可适应多品种生产，且不会出现逆流交叉现象。因一人负责几台机器的操作，设备投资费用较大。

在实际工序编制时，往往以上三种方案共存。

2. 顺序

按缝制加工工序的先后顺序，依次安排工作内容，尽可能避免逆流交叉，以减少在制品在各个工位间的传递，有效地利用时间，缩短加工过程。

3. 分工

零部件加工工序与组合加工工序尽量分开，由不同的作业员完成。如果在某作业员的工作内容中，既有零部件加工又有组合加工，势必会出现半成品回流现象，增加了在制品的传递距离。

4. 作业员

考虑作业员本身的特点，即作业员的技能要与所分配的工作相匹配。如根据工序的难易程度和所需时间，将工作难度系数较高、加工时间较长，或某些关键部位的工序安排给技能好的作业员；而加工时间较少、较为简单的工序，由作业新手或技能一般的作业员完成；最初的工序可分给产量稳定的作业员，以防出现供不应求的现象，保证生产的连续性；零部件组合工序，应安排给细心又有判断力的作业员，以便能及时发现问题，避免组装后发现问题再返工，造成不必要的损失。

三、编制效率

编制效率是评价工序编制优劣的系数，其数值可从一个方面表明生产线是否平衡。编制效率可用下式计算：

$$编制效率 = \frac{平均加工时间}{难度工序时间} \times 100\%$$

式中，难度工序时间是指产品经过工序编制后，最费时工位所需的作业时间；平均加工时间是指生产线中加工某件产品时，平均每个作业员应完成的作业时间，亦称节拍。

$$平均加工时间（节拍）= \frac{标准总加工时间}{作业人数}$$

需要注意的是，编制效率只是理论上评价工序编制优劣的指标，生产线是否平衡还需从裁片的路径负荷及作业员实际操作等多方面综合考虑评定。

四、工序编制示例

图6-10所示为某女裙缝制工艺流程，总加工时间为1599s，未标明时间的工序为外发加工，不考虑编入流水线，已知流水线中作业人数为12人，试进行工序编制。

首先，计算出加工此款女裙的平均加工时间 = 1599/12 = 133.25s/人。

1. 采用渐进扎束裁片式流水线

工序编制时，每个工位的作业时间尽量向133.25s靠拢，采用将性质相近的工序归类，交给一个工位作业员完成的方法。从图6-10所示女裙缝制工艺流程中得知：平缝作业时间为874s；包缝作业时间为93s；手工及手烫作业时间为520s；专用机作业时间为112s，得出不同作业所需人员数（表6-2）。然后，再按工艺流程的顺序进行工序编排，得出编制方案（表6-3）。

表6-2　女裙各类作业所需人数

作业性质	作业时间/s	平均加工时间/s	所需人数/人	
			计算值	采用值
平缝作业	874	133.25	6.56	6.5
包缝作业	93	133.25	0.70	0.5
手工及手烫作业	520	133.25	3.90	4
专用机作业	112	133.25	0.84	1
合　计	1599	—	12	12

从编排的各工位作业情况可以看出，生产过程中有部分逆流交叉现象，如流程中的包缝作业较少，只有93s，不够一个作业员的工作量，要将其归并在第12工位，与其他作业一起由一人完成，必然出现逆流交叉：工序1-6、5-16、3-5相差很远。

从表6-3中找出难度工序为第6工位，作业时间160s，计算工序编制效率：

$$编制效率 = \frac{平均加工时间}{难度工序时间} \times 100\% = \frac{133.25}{160} \times 100\% \approx 83.3\% < 85\%$$

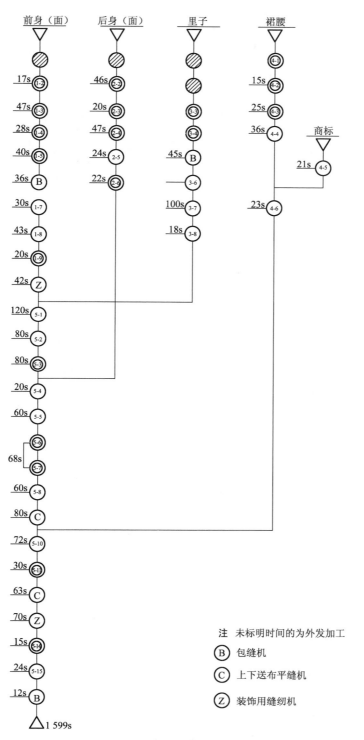

图 6-10　某女裙缝制工艺流程

表6-3　女裙缝制工序编制方案一

工 位 号	工 序 号	作业时间/s	作 业 性 质
1	1-2、1-3、1-4、1-5	132	手工作业
2	1-7、1-8、2-5	97	平缝作业
3	2-2、2-3、2-4、2-6、1-9	155	手工、手烫作业
4	1-10、5-13	112	压明线专用缝机
5	5-1	120	平缝作业
6	5-2、5-4、5-5	160	平缝作业
7	5-3、5-6、5-7	148	手工熨烫
8	5-8、5-9	140	平缝作业
9	5-10、5-12	135	平缝作业
10	4-2、4-3、4-4、4-5、4-6	120	平缝及手工作业
11	3-7、3-8、5-15	142	平缝作业
12	1-6、3-5、5-16、5-11、5-14	138	包缝及手工作业

由于计算出的编制效率小于85%，生产中有可能出现"瓶颈"现象。根据图6-11所示各工位加工时间曲线分析（实线为方案一的曲线），半成品在第6工位有可能阻滞，使生产线失去平衡。

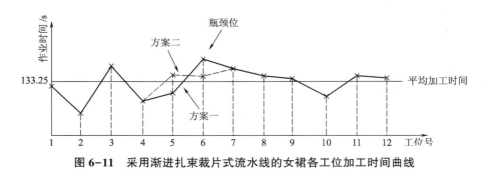

图6-11　采用渐进扎束裁片式流水线的女裙各工位加工时间曲线

解决办法之一：将难度工序交给操作技术好的作业员完成，使实际作业时间缩短，避免"瓶颈"出现。

解决办法之二：可调整工序编制，将第6工位中的5-4工序交由第5工位完成（图6-11中虚线所示），设计出方案二（表6-4），方案二中的难度工序为第3工位，作业时间155s。调整后的编制效率为：

$$编制效率 = \frac{133.25}{155} \times 100\% \approx 86\% > 85\%$$

表6-4 女裙缝制工序编制方案二

工 位 号	工 序 号	作业时间/s	作业性质
1	1-2、1-3、1-4、1-5	132	手工作业
2	1-7、1-8、2-5	97	平缝作业
3	2-2、2-3、2-4、2-6、1-9	155	手工、手烫作业
4	1-10、5-13	112	压明线专用缝机
5*	5-1、5-4	140	平缝作业
6*	5-2、5-5	140	平缝作业
7	5-3、5-6、5-7	148	手工熨烫
8	5-8、5-9	140	平缝作业
9	5-10、5-12	135	平缝作业
10	4-2、4-3、4-4、4-5、4-6	120	平缝及手工作业
11	3-7、3-8、5-15	142	平缝作业
12	1-6、3-5、5-16、5-11、5-14	138	包缝及手工作业

注 *表示调整了的工序号。

方案二生产线平衡状况比方案一好，但在小范围内会有逆流交叉。

2. 采用灵活生产流水线

采用渐进扎束裁片式流水线进行工序编制，将性质相近的工序归类为一个工位，虽能适应多品种生产，但易出现逆流交叉，影响生产线的通畅；若一人负责几种不同性质的工序，可避免逆流交叉，但是要求作业员不仅具有多种技能，而且要能承受一定的压力。若采用灵活生产系统，如单元同步系统，以每1~3人为一组的方式进行工序编制，便能较好地同时满足同性质工序尽可能由一人完成以及按工艺流程顺序加工两个条件。

编制方法：①算出个人节拍和小组节拍，编制效率力争达到90%以上；②以主要部件、零部件加工与组合加工工序尽量分开为原则，按流程的先后顺序，将各工序分配给相应的小组；③小组内的编制要考虑作业的性质、工序的难易程度等因素，尽可能将同种或同性质的工序由组内某一人完成。

仍以图6-10所示的女裙生产为例，将生产线中的12名作业员分成6个小组，每组1~3名。个人节拍为133.25s，小组节拍为133.25×2＝266.5s或133.25×3＝399.75s。每个组的作业时间，按人数尽量与相应的小组节拍靠拢。以小组方式进行工序编制，得出编制方案三（表6-5）。

按编制方案三以小组方式生产，各组之间没有逆流交叉现象，编制效率为：

$$编制效率 = \frac{133.25}{143} \times 100\% \approx 93.2\% > 90\%$$

表6-5 女裙缝制工序编制方案三（采用单元同步系统）

小组编号	小组人数	工 序 号	作业时间/s	组内节拍/s
1	3	（1-2）～（1-8）、（2-2）～（2-5）	378	126
2	2	1-9、1-10、5-1、5-2、2-6	284	142
3	2	（3-5）～（3-8）、（4-2）～（4-6）	283	141.5
4	2	（5-3）～（5-7）	228	114
5	1	5-8、5-9	140	140
6	2	（5-10）～（5-16）	286	143

表明小组之间生产可达到基本平衡。图6-12为采用单元同步系统的女裙各小组加工时间曲线。

各小组内部还要按组内节拍分配作业任务，并计算组内工序编制效率。

$$组内编制效率 = \frac{组内节拍}{组内难度工序时间} \times 100\%$$

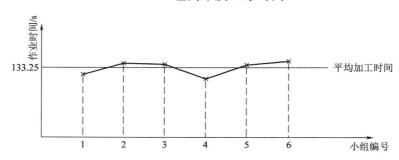

图6-12 采用单元同步系统的女裙各小组加工时间曲线

以单元小组方式生产时，需注意以下几点：①小组尽量由2~3人组成，当单元内人数增多时，会出现较多的问题，如单元内的传送、搬运工作增多；作业职责较难明确，不利于作业状况的监督和指导；内部的和谐与协调性会随人数的增多而降低等。因此，应尽量避免小组成员达3人以上，除非在不得已的情况下采用。②充分考虑作业人员的技能程度和性格特点，互相搭配，取长补短。小组负责人要检查组内的工序进度和作业质量，推动生产的进行。③小组的结合要考虑其工作的稳定性，如做领子工序的小组主要负责各类领子的加工，不能随意更换其工作内容，以保证产品质量的稳定。

第四节　生产线布局

本节主题：

1. 制衣厂房布局的基本思路。

2. 生产线排列的形式、要点和类别。

一、制衣厂房的布局

制衣厂房的布局依生产品种、生产规模及缝纫加工方式的不同有较大的区别。

（一）整件制作方式的厂房布局

对于整件制作的生产加工方式，因是每个作业员完成整件服装或大部分服装部件的加工，其厂房的布局相对简单。通常是将各生产部门集中在一个车间统一管理，如图 6-13 所示。

（二）粗分工序加工的厂房布局

由于粗分工序加工是将整件服装拆成若干个工序，以小型流水线的形式生产成衣，其厂房的布局与整件制作方式相比要复杂一些。为使生产部门各司其职且联系紧密，在厂房布局时可将各部门粗略地分开，如图 6-14 所示。

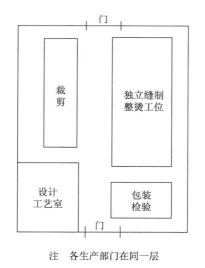

注 各生产部门在同一层

图 6-13 整件制作方式的厂房布局

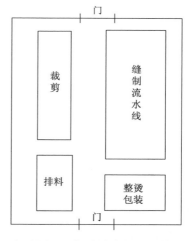

注 设计、工艺、技术室在另外的楼层

图 6-14 粗分工序加工方式的厂房布局

（三）细分工序加工的厂房布局

细分工序加工是将整件服装拆成许多工序，以大型流水线的形式生产成衣，其厂房布局要更为复杂细致，需要经过精心的分析、计划和安排。一般各生产部门均有自己独立的工作位置和场地，如图 6-15 所示。

采用细分工序加工的服装企业，缝制是最主要也是最重要的环节，制衣厂通常先对缝纫生产线进行布局和规划，而后在此基础上进行其他车间的布局和设计。

1层	2层	3层	4层
整烫 包装 检验	缝纫 流水线	裁剪 车间	设计 工艺 技术

图6-15　细分工序加工方式的厂房布局

二、生产线排列

生产线排列是将各类机台设备按照一定的规律摆放，以确保生产过程中在制品的传送顺畅。应在作业员、设备和在制品的传递之间，寻求较为经济的相互关系，以便获得理想的生产效率。

（一）机台摆放的基本形式

服装缝制生产线的机台摆放，依企业的习惯和生产品种等因素有许多形式，常见的有以下几种基本形式。

1. 面对面式

各加工工位的作业员在工作时呈面对面的状态，如图6-16所示。

2. 课桌式

各加工工位的机台如同学生的课桌摆放形式，作业员加工时的位置呈前后状态，如图6-17所示。

图6-16　面对面式机台摆放

图6-17　课桌式机台摆放

3. 小组形式

各加工工位的机台以小组或集团的形式摆放，小组内作业员加工时的交流机会增多。

（二）生产线排列要点

生产线排列与生产品种及批量大小等因素有关，其目标是：①使整个生产过程更为便利，运行良好的生产线会减少材料的处理时间，具有较高的生产转换或更新能力，以便整个生产过程运行顺畅；②使生产空间得到有效的利用；③人力资源获得较好的利用，良好的机台排列可提供方便、安全和舒适的工作环境，从而提高作业员的生产积极性。为达到上述目标，生产线排列时要注意以下几点。

1. 尽量避免逆流交叉

在制品的回流，对生产效率有较大的负面影响。应根据服装加工的顺序，划清主流工序（基本衣片加工和组合加工）和支流工序（零部件加工），使在制品的传递方向尽可能一致。

2. 具有较高的生产灵活性

随着市场竞争的日益激烈，服装款式、品种的变化越来越快，生产线的排列必须适应这种变化，提高生产的灵活性，企业才能生存。

3. 便于生产信息的收集和处理

显而易见的生产路径可使生产控制和管理更加容易，如图6-18所示为几种基本生产路径。此外，生产线必须清晰可辨，确保最大的"能见度"，使作业员能清楚地看到在制品及工具装备，提高生产的安全性。同时，生产线排列还应注意出入口、通道和厕所等处的通畅。

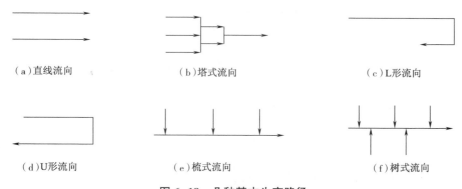

（a）直线流向　　　　　　（b）塔式流向　　　　　　（c）L形流向

（d）U形流向　　　　　　（e）梳式流向　　　　　　（f）树式流向

图6-18　几种基本生产路径

4. 确定适当的空间

最大限度地利用有限的空间，使在制品在各生产工序间的传递距离最短，以减少材料的传递时间。进行生产线排列时，需考虑以下几方面的问题：

（1）保证作业所需空间。若作业空间太大，占地面积提高，造成不必要的浪费；作业空间太小，作业员的行动受到阻碍，影响工序的操作。通常，一个作业员的作业空间为$0.5 \sim 0.6 \mathrm{m}^2$。

（2）排列时，每个工位应留出堆放半成品的空间，且作业员、设备和衣片的位置最好

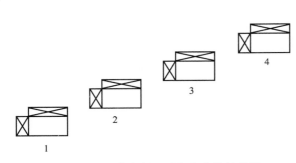

图 6-19 作业员、设备和衣片的位置

呈"左拿前放"的状态（图 6-19），这种摆放可使作业员拿、放衣片的动作距离最短。

（3）生产线的首尾两端，在有投料和出料的地方距墙应有 3.5~4.5m 的距离（图 6-20），无投料和出料处距墙为 2~2.5m。沿车间长度方向，各生产线之间应设 4.5~9m 的间距，以便区分组别，且保证通行和送料的方便。沿车间宽度方向，生产线距侧墙的间距至少为 1.2m，各生产线之间应有 2~3m 的通道。车间的主要通道应不小于 3m，作业员从最远的工作地到最近的车间通道之间的距离，不能超过 5m。生产线的长度通常在 20~30m，最长不超过 50m，否则流水作业难以管理，信息的收集较为困难，不能及时处理生产中出现的问题。

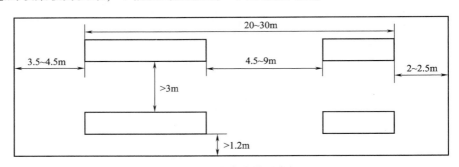

图 6-20 生产线排列空间

生产线排列时，还应注意作业员的作业环境。舒适感和安全感是两个较为重要的因素，具有高度安全感的服装厂会给员工们自信心，减少烦躁情绪，有助于生产效率的提高。此外，可靠的防范措施也十分必要，生产线排列应考虑材料和工艺装备不会轻易丢失。

（三）生产线排列类型

生产线排列有两种方式，即按产品部件排列和按工序性质排列。

1. 按产品部件排列

根据服装组成部件的加工顺序，安排机器设备或加工站。整个生产线可安排有辅流水线（支线）和主流水线，主流水线负责将已经过加工的零部件组合成服装成品，辅流水线负责诸如领子、袖口、袖子和后身、前身等零部件的制作。由辅流水线生产出的半成品，被送到主流水线中的相应工位，组合成整件服装［图 6-21（a）］。

按产品部件排列流水线的特点：

（1）由于机台排列专门为各部件而设计，材料的传递较少，生产时间可缩短。

（2）因工序流向及操作较为固定，生产控制相对简单。

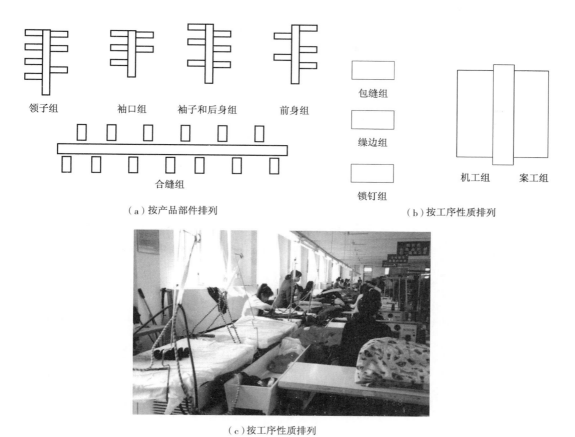

（a）按产品部件排列　　　　　　　　　（b）按工序性质排列

（c）按工序性质排列

图6-21　生产线排列类型

（3）存储空间较少。

（4）当某工位出现故障，生产速度会减慢，甚至使整个生产线停顿。

（5）主、辅生产线会需要相同的机器设备，专用机的投资较高。

（6）当产量下降，设备利用率不高时，生产成本急剧增加。

此种排列方式不适合需要经常更换品种和调整生产步骤的成衣加工企业。

2. 按工序性质排列

将工序性质相近的设备放在一起，例如，所有裁片被送至包缝区进行包缝作业，手工烫台和平缝机组成主缝纫区，裁片在主缝纫区被缝合成衣，而后被送至缲边区和锁钉区，完成流水作业中的最后工序，如图［6-21（b）］［图6-21（c）］所示。

按工序性质排列的特点：

（1）由于设备未被限制只做某一工序，因此，设备的利用率较高。

（2）受机器故障或作业员缺席的影响较小。

（3）类似设备放在一起，便于专业指导和监督，对难度大或精度要求高的工序控制比较方便。

（4）由于材料的处理较多，生产时间加长，生产管理复杂。

（5）生产灵活，不必因产品款式的改变而重新安排机器设备。

此种排列方式适合于产品变化较大、生产量相对较低的成衣企业。

相关链接·生产线排列示例

进行生产线排列时，需准备相关的文件，如工序分析表、工序编制方案等。

1. 按比例画出车间平面图

通常采用 1∶50 的比例画出车间平面图。

2. 列出设备一览表

按工艺流程图所示的工位和工序，列出所需设备表，以便了解生产线中所需设备的种类和数量。

如图 6-10 所示的女裙生产中，采用渐进扎束裁片式流水线所需设备如表 6-6 所示，采用单元同步式生产系统所需设备如表 6-7 所示。

表6-6 女裙缝纫设备一览表（渐进扎束裁片式流水线）

工位号 机种 人数	1	2	3	4	5	6	7	8	9	10	11	12	小 计
人数	1	1	1	1	1	1	1	1	1	1	1	1	12人
平缝机		1			1	1				1	1		6（1台备用）
上下送布平缝机								1	1				2
装饰用平缝机				1									1
包缝机												1	1
熨斗、烫台	1		1				1			1		1	5
合 计	1	1	1	1	1	1	1	1	1	2	1	2	15台

表6-7 女裙缝纫设备一览表（单元同步式生产系统）

工位号 机种 人数	1	2	3	4	5	6	小 计
人数	3	2	2	2	1	2	12人
平缝机	2	1	2	1		1	7
上下送布平缝机					1	1	2
装饰用平缝机		1				1	2
包缝机	1		1			1	3
熨斗、烫台	2	1	1	2			6
合 计	5	3	4	3	1	4	20台

对照表 6-6 和表 6-7，采用单元同步式生产系统虽能提高生产的灵活性和效率，但共需机器设备 20 台，比采用渐进扎束裁片式流水线增加了 5 台。因此，要根据实际情况，选择

适当的生产系统。

3. 确定生产线排列方式

按加工工序的先后顺序，安排各机器设备的摆放位置，尽量避免逆流交叉。如图 6-22 所示为采用渐进扎束裁片式流水线的某女裙缝纫生产线排列，图中箭头表示在制品的传递路径，其路径负荷较大，且生产有回流现象。图 6-23 所示为采用单元同步式生产系统的某女裙缝纫生产线排列，从图中可以看出，在制品在加工中无逆流交叉，所经过的路径负荷也大大减少，能有效提高生产效率。

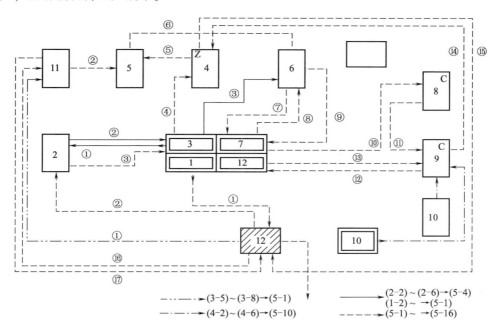

图 6-22 某女裙生产线排列（渐进扎束裁片式）

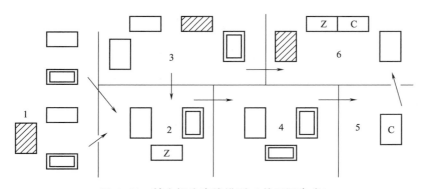

图 6-23 某女裙生产线排列（单元同步式）

4. 研究细节部分，完善生产线排列

确定了生产线排列后还需考虑各加工工序之间的联系，如在制品传递是否简便易行、距离是否最短；作业员实际操作时可能出现的情况，如加工时是否方便；通道、出入口是否顺畅等各种细节问题。

对生产线确认无误后，记下各工位机种名称，绘制正式的生产线排列图。

第五节　在制品处理与传递

本节主题：

1. 在制品传递的影响因素。

2. 传递器具类别及选用。

3. 传递方式及吊挂传输系统。

缝纫车间的在制品是指在加工过程中的服装材料、零部件及半成品。通过对各类服装加工时间的分析结果显示：在制品在整个生产加工过程中，只有1%左右的时间是"增值时间"，即专门用于将布料裁成衣片，再将其组合缝制为成衣所需的时间，其余大部分时间是在制品被搁置在缝纫机旁等待加工或被运送到指定工位所消耗的时间。由此看出，要将整个生产时间缩短，必须减少在制品等候及被传递的时间。

缝纫在制品的传递是指将裁片、半成品等在尽可能短的时间内，从一个加工点传送到另一个加工点，其中包括在制品的收发以及在各工位之间的传送，这一活动的时间应尽可能短。

有效地在制品传递，会给生产带来许多好处：

（1）可大幅度提高生产加工能力。如果在制品传送得当、路径明确，可减少加工过程中的时间浪费。节省下来的时间，可用于生产更多的产品。

（2）可减少服装在加工过程中的花费。由于生产效率的提高，使服装总体成本下降。

（3）工作条件得到改善。良好的传递方式可使在制品的传送工作量减少到最低限度，降低了作业员的工作强度。此外，良好的物料处理系统可使流水线上在制品的数量减少，车间的工作环境得到改善，工作效率会进一步提高。

（4）减少生产管理的时间。如果在制品被很好地组织和传递，生产控制和管理所用时间会大大减少。

一、在制品传递的影响因素

在制品传递得是否有效，与生产管理水平密切相关，其影响因素有以下几个方面。

1. 生产流水线的形式与排列

良好的生产流水线形式和排列方式能使在制品传递路径清晰、明确、紧凑，会大大减少传递量。

2. 在制品传送计划

对于不同种类的产品，需根据实际生产条件，做好在制品的传递计划，如每捆裁片的数量、在制品应经过的路线、裁片投入生产的顺序等，以便材料和半成品能在预期的时间内被送到指定地点。

此外，还应将已确定的在制品传递路径传达到每个加工工位，让流水线上的所有作业员都知道并熟记自己的上道工序和下道工序，以免在生产时产生混乱，影响正常的生产进度。

3. 传递器具与传递方式

选择合适的传递器具与传递方式，对在制品的传送十分重要。合适的传递器具与合理的传递方式，能有效地减少在制品的传递强度。

二、传递器具类别及选用

传递器具是用于存放待运送在制品的工具或设备，服装厂的常用传递器具包括存放成捆在制品的货架、篮筐、夹子、货车等。

1. 固定货架

当在制品捆扎在一起、以成束的形式运送时，裁片捆可放在大型货架上保存。

在图6-24中，（a）所示货架适合存放大衣、连衣裙等较大尺寸的裁片捆；（b）所示的货架适合存放尺寸相对短些的裁片捆。

2. 货车

将要运送的裁片捆，放在如图［6-25（a）］所示的货车上送到指定加工点；有些货车为框

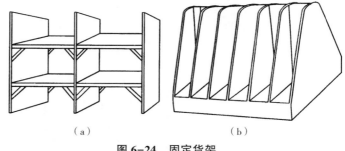

（a）　　　　　　　　（b）

图6-24　固定货架

架结构，如［图6-25（b）］所示货车多用于传送裤子、牛仔服或睡衣裤等较大尺寸的服装衣片。

3. 篮筐

一些待传送的服装零部件可放在篮筐或箱子中，［图6-26（a）］所示为几种典型的篮筐，每个篮筐外设有用于存放单据的塑料口袋，单据上通常标示出所盛零部件的种类、款号及作业情况等资料。这些篮筐或箱子是文胸、女式内衣、贴身衣裤及泳衣等小型服装衣片较理想的盛放工具。

当篮筐或箱子不用时，集中放在［图6-26（b）］所示的带格子的柜架上，可使车间环境整齐、物品存放清晰。

（a） （b）

图6-25　活动货架（货车）

（a）

（b）

图6-26　篮筐

4. 衣片夹

衣片夹通常安放在车间顶部空间的轨道上，将被传送的衣片夹在夹子上，而后使其沿着轨道移动到指定地点。不同种类的服装衣片，可使用相应形状和尺寸的夹子。图6-27所示的衣片夹，适合小到中等尺寸的服装零部件以及裤子、牛仔服、衬衫、睡衣裤、工作服等较长的服装衣片和某些简单服装零部件的传送。

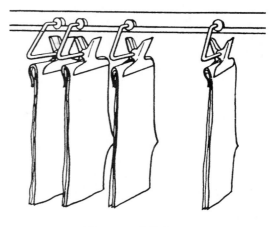

图6-27 衣片夹

三、传递方式

1. 人工搬运

小型或中型服装企业，大多采用人工搬运衣片捆、箱子、篮筐，或通过推动货架传送在制品，人工是传递在制品最简单而原始的方式。其优点是灵活、方便、初期投资少；但花费时间多、效率低、劳动强度大、工作环境差。

2. 依靠重力传送

一些服装厂为减轻员工的劳动强度，安装了直线式斜槽或螺旋式斜槽（图6-28），依靠重力传送衣片箱或篮筐。螺旋式斜槽可将衣片从上层运送到下层。

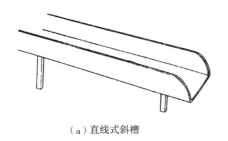
（a）直线式斜槽

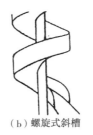
（b）螺旋式斜槽

图6-28 斜槽

3. 运输带传送

为提高物料处理的效率，减轻工人的传递强度，一些大型服装企业都采用自动传递衣片的运输带（图6-29）传输，将待传送的在制品放在移动的履带上，送到指定的工位。运输带可分别安排在不同的水平线上，形成一个

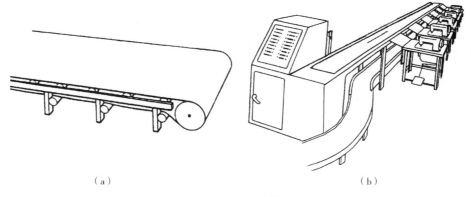

（a）　　　　　　　　　　　（b）

图6-29 运输带

循环的衣片传输系统。[图6-29（b）]所示的运输带，上层运输带用于运送在制品到各个工作位置，下层运输带用于送回已完成某些工序的在制品。当使用运输带时，应注意将裁片包扎好，放在纸盒或箱子中，避免衣片被损坏。

4. 吊挂传输系统

上述衣片运输方式，无论是人工搬运、依靠重力或是利用运输带，均是将衣片扎束起来，以成捆的形式传送，由此增加了衣片打捆及解捆的时间，且由于衣片褶皱增加，加重了熨烫工序的负担。为解决这一问题，20世纪70年代，开始出现衣片吊挂传输系统，即将一件衣服的所有裁片固定在一个吊架上，当吊架到达正确的工作站时，取料臂引导吊架进入工作站。待作业员完成作业时，吊架向前移动，回到主轨道。如此，吊架在传输轨道上经过各工位逐件加工、前移，直至所有加工工序完成。

吊挂线的形式主要有直线式和随意式两种。直线式吊挂线（图6-30）只有主传输轨道，吊架沿主传输轨道传送衣片到指定工位加工。由于直线式吊挂线在加工时，必须一个工位接一个工位完成作业，如果产品款式发生变化，缝制加工顺序会随之改变，此时，必须搬动相关设备，调整工位先后顺序，才能顺利完成新产品的生产。因此，直线式吊挂线的生产灵活性较低，只能用于款式变化不大的服装加工。目前，直线式吊挂线已逐渐被随意式吊挂线（图6-31）所取代。

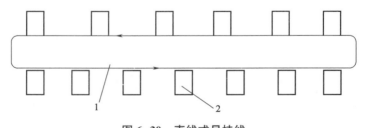

图6-30　直线式吊挂线

1—主传输轨道　2—工作站

（1）系统的组成：吊挂传输系统是利用电脑及吊挂线将各个独立的操作工位联系起来，管理人员通过显示屏便能随时掌握流水线的生产状况，便于及时采取相应措施解决生产中出现的问题。

较早开发研制且具代表性的吊挂线，有美国格柏（Gerber）公司的GM—100型（图6-32）、GM—200型、GM—300型等裁片输送与生产管理系统和瑞典的ETON自动悬吊生产管理系统。

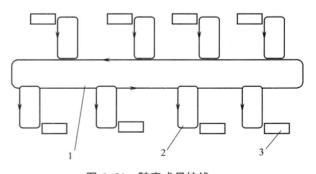

图6-31　随意式吊挂线

1—主传输轨道　2—支传输轨道　3—工作站

GM—100 型裁片输送与生产管理系统分有 5 个不同功能区域。①装货站：由专人将一件衣服的所有裁片夹入吊架，并送入主轨道；②工作站：负责完成指定的工作任务；③缓冲站：当某些工位作业量过大，支传输轨道吊架已满载时，多余的吊架可自动暂存在缓冲站；④成品修理中心：当发现某个已完成工序有差错或裁片有问题时，可将吊架传输到成品修理中心，对疵点做相应的修理；⑤卸货站：当完成所有加工工序后，成衣在此取下，流出生产线。此系统每个工作站都配有智能终端机，用以帮助操作人员处理日常的生产工作。中央主控机以网络形式连接每一个工作站内的智能终端机，以便控制吊架输送和生产线的平衡。

图 6-32（b）所示为中央主控机的彩色显示屏，其上用不同颜色显示出各个工作站的库存情况，如黄色表示在制品量过多，绿色表示在制品量正常，红色表示在制品量不足，黑点表示非标准工序。管理人员可方便且迅速地从中央主控机的显示屏上，清楚了解到整个缝纫生产线中各个工位的实际生产情况，令管理更加容易、快捷，同时使管理者即时进行生产调整。

（2）吊架：轨道上吊架的种类有数十种，可依照产品的种类选择相适合的专业吊架（图 6-33）。

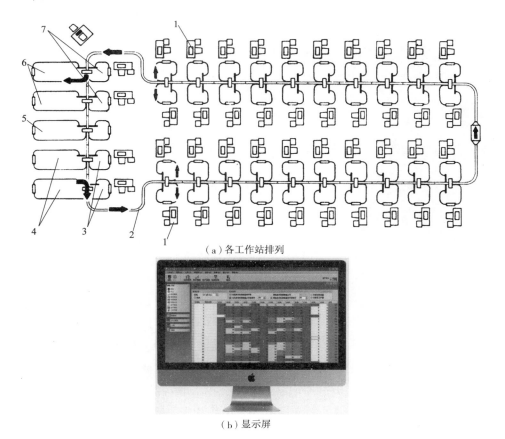

（a）各工作站排列

（b）显示屏

图 6-32　裁片悬吊输送与成衣生产管理系统

1—工作站　2—轨道　3—成品修理中心　4—装货站　5—缓冲站　6—卸货站　7—检查站

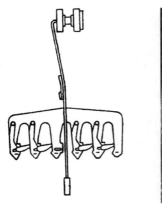

图6-33 吊架

瑞典的 ETON 采用的传动链弹性吊挂设计，能将衣服移到距离作业面 1cm 处的位置，如图 6-34 所示。每个工作站均有独立使用的终端机，来辨识并控制弹性传送链应处的位置和高度。弹性传送链的位置和高度可根据工作内容和作业员的身高等因素调整，使作业员车缝或熨烫时动作减少，操作更加准确。

（3）工作站工作过程：图 6-35 所示为吊挂线某工作站的工作状态，服装 1 已完成此工作站的作业、服装 2 正在加工，服装 3 等待加工。当完成服装 2 后，作业员按压出料控制钮，服装 1、2、3 均前移。

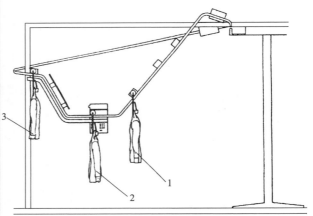

图6-34 传动链弹性吊挂　　　　　　图6-35 某工作站工作状态

目前计算机控制的吊挂传输系统，由中央主控机以网络的形式与每一工作站内的智能终端机相连，按照预先编制的缝纫加工程序，自动控制每个吊架的传输路径和去向。

（4）吊挂传输工作原理：随意式吊挂线分有主传输轨道和支传输轨道，每个工位均有支传输轨道（图 6-36），且有自己的代码。当吊架 15 上的存储盘代码与某工作站的代码一致时，支传输轨道上的认址器 3 解除对取料臂 4 的支撑，取料臂 4 靠自身的重量落在主轨道 1 上，其叉口部位恰好骑在主轨道 1 的槽口上，当运载片 2 推吊架过来时，吊架挂轮由槽口走向取料臂 4，而运载片 2 进入取料臂叉口，其前部将取料臂铲起，由后部将取料臂端部抬起，此时在取料臂端部的吊架靠自身重量滑向储料臂 16。当储料臂上的吊架挂满时，取料臂 4 尾端被吊架挂轮压住，不再下落，便停止取料。若吊架的代码与某工作站的代码不一样时，取料臂 4 的叉口端被认址器 3 抬起与主轨道 1 分离，抬起的高度能保证吊架在其下面顺利通过。

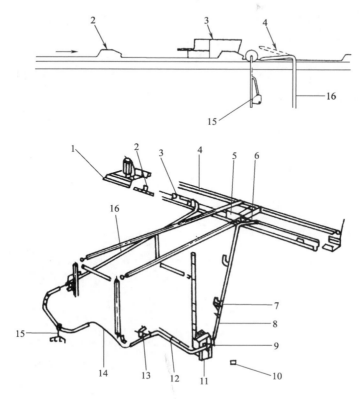

图 6-36　吊挂传输工作原理

1—主轨道　2—运载片　3—认址器　4、9—取料臂　5—出料控制器　6—出料臂

7—后挡架　8—出料轨　10—出料控制钮　11—编址器　12—防脱架　13—前挡架

14—出料链　15—吊架　16—储料臂

拓展阅读 · 智慧 INA（衣拿）

加拿大智慧 INA（衣拿）是升级版的服装吊挂生产管理系统，与传统生产线相比，可减少 75% 的产品堆积，平均提高效率 20%~30%。系统具有以下管理功能：

（1）生产线计划：提前制订生产计划安排，方便管理人员实时查看某一个时间段的生产计划，包括生产款式、生产数量、开始时间、结束时间等。

（2）款式生产进展：显示当前生产款式进展等相关信息，如该款式前几天的产量及与目标产量的对比等（图 6-37），帮助管理人员做出更完善的生产计划安排。

（3）工序平衡：通过颜色区分各工位情况（图 6-38），实现目视化管理；实时显示生产现场的工序平衡信息，易于监控实时生产线平衡。

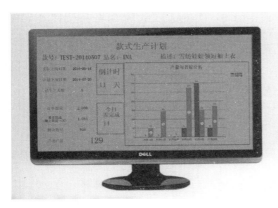

图6-37　款式生产进展

图6-38　目视化监测工序平衡

（4）工作站生产信息：每个工作站加工工序产量等相关信息，实时反映各工作站的生产现状（图6-39），方便管理人员对生产线进行实时监控与管理。

（5）各站位衣架存量：监控线内各站位在制品存量，帮助生产实时管理，减少在制品积压。

（6）款式在制品统计：统计某个生产款式的每道工序未操作完成的件数，方便管理人员发现生产线上各个工序的生产状况，及时做出调整，避免出现等待或拥堵，浪费时间。

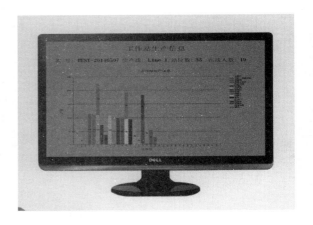

图6-39　工作站生产信息

（7）分类筛选：将生产线上的在制品按不同款式、颜色、尺码等分类筛选运输至各个指定的工序站位进行生产，实现少量多款的生产模式。

（8）生产进度报表：对生产线上产品的各个工序生产信息，如工序名称、生产数量、剩余数量等进行数据记录，方便管理人员查看订单生产进度，确保产品按既定交货期交货。

（9）本周生产情况统计：显示本周内每天的生产目标、完成数量、完成率、返工率等数据，帮助管理人员分析本周生产情况，以便合理安排下周生产计划。

（10）制单效率汇总报表：便于生产车间管理人员查看某一时间段内各个款式生产单的生产效率，对产品款式、生产工序等进行汇总分析，协助管理人员改进生产计划安排等。

（11）品质管理：严格的返修控制、返修分类统计和疵点分析；智能抽检，采用工序优先方式设定抽检比例。

（12）返修率报表：对员工的返修情况进行记录和跟踪，方便管理人员了解产品返修情况及员工生产情况。

（13）疵品率报表：对员工生产的款号、品名、款式描述、疵品、产量等数据进行详细记录，方便管理人员对该员工的技能有直观的了解。

（14）产量统计报表：对员工的生产产量进行全面的数据收集与汇总，形成统计报表，方便管理人员核算员工薪资。

（15）计件工资报表：详细记录选择时间段内生产线上员工的工号、姓名、机种、工序、产量、工时、工资等信息资料，方便查看、核算员工工资。

该系统可根据服装加工厂房空间、生产规模、生产品类以及其他特殊需求，提供有针对性的定制化软硬件设计：适合制服类、家纺类、毛织类、童装类、羽绒类、内衣内裤类、户外类、运动类、牛仔类、针织类、汽车内饰以及手动电动系统应用等的吊挂线软硬件配备。

如生产羽绒服、棉服类的吊挂线，根据所加工产品尺寸大的特点，系统站点加大加宽，确保铺棉裁片、衣服的存储及进出站运行方便、顺畅（图6-40）；针对运动服、针织服装类柔软面料，设计的圆齿衣架及诸多副夹可解决裁片运输问题。

图6-40 羽绒服、棉服类吊挂线

内衣、内裤类吊挂线则可同时多款多色多码生产；吊篮传输简单方便、适合小裁片的运输（图6-41）。

图6-41 内衣、内裤类吊挂线及吊篮

家纺类、户外用品类、汽车内饰类吊挂线，承重性高、链式提升、可任意设置停留高度，方便手拿操作；360°旋转吊衣架设计，指夹与六指指夹的结合解决了多裁片的夹持问题（图6-42）。

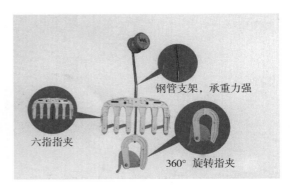

图 6-42　家纺类、户外用品类、汽车内饰类吊挂线及吊衣架

吊挂传输系统的缺点：①初期投资费用高；②需要较大的工作场地；③各工序作业强度提高；④生产安全性较低。由于衣片被连续输送，一旦出现难以排除的故障，便会影响到整条生产线，甚至导致生产线停顿。

四、传递方式的选择

选择在制品的传递器具和方式时，需考虑下列因素。

1. 传送费用

传送费用包括初期费用和运转费用。用于传递的初期投资费用，如运送器具、设备等的花费应尽可能低；使用传递器具和设备的费用、日常保养及维修等费用也要尽量保持较低的水平。

2. 安全性

传递方式应具有较高的安全性，一方面，传递器具和设备应安全可靠，不会损伤衣片；另一方面，所选择的传递方式要能应付随时出现的故障，即生产安全性。连接越紧密的传输设备，越存在生产安全性问题，一旦某个环节出现问题，生产线往往会在极短的时间内陷于瘫痪状态。

3. 灵活性

传递方式应具有较高的灵活性，既能传递少量的或简单的服装衣片，也能适合大量的或较复杂的服装衣片。同时，能容易地处理生产过程中出现的变化，提高生产量。

相关链接·缝纫车间组织结构及主要岗位工作职责

缝纫车间人员主要以流水线的作业员为主，通常要按照设定的生产量的大小及生产线的人员数量配备相应的管理人员，如图 6-43 所示。

1. 车间负责人

车间负责人负责日常的管理、协调，总体质量把关，进度控制等工作（表 6-8）。

2. 技术员

技术员负责产品加工过程中有关的工艺技术文件的制订和贯彻，作业指导和工时定额等工作。

3. 班组长

班组长负责材料及半成品的收发、生产组织、作业安排、工序协调等具体的工作，在缝制流水线中，班组长起着较为重要的作用。通常由具有一定经验年数、技术过硬，并有一定组织和协调能力的一线作业员提拔担当。

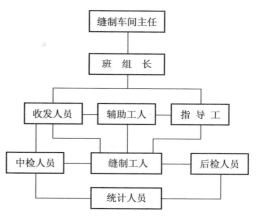

图 6-43 缝纫车间主要的人员配备

表 6-8 缝纫车间主任工作职责

部门名称	缝纫车间
职 务	车间主任
相关职员/部门	厂长、生产主管、技术部主管、质检部主管、裁剪车间、后整理车间
职权范围	管理缝纫车间所有员工，负责技术和质量及进度把关

主要职责：
1. 负责与上级及相关职能部门的联系与协调工作
2. 负责按厂部下达的生产任务，制订车间生产作业计划并落实到班组
3. 负责缝制车间的常规管理工作及本车间员工的协调工作
4. 负责根据车间的生产规模进行合理的定岗定员，制订各岗位责任制
5. 负责实施各项技术管理、安全生产、设备保养制度，保证生产顺利进行
6. 负责根据每一定单的具体情况及所需物料的供应情况，安排并督促本车间各班组的工作，保证每天的工作能按计划、保质保量地完成
7. 确定最佳生产流水线的组织形式
8. 建立完善的车间质量保证体系，推行全面质量管理
9. 负责向厂长汇报可能影响日常运作和生产质量的因素，并提出改进方案
10. 负责本车间所负责的生产资料的审核及签发和本车间的经济核算
11. 负责做好本车间员工的培训与激励工作并关注员工的生活待遇

4. 检验员

检验员负责在制品及出流水线的半成品检验。

5. 机工

机工主要负责完成与机械缝制有关的工序加工，工序内容相对复杂一些，要求作业员有一定的机器操作技能。

6. 付工

付工主要负责完成手工或手烫作业，工序内容相对简单，通常由刚进厂的工人担当。

7. 设备维修人员

设备维修人员负责机器设备的维修和调试，确保设备处于良好的运转状态。

本章小结

从19世纪50年代初期美国的胜家兄弟设计制造出第一台全金属梭式线迹缝纫机开始，以缝纫机为主的半机械化服装加工方式逐步显示出速度快、效率高的优势，但服装生产方式却仍以小作坊形式为主。由于一个作业员要完成从裁剪、缝纫、直到整烫等整个服装加工过程的全部工作，即在加工过程中需不停地更换工作内容，这势必导致作业员对各项工作任务的熟练性降低，影响加工速度，极大地限制了服装加工能力的提高。

20世纪60年代，随着科学技术的迅猛发展，服装设备高速化、自动化程度日益提高，促进了服装产业化的发展。服装专用机械的不断开发，成衣加工工序被进一步细化，流水作业的特点日益突出。如何更为有效地组织好缝制加工过程，快速、低成本且高质量地生产出应季服装，逐步成为服装加工企业研究的重点。智能化使服装流水线加工的"柔性"提高，复杂的生产线平衡工作由计算机进行分析处理，完成的质量快速且高质量，科技飞在颠覆传统服装工业……

思考题

1. 在缝制流水线加工中，如何获得生产线的平衡？如何评价流水线是否平衡？

2. 分析衣片各传递方式的优劣势。

3. 常用缝制流水线形式有哪些？

4. 缝制流水线的布局应注意哪些要点？

5. 一个高效的物料处理系统的标志是什么？

6. 收集与服装工业相关的智能制造技术，讨论科技对服装工业的影响有哪些？

课外阅读书目

1. 杨以雄主编. 服装生产管理. 东华大学出版社。

2. 万志琴等编著. 服装生产管理. 中国纺织出版社。

3. 周萍主编. 服装生产技术管理. 高等教育出版社。

4. Clothing Technology：From Fibre to Fashion. ／H. Eberle［et al.］. Publisher Haan－Gruiten：Europa－Lehrmittel.

5. Gini Stephens Frings. Fashion：From Concept to Consumer. Publisher Upper Saddle River，NJ：Prentice Hall.

6. Ruth E. Glock，Grace I. Kunz. Apparel Manufacturing：Sewn Product Analysis. Upper Saddle River，NJ.

应用理论与实践——

烫整工艺流程

课题名称： 烫整工艺流程

课题内容： 服装的熨烫和平整

成品整理与包装

服装成品检验

课题时间： 6 课时

训练目的： 服装烫整工艺是把在流水线上缝制加工完成的成衣熨烫、清理、包装的过程，同时对服装上存在的一些问题加以弥补和美化，并将不合格的产品剔除，以保证出厂的成衣具有整洁漂亮的外观。因此，本环节的教学应结合相应的图片和视频资料，将各种熨烫方法直观地展现出来，以利于学生对实践知识的掌握，同时结合学生实际生活着装，学习服装检验的基本方法和程序，由此逐步深入到对批量服装检验的学习和掌握。

教学要求： 1. 让学生掌握服装熨烫的机理、方法和应用场合。

2. 让学生学会服装成品检验的方法和程序。

3. 让学生了解服装成品包装的基本要求和方法。

课前准备： 阅读有关服装质量标准和检验方法的书籍；在实验室观察和学习服装熨烫的基本技巧与方法；走访服装市场，收集与观察成衣包装的形式、材料和设计。

第七章　烫整工艺流程

背景知识·服装烫整工艺流程

　　针对服装外观上，整烫不良、线头、污渍、面料疵点过多等"四害"，服装烫整工艺流程如图7-1所示，其中的锁钉工序视各企业的传统与习惯而有所区别，有些服装企业将其放在缝制流水线中。

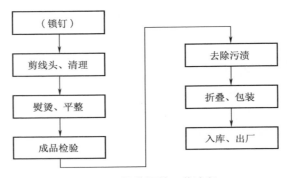

图7-1　服装烫整工艺流程

第一节　服装的熨烫和平整

本节主题：

1. 熨烫的作用及分类。

2. 熨烫机理和过程。

3. 熨烫工艺参数。

4. 熨制作业工艺与设备。

5. 压制作业工艺与流程。

6. 蒸制作业的特点。

一、熨烫的作用及分类

　　在服装加工过程中，除对衣片各部件进行缝合外，为使服装成品的缝口平挺、造型丰满、富有立体感，需对服装进行大量的熨烫加工，以使最终产品符合人体形态、美观实用。

268

（一）熨烫的作用

在服装加工过程中，对服装进行熨烫的主要作用是：

（1）整理面料——通过熨烫使面料得到预缩，并去掉皱痕，保持面料的平整。

（2）塑造服装的立体造型——利用纺织纤维的可塑性，改变其伸缩度及织物的经纬密度和方向，使服装的造型更适合人体的体型与活动的要求，达到外形美观、穿着舒适的目的。

（3）整理服装——使服装外观平挺，缝口、褶裥等处平整、无皱褶、线条顺直。

（二）熨烫分类

对熨烫加工方式有以下不同的分类标准。

1. 按加工顺序分

按加工顺序分有产前熨烫、中间熨烫及成品熨烫三类。

（1）产前熨烫：指在裁剪之前对服装的面、里料进行的熨烫处理，目的是使服装面料或里料获得一定的热缩或去掉皱褶，以保证裁出衣片的质量。产前熨烫，多用于少量服装的制作。

（2）中间熨烫：指在加工过程中各缝纫工序之间进行的熨烫作业，包括部件熨烫（图7-2）、分缝熨烫（图7-3）和归拔熨烫（图7-4）等。

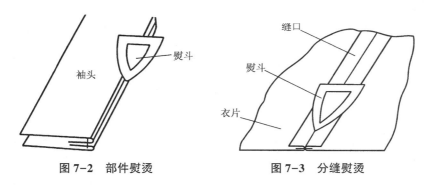

图7-2　部件熨烫　　　　　　　图7-3　分缝熨烫

①部件熨烫：指对衣片或某半成品部件的定型熨烫，如领子整形、袋盖定型、袖头扣烫等熨烫加工；

②分缝熨烫：指用于烫开或烫平缝口的熨烫加工，如侧缝、后背缝、肩缝以及袖缝等的分缝加工；

③归拔熨烫：指将平面衣片烫出立体造型的熨烫加工。传统的手工归拔工艺，使归拔熨烫具有较强的技巧性，作业员需经过较长时间的学习才能掌握。目前，许多归拔熨烫工序可由中间熨烫机或成品熨烫机完成（图7-5），所塑造出的立体造型更接近人体，而且不会出

现"极光"等疵病，对作业员的技能要求降低，减轻了其劳动强度。

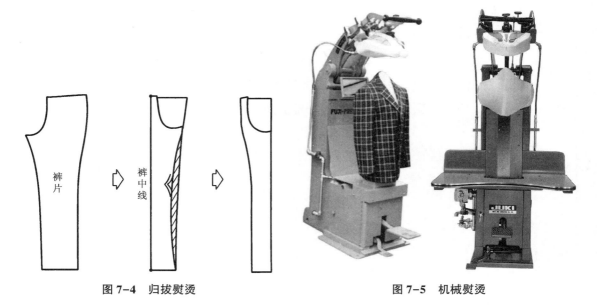

图 7-4 归拔熨烫   图 7-5 机械熨烫

（3）成品熨烫：指对缝制完的服装成品做最后的定型、保型及外观处理。其技术要求是保证服装线条流畅、外形丰满、平服合体、不易变形，具有良好的穿着效果。

2. 按熨烫所采用的作业方式分

按熨烫所采用的作业方式分有熨制、压制和蒸制作业。

（1）熨制作业：指以电熨斗为主要作业工具，在服装表面按一定的工艺规程移动作业工具，使服装获得预期外观效果的熨烫加工。

（2）压制作业：指将服装夹于热表面之间，并施加一定的压力，使服装获得平整外观的熨烫加工。压制作业大多是在成型烫模上进行，熨烫出的服装各部位具有良好的立体造型。

（3）蒸制作业：指将服装成品覆于热表面上，在不加压的情况下，对服装喷射高温、高压的蒸汽，使服装获得平挺、丰满外观的熨烫加工。

三种熨烫作业方式，以不同的形式应用于服装加工中。例如：熨制作业多用于中间熨烫或小型服装厂的成品熨烫等，烫出的服装效果很大程度上取决于操作人员的技术水平；压制作业在中间熨烫及成品熨烫中均有应用，由于是在成型烫模上进行，烫出的服装具有立体造型效果，多用于男、女西服或裤子的熨烫加工，熨烫效果与所选用的工艺参数有关，人为操作因素较小。

熨制与压制作业均存在一个弊端，即由于加工时直接在服装表面施加压力，对面料的毛感破坏较大，特别是毛向较强的面料，如丝绒、羊绒类面料，经熨制或压制作业后，毛向倒伏，严重影响服装外观。

蒸制作业则较适于具有毛绒感的服装的熨烫加工，因熨烫时不直接对面料表面施压，而靠喷吹高压、高温的蒸汽使面料定型，主要用于服装成品的最终整形加工。

二、熨烫机理和过程分析

当纤维大分子受到热湿作用后，其相互间的作用力减小，分子链可以自由转动，纤维的形变能力增大。此时，在一定的外力作用下强迫其变形，纤维内部的分子链便在新的位置上重新排列，经过一段时间后，纤维及织物的形状会在新的分子链排列状态下稳定下来。因此，熨烫实际上是经过加热给湿、施加外力和冷却稳定三个阶段。

（一）加热给湿阶段

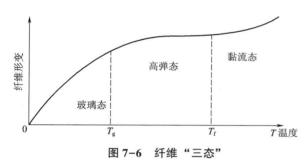

图7-6 纤维"三态"

此阶段使面料的温度及湿度提高，使之具有良好的塑性。当面料受到一定温度的作用，纤维中大分子链的活动性增加，致使纤维发生一系列物理形态的变化（图7-6）。

1. 玻璃态

在常温状态下，面料无法进行"塑造"。

2. 高弹态

当温度增高到玻璃化温度（T_g）时，纤维具有较好的热塑性，处于高弹态。若施加一定的外力，纤维便能有较大的伸长、弯曲及收缩等形变，而且该形变随外力作用的变化可逆转。

3. 黏流态

当温度达到纤维的流动温度（T_f）时，纤维呈黏液特征。此时，纤维的形变不可逆转，面料表面的特征亦会产生无法修复的变化，如发黄、焦黑，甚至出现溶洞。

所以，在对服装进行熨烫加工时，必须掌握好熨烫温度。一般根据面料的品种，熨烫温度应控制在面料的玻璃化温度（T_g）到流动温度（T_f）之间，让面料处于高弹态的状况下，并对其进行熨烫加工。

（二）施加外力阶段

此阶段使处于"塑性"状态的面料大分子链，按所施加的外力方向发生形变，重新组合定位。

（三）冷却稳定阶段

此阶段让经过熨烫的面料得以迅速冷却，保证其纤维分子链在新形态下的稳定性。

因此，熨烫的过程实际上是纤维分子由一个平衡状态达到另一个平衡状态的过程（图7-7）。

图7-7 熨烫机理

三、熨烫工艺参数

从前面的分析得知，熨烫定型的关键是如何控制好在不同温度下纤维的变化，即如何确定合适的熨烫工艺。熨烫过程中，熨烫的工艺参数——温度、湿度、时间及压力，对熨烫效果有很大的影响。

（一）熨烫温度（T）

温度的作用是使织物纤维分子链间的结合力相对减弱，让织物处于高弹态，具有良好的可塑性。因此，熨烫温度的高低主要取决于纤维材料的种类，应控制在材料的玻璃化温度和流动温度之间。如：麻→棉→毛→丝→化纤→尼龙，熨烫温度应逐渐降低。

（二）熨烫压力（P）

对面料施加一定的压力，使纤维中的大分子按压力施加的方向发生移位并重新组合，纤维在外力的作用下变形。压力的大小，主要取决于织物的种类。因大多数纤维有一个明显的"屈服应力点"，当外力超过这一应力点，就会使纤维分子产生移位，导致面料发生形变。一般来说，光面或细薄织物所需压力较绒面或厚重织物小。

（三）熨烫湿度

在熨烫过程中，必须对面料充分加湿。给湿的作用主要是：①水分子进入纤维内部，改变了纤维分子间的结合状态，纤维间抱合力下降，可塑性提高；②能较有效地消除熨烫中产生的极光。

根据不同的熨烫方式，给湿的方法有所差异，如直接喷洒、垫湿布，或在加热、加压的同时喷出湿气等。

（四）熨烫时间（t）

由于织物的导热性较差，要保证良好的定型效果，熨烫时需有一定的延续时间，以使纤维大分子链能够有机会重新组合，且在新的状态下定位。否则，烫出的效果均为暂时性的定型，无法保持长久。

另外，由于在熨烫过程中，需对面料加湿，所以当形变要求达到后，必须将织物中的水分烫干蒸发，以取得较好的定型效果。否则，湿润的面料纤维仍具有一定的可塑性，大分子链很可能再次发生移位，使原有的熨烫效果丧失。

熨烫时间 t 的大小主要取决于所施熨烫温度、湿度和压力的大小。另外，与能耗和生产效率等因素也紧密相关。

四、熨制作业

熨制作业（图7-8）是在服装表面按一定的工艺规程，移动作业工具，使服装获得预期效果的熨烫加工。使用的作业工具主要是熨斗。在服装加工中许多工序需要进行熨制，如分缝、扣烫等。

（一）工艺参数选择

对于不同的面料及加工要求，熨制工艺参数有所不同。

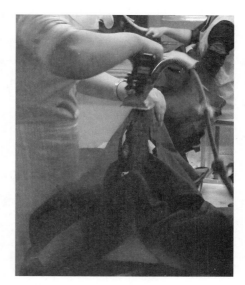

图7-8 熨制作业

1. **温度和湿度**

（1）纯棉织物：纯棉织物的性能比较稳定，直接加温超过100℃时，纤维本身不起变化，熨烫温度可选为150~160℃。对含浆量大的白色或浅色织物，熨烫温度一般不超过130℃，如果温度再增加，浆质会变黄，影响外观。由于棉织物吸湿性好，一般可不加湿。

（2）纯毛织物：纯毛织物的特点是吸湿性、保温性好，富于弹性，但导热性较差，一般要加湿熨烫，而且熨烫的时间要长些。纯毛织物的熨烫温度，根据熨烫部位和方式不同，可选为150~170℃。

若直接加湿熨烫，因为织物直接与熨斗接触，熨烫温度应稍低一些，可选150℃左右；若隔布加湿熨烫，温度可提高到160~170℃；对一些颜色较浅，织物表面呈现黄色的纯毛织物，如法兰绒、凡立丁等，熨烫温度还应低一些。一般喷水熨烫，温度为130~140℃，且延续时间不能过长。

（3）涤纶织物：吸湿性较差，不易变形，所以熨烫温度可选为150~170℃，加湿熨烫，延续时间不宜过长。

（4）腈纶织物：耐热性较涤纶差，温度可控制在140~150℃，加湿量尽量小些。

（5）黏胶纤维织物：黏胶纤维的组成与棉纤维相似，故熨烫温度可选为150~160℃。由于黏胶纤维在湿态会膨化、缩短和变硬，同时强度也会大幅度下降，因此熨烫时应尽量避免给湿，以免织物出现起皱、不干等现象。

（6）混纺织物：应按耐热性最差的纤维选择熨烫温度。

（7）维纶织物：维纶织物在热湿作用下会急剧收缩以致熔融，所以不宜加湿熨烫，温度可选在120℃左右。

（8）柞丝织物：由于喷水是不均匀给湿，在柞丝织物表面往往会出现点状水迹，影响外观，所以不能直接喷水熨烫。若必须加湿熨烫时，则可在被熨部位覆盖一层干布，在干布上再加盖一层拧得很干的湿布，熨斗在湿布上烫一下后，迅速将湿布去掉，趁着热在干布上熨烫，这样，织物接触的是热蒸汽，可避免水印出现。同时，应尽量在被熨部位的反面进行熨烫。

对于印染面料，应根据色牢度和耐热度的检测结果，确定合适的熨烫温度，以免面料的颜色受温度的影响而改变。

对于不能直接给湿熨烫加工的面料，可选用成品蒸汽熨斗进行熨制，因成品蒸汽熨斗喷射出的不是水滴，而是蒸汽。若使用电热干蒸汽熨斗，效果会更好。

2. 压力和时间

手工熨烫的压力和时间应根据具体的情况而定，对于轻薄织物，靠熨斗本身的重量及轻微加压就足够了；对于厚重织物服装的多层部位，如领子、止口等处，熨烫时需适当加大压力和延长时间，使多层部位压缩变薄。

手工熨烫时，各工艺参数可以相互弥补、相互调节。熨烫时，若温度偏低，则可放慢熨斗的移动速度，停留时间略为长些，或加大熨烫压力。

（二）熨制设备和工具

从最初的烙铁，到如今的蒸汽调温熨斗，熨制设备的主要工具——熨斗已设计得较为合理与实用。与蒸汽熨斗配套使用的各种烫馒、烫台以及蒸汽锅炉等设备也应运而生，并不断改进、完善。

1. 熨斗

（1）电熨斗：通过对熨斗内的电阻丝通电，使其产生一定的热量，由加热的熨斗底板，将热量传到织物表面，对面料进行熨烫加工。

电熨斗的重量为 1~8kg，功率 300~1500W。轻型、小功率的电熨斗适于熨制衬衣等薄料服装，在家庭中使用较多；重型、大功率的电熨斗可熨制呢、绒等厚型面料，在工业生产中使用较多。

根据电熨斗功能的不同，分为普通电熨斗（图7-9）和调温电熨斗两种。目前使用的电熨斗大多带有调温装置，适合于不同服装面料的熨制，用途较为广泛。

调温电熨斗的调温原理如图7-10所示，当底板温度升高，线性膨胀系数不同的双金属片6受热膨胀变形，抬起的双金属片碰到弹簧片B的下触点5，将弹簧片B的上触点3顶起，与弹簧片A的触点脱离，加热体闭合电路断开，熨斗温度不再升高。当底板温度下降，双金属片6因降温而收缩伸直，回复到初始状态，与弹簧片B的下触点5脱离，在弹性的作用下，弹簧片B的上触点3又重新与弹簧片A的触点接合，加热体重新被加热。

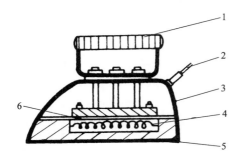

图7-9　普通电熨斗结构

1—手柄　2—电源线　3—熨斗壳　4—加热体

5—底板　6—绝缘层

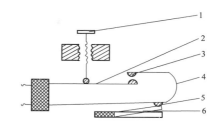

图7-10　调温原理

1—调节旋钮　2—弹簧片A　3—弹簧片B的上触点

4—弹簧片B　5—弹簧片B的下触点　6—双金属片

温度高低的控制由调节旋钮1完成。当调节旋钮1向下旋转，其上的触点施加于弹簧片A的作用力加大，使弹簧片A与弹簧片B的上触点之间相互挤压的力减少，触点3容易被双金属片推开，使闭合电路断开，停止加热。即双金属片只要有较小的形变，便可将弹簧片A与弹簧片B之间的触点推开，此时熨斗底板的温度不会升至较高的温度。反之，当调节旋钮施加于弹簧片A上的作用力较小，则熨斗会升至较高的温度。

（2）蒸汽熨斗：蒸汽熨斗能对面料进行均匀地给湿加热，熨烫效果较好，工业生产中大多采用蒸汽熨斗。根据蒸汽供给的方式，蒸汽熨斗可分为成品蒸汽熨斗（图7-11）和电热蒸汽熨斗。

①成品蒸汽熨斗：成品蒸汽熨斗使用锅炉或电热蒸汽发生器产生的成品蒸汽，将具有一定温度和压力的成品蒸汽通入熨斗中，使用时，拉动或拨动汽阀柄，成品蒸汽便由汽管经阀门穿过汽道，由熨斗底板喷汽孔喷出。

使用专用锅炉提供蒸汽的成品蒸汽熨斗熨烫时，面料完全由熨斗喷出的蒸汽加热，所以熨烫的温度可保持相对稳定，使用安全。一般蒸汽加热温度在120℃左右，蒸汽压力为245Pa。其缺点是所用辅助设备复杂，需要有专用锅炉和蒸汽管路，初期投资费用较高，通常用于生产西服、制服、衬衫等品种相对稳定、熨烫加工量较大的大、中型服装企业。

对于生产品种变化较大的时装类中小型服装厂，可考虑采用由电热蒸汽发生器提供成品蒸汽的方式，但电热蒸汽发生器的耗电量较大。需注意的是，采用专用锅炉提供蒸汽时所用的熨斗，与采用电热蒸汽发生器提供蒸汽的熨斗种类不

图7-11　成品蒸汽熨斗

同，应区别开来。

②电热蒸汽熨斗：电热蒸汽熨斗依靠熨斗加热体将通入熨斗内的水加热汽化，汽化的蒸汽由底板的喷汽孔喷出，实现给湿加热熨烫的目的。根据供水方式，分有吊挂水斗式电热蒸汽熨斗和自身水箱式电热蒸汽熨斗。

吊挂水斗式熨斗（图7-12）的水斗和熨斗分体，水斗挂于熨烫台专用的挂架上，水斗和熨斗由橡胶管相连提供滴液。

自身水箱式熨斗（图7-13）的水箱同熨斗合体，由手控进水阀提供滴液，自身水箱式熨斗使用较为机动灵活，但水箱容量有限，影响熨烫效率。

图7-12　吊挂水斗式熨斗

图7-13　自身水箱式熨斗

为延长电热蒸汽熨斗的使用寿命，防止水垢等污物堵住底板喷汽孔，水箱内使用蒸馏水或采用交换离子将水软化。电热蒸汽熨斗价格便宜、占地面积小、使用灵活，在家庭和小型服装加工厂中较为常用。其缺点是熨烫温度不够稳定，有时底板流出的水会污染面料，影响熨烫效果。

③电热干蒸汽熨斗：电热干蒸汽熨斗亦使用成品蒸汽，在成品蒸汽熨斗内装入电热体，在熨制过程中，电热体可再次加热成品蒸汽，使其成为具有更高温度的高质量干热蒸汽，以提高熨制效果。电热干蒸汽熨斗的温度，可在110~220℃范围内进行准确的无级调温。电热干蒸汽熨斗通常与由热电偶传感器组成的电子调温器及电锅炉的真空熨烫台配套使用。

2. 电热蒸汽发生器

电热蒸汽发生器是向熨斗提供成品蒸汽的电热锅炉（图7-14），通过此设备将锅炉中的水加热成为具有一定温度和压力的蒸汽。锅炉的供汽压力、供汽量、供汽温度均可调节，并由各仪表显示。

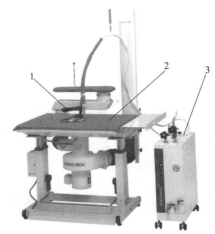

图7-14　电热蒸汽发生器提供蒸汽

1—熨斗　2—烫台　3—电热蒸汽发生器

电热蒸汽发生器体积较小，重量较轻，机动灵活，适合与蒸汽熨斗配套使用，作为服装厂的中间熨烫设备，也可用于小型服装加工厂的成品熨烫。此设备较大的缺点是用电量较大。

3. 熨烫台

熨烫台是与熨斗配合使用共同完成服装熨烫作业的熨制配套设备之一，当与不同形状的烫馒组合时，可组成具有各种特殊功能的专用熨烫台，如双臂式烫台（图7-15）、筒形物用烫台（图7-16）等，适合服装的中间熨烫或小型服装厂的成品整烫。

图7-15 双臂式烫台

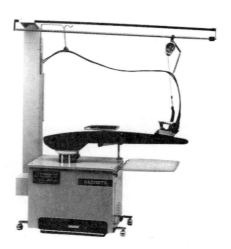

图7-16 筒形物用烫台

熨烫台大多为真空烫台，其原理是利用高效离心式低噪音风机，在熨烫工作台面产生负压，将被熨材料吸附于台面上，以确保熨烫过程中衣物不产生位移，熨烫后的服装平整、挺括、干燥。在普通真空烫台的基础上，一些熨烫台还增加了许多其他功能，例如：①台面及烫馒调温烘干装置，可有效保证台面及烫馒衬布的干燥和通风，使被熨物干燥挺括，定型更稳定；②手柄式风向转换，可使吸风与喷吹转换操作方便灵活；③将转臂置于工作位置时，抽湿或喷吹功能自动转到烫馒；④台面可升降、转位调节，以适合不同身高的作业者。

按熨烫台的功能分，有吸风抽湿熨烫台和抽湿喷吹熨烫台。

（1）吸风抽湿熨烫台（图7-17）：作业时，将需熨制的服装或衣片吸附于台面或烫馒面上铺平，由蒸汽熨斗对衣物进行熨烫，熨烫作业完成后，抽湿冷却，

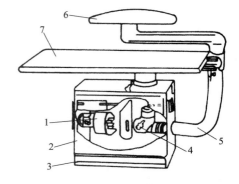

图7-17 吸风抽湿熨烫台结构

1—风机 2—机架 3—踢板开关
4—风量调节阀 5—抽气管
6—旋转臂烫馒 7—烫台

使服装造型稳定。

（2）抽湿喷吹熨烫台：除具有吸风抽湿熨烫台的吸风和强力抽湿功能外，还可对衣物进行喷吹冷气，通常用于品质要求较高，需进行精整加工的服装熨烫。强力抽湿能加速衣物的干燥和冷却，使衣物定型快，造型容易稳定；喷吹可使面料富有弹性，毛感增强，同时能有效地防止极光或印痕现象的产生。

（3）烫馒：熨制不同的服装部件，要选用不同的烫馒形状。烫馒的规格很多，形状各异（图7-18）。烫馒和熨烫台面的结构相同，其下部与熨烫台的抽湿系统相通，在进行熨烫作业时，也可抽湿吸风式喷吹。

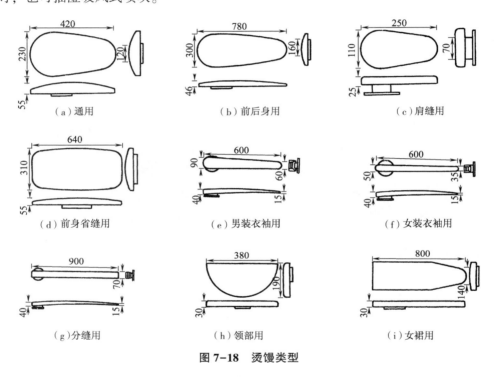

（a）通用　　　　　　　　　（b）前后身用　　　　　　　　（c）肩缝用

（d）前身省缝用　　　　　　（e）男装衣袖用　　　　　　　（f）女装衣袖用

（g）分缝用　　　　　　　　（h）领部用　　　　　　　　　（i）女裙用

图7-18　烫馒类型

（三）熨制作业流程及技术要求

熨制作业流程根据服装产品的种类及各加工厂的习惯而有所不同，男女西服、西裤、衬衫、制服等讲究服装造型的正装类款式，熨烫加工的要求较高、工序多、作业流程长；夹克、风衣、牛仔服等较随意的服装，其熨烫加工的作业量相对较少。

如某厂男衬衫成品烫整作业顺序：袖→袖窿→袖衩→领→圆领→前身→前领窝→后身→后袖窝→摆缝→系扣→别领口针→前身底边→袖底缝→过肩→门、底襟→折叠。

熨制作业的质量与作业员的经验有较大关系，如熨烫手势、用力大小等，需有一定的经验年数。但总的要求是不能出现亮光、焦黑、发硬等现象，具体的工艺要求仍需根据不同的服装品种而定。

表 7-1 为某服装成品部分熨烫工序流程及其技术要领。

表 7-1　某服装成品部分熨烫工序流程及其技术要领

工序名称	工序顺序	操 作 要 领	质量标准
平 整	烫袖子	先将袖口里烫直顺，烫大小袖缝，袖子烫平，袖衩烫死	袖缝烫死，袖口烫平，袖衩烫直、不反吐
	烫底边	底边需归烫，烫直、烫死	归烫平服、直顺
	烫后背面、里	将背缝、背衩烫死，后背里皱褶烫平	缝子烫平，眼皮大小一致，无皱褶、无水花
	烫大身里	将过面、省缝、摆缝、里袋及其他部位皱褶烫平	
	烫大身	将大身翻转，烫胸部，归烫腰节，烫省缝、刀背缝	胸部丰满，腰节归平，省缝烫死
	烫大袋	放在烫馒上，先烫前一半，再烫后一半	要分前后，有里外匀，袋盖下面无烫印
	烫摆缝	将前身摆平，摆缝放直，先烫上端，再烫下摆	缝子烫死、烫顺
烫止口	烫止口	先将胸部靠在大馒头边上，把驳头摆平在垫呢上，盖上水布，布上刷水，用蒸汽熨斗压烫 15~20s，将布拿开，用驼背烫板放在止口上，双手用力压烫 6~8s	止口烫薄，眼皮一致，不反吐
	烫驳头	将驳头握倒在驳口线上，放在大馒头上，用蒸汽熨斗将驳口 2/3 烫死，2/3 以下不烫，后用手握出里外匀	驳头左、右对称，有里外匀
	烫肩头	肩部放在铁凳上摆平，用蒸汽熨斗把肩部烫平服	肩部平服，肩缝不后甩
	烫袖隆	将袖隆套在铁凳上，顺其弯势把袖隆烫死一周，袖子不平处要烫平	里面握紧，烫顺，袖子无皱褶
	烫领子	烫死领止口，翻膛，靠在大馒头边上，将领子顺着驳口线握成弧形，将领口烫死	领子左、右对称，领头不反翘，领口呈 U 字型

相关链接·熨烫技术的革新

在用熨斗对衣物进行熨制的过程中，由于纤维本身的特性、熨斗面的移动，或衣物各部位受热不均匀等因素的影响，使材料表面容易产生焦黄、极光或熨烫不到位等现象。为消除这些弊端，在熨制加工时往往采用垫水布、喷水等方法，但效果不十分理想。经过长期的探讨和摸索，1905 年美国的顿·哈平曼发明了蒸汽式熨衣机，即现在脚踏式蒸汽熨烫机的雏形，标志着熨烫技术及其机械进入一个新的时代。

蒸汽熨烫机是集熨烫三要素——湿度、温度及压力于一体的设备，它利用高温、高压的蒸汽对织物均匀加热、加湿，使纤维变软、可塑性增强，使被熨烫部位得到均匀而实在的压烫和塑造。

目前，以微电子技术为重要标志的现代科学技术，在熨烫加工中得到开发和应用，新一代由电脑控制的智能化熨烫设备已相继问世，使服装成品具有更良好的外观。蒸汽熨烫作业按其加工方式可分为压制作业和蒸制作业两大类。

五、压制作业

压制作业是将服装夹于热表面之间并施加一定的压力，使服装获得所需的立体造型及平整外观的熨烫加工。压制作业多在压烫机或熨烫机上完成。

（一）工艺参数的选用

1. 熨烫时间

利用蒸汽熨烫机进行压制作业时，其各个动作所需的时间应合理配置，可以是连续熨烫，也可以是间歇熨烫。

连续熨烫是指加压、喷汽、抽湿等动作为连续进行，适合于较薄面料服装衣片的熨烫，以在保证产品质量的前提下，提高生产效率。间歇熨烫是指加压、喷汽、抽湿等动作间歇完成，适合于中厚面料的服装衣片或较厚部位服装衣片的熨烫，以保证纤维充分软化所需的时间。

2. 熨烫温度

蒸汽熨烫机的温度主要是指蒸汽的温度，一般来说，蒸汽的压力越大，其温度越高。不同服装材料所需的熨烫温度各异，需根据设备种类、面料性质和熨烫部位而定。

3. 熨烫压力

对于不同织物及熨烫部位的不同，熨烫压力的大小及加压方式有所不同。

一般织物均需施加一定的熨烫压力，以获得平挺的外观。但对于毛呢类服装，为保持其毛绒丰满、立体感强的特点，不宜采用加压熨烫，可采取"虚汽"熨烫的方法。所谓虚汽熨烫是指合模时，上模与下模之间留有一定的间隙，始终不接触，然后进行喷射蒸汽、抽湿、冷却等熨烫程序。这样，能达到在不破坏毛呢织物观感的条件下，将服装熨烫定型。

不同材料的服装或半成品压制作业工艺参数选择示例如下：

（1）特殊酸氨液加工裤（JAK—801 型熨烫机）：

温度：120℃左右

压力：2.95kN 左右

蒸汽：上下喷射（0.39~0.49MPa）

喷蒸汽	——30s
加　压	————60s
抽真空	——15s
开　模	—4s

（2）化纤或毛涤混纺织物裤（JAK—801—1型熨烫机）：

温度：170℃左右

压力：14.73～24.55kN

蒸汽：上下喷射（0.39～0.49MPa）

蒸　汽	——5s
加　压	——8s
抽真空	——5s
开　模	——4s

（3）毛料裤（JAK—801—1型熨烫机）：

温度：120℃

压力：9.8kN

蒸汽：上下喷射（0.39～0.49MPa）

蒸　汽	——5s
加　压	——10s
抽真空	——5s
开　模	——4s

（二）压制设备的种类及特点

蒸汽烫模熨烫机在服装加工中的使用日趋广泛，其特点是能烫出符合人体形态的立体服装造型，一般用于大衣、西服、西裤等半成品或成品需塑造形状的部位熨烫。

工作过程：将服装半成品或成品的某部位吸附于已预热的下烫模上，在已预热的上、下烫模合模时，模内喷放出高温高压的蒸汽，迫使服装形成烫模的形状，而后抽湿启模，使服装冷却干燥，以便压制好的衣片形态保持稳定。

1. 按施加压力的大小分

（1）重型烫模熨烫机：适用于毛织物等厚重服装的熨烫或衣服止口处的中间熨烫。

（2）中型烫模熨烫机：适用于西服和大衣的压制作业。

（3）轻型烫模熨烫机：适用于加工薄型服装以及服装的装饰衣片。

2. 按操作方式分

（1）手动烫模熨烫机：根据压制作业的合模、加压、喷汽、抽湿和启模等作业的顺序和时间，由人工控制依次操作各有关机构和阀门的动作，完成服装的熨烫加工。

烫模预热一般需要30min即可工作，由于各作业均由作业员按操作规程自行掌握，熨烫质量很大程度上取决于作业员的技术水平和工作态度。

（2）半自动烫模熨烫机：作业时由脚控制抽汽、合模、加压、抽湿及启模动作，自动喷射蒸汽，完成压制作业。

（3）全自动烫模熨烫机：按动按钮后，蒸汽熨烫机按预先设定的程序，自动完成从合模到启模的一系列熨烫动作。在全自动循环过程中，初压、喷汽、热压、抽汽等的时间，可按产品性质、产品质量要求等，调整时间继电器旋钮。全自动熨烫机操作简便，压制效果较好，且能保证质量的稳定。

（4）电脑烫模熨烫机：除自动完成从合模到启模动作外，可根据服装品种及要求，随意调整熨烫工艺参数，以获得最佳熨烫效果。分有卡控制全自动熨烫机、多工位回转式全自动熨烫机、高效连续作业熨烫机等。

3. **按用途分**

（1）中间烫模熨烫机：主要用于服装加工过程中的压制作业，如袋盖定型机（图7-19）、收袋机、领头归拔机等。

（2）成品烫模熨烫机：对所有缝制工序完成后的衣物进行整烫，以使服装达到要求的外观效果，如烫领子机（图7-20）、烫驳头机等。

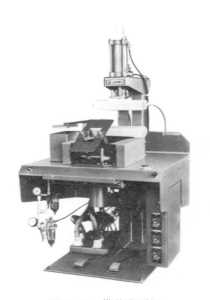 

图7-19　袋盖定型机　　　　　　　图7-20　烫领子机

拓展阅读·系列印画机

T恤、运动衫等服装上大多需要印制一些有设计感、个性化的图案，系列压画机可实现这些设计要求，如［图7-21（a）］所示为多工位烫画机，内置全自动和半自动模式及气动装置；［图7-21（b）］所示为热转移印画机，内置气动装置，压力稳定，温控准确，特氟龙加热板加热均匀；［图7-21（c）］所示为手压式压画机，内置耐高温加热片，高温硅胶海绵，加热板可换，数字精准控制温度和时间。

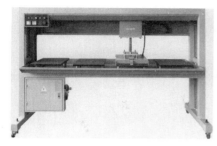
（a）多工位烫画机

（b）热转移印画机

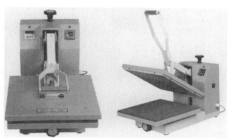
（c）手压式压画机

图7-21 系列印画机

（三）蒸汽压烫作业流程及技术要求

1. 作业流程

根据服装产品种类和特点，蒸汽压烫工艺流程不尽相同，所用压烫设备的机种也有一定的变化。

（1）衬衫烫模压烫流程：

①中间压烫：修切领角→翻领尖→领角定型→压烫领子；袖头定型→压烫袖头；口袋压烫→门襟和衣边压烫。

②成品压烫（图7-22）：弯衣领→弯袖头→圆领。有的机器弯衣领和弯袖头一次完成。

（a）弯衣领 　　　　　　（b）弯袖头 　　　　　　（c）圆领

图7-22 衬衫成品压烫

衬衫压烫所用蒸汽压烫机具有电热及自动恒温装置，模板能自动脱落；经蒸汽压烫机加工后的衬衫领角可保持左右对称、大小一致、角度统一、外形挺括；领子或袖头模板只压在领子或袖头上，可获得较好的外观效果。

（2）西服上装蒸汽压烫流程：

①中间压烫：敷衬（右）→敷衬（左）→分省缝（右）→分省缝（左）→分侧缝→压贴边→袋盖定型→收袋→双肩分肩缝→收袖缝→分统袖山缝→领头归拔。

②成品压烫［图7-23（a）］：胖肚（大袖）→瘦肚（小袖）→双肩→里襟→门襟→侧缝→后背→后背侧缝→驳头→翻领→领头→领子→袖窿→袖山→整理定型。

（3）西裤压烫流程：

①中间压烫：拔裆→烫后袋［图7-23（b）］→归拔裤腰→分臀缝→分小裆缝→分侧缝。

②成品压烫：下裆→腰身。

（a）西服烫驳头机　　　　　　　　　　（b）西裤烫后袋机

图7-23　西服成品压烫

2. 作业技术要求

与熨制作业的技术要求略有不同，蒸汽压烫作业的技术要求，不仅要考虑产品的外观及不同部位的需要，还需结合压烫机的类型来制定合理的技术要求，通常包括：压烫部位、所用机型、熨烫外观效果和熨烫操作规程等内容，如表7-2所示。

表7-2　蒸汽压烫作业技术要求

工序名称	操　作　要　领	外观要求	机　型
烫侧缝	对准中腰位置，上端避开袖窿2cm，侧缝及腰省缝纱向放直，袋盖和袋布铺平，与上工序部位铺平。熨烫时按照操作程序只开上汽	衣服表面及里子不能有死褶，产品正面不能出现极光	JP—111—1

六、蒸制作业

蒸制作业是将服装成品放于设备的热表面上，在不加压的情况下，对服装喷射具有一定温度和压力的蒸汽，使服装获得平整挺括、外观丰满的效果。由于蒸制作业是一种在近于自然的状态下对服装进行的精整加工，因此，不仅能消除服装上一部分折痕，而且对消除熨制作业和压制作业中所形成的极光有较好的效果。特别是呢绒类服装的表面毛感，不会在蒸制加工过程中丧失。

较常用的蒸制设备是蒸汽人体模熨烫机，亦称立烫机。按所熨烫部位，立烫机可分为上装类立烫机（图7-24）和下装类立烫机（图7-25）。

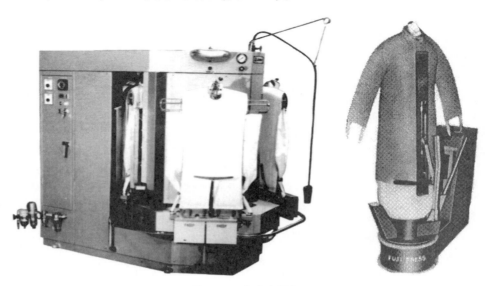

图7-24 上衣立烫机

（一）工作过程

1. 鼓模

首先向人体模内充汽，让人体模显现立体形态。

2. 套模

将服装套于人体模上，用特制的袖撑或裤撑将衣袖或裤腿撑成立体状，并靠近衣身，呈自然下垂状态，用专用夹具固定衣领、衣襟等处。

3. 汽蒸

由模内向外喷吹具有一定压力和温度的蒸汽，经过规定的时间后，停止喷吹蒸汽。

4. 抽汽

抽去服装中的水汽。

图7-25 裤子立烫机

5. 烘干

向人体模内补入具有一定温度的热空气，烘干衣服。

6. 退模

拿下夹具，将衣服从人体模上取下。

（二）工艺参数

对于不同面料和要求的服装，其蒸制工艺参数有所不同。一般先选用不同的工艺参数进行试验，而后对比蒸制的效果，如皱褶去除量及程度、毛感、手感等指标，以确定合理的工艺参数。

例：某毛料女西服立烫工艺参数比较（图7-26）。

工艺一［图7-26（a）］：放蒸汽时间为40s，吹风定型及干燥时间30s。

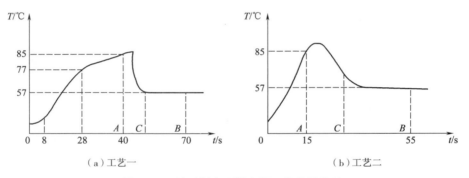

图7-26 某毛料女西服立烫工艺参数比较

结果：

（1）8<t<28：人体模内温度迅速提高，但不具备定型条件，因蒸汽压力和温度均不够。

（2）28<t<40：该段人体模内温升较快，迅速达到85℃左右，已具备热定型条件。因此，服装面料的热定型在此阶段完成。

（3）AC阶段：蒸汽停止，但同时人体模内补入热风。此时，温度瞬间有所上升，随后因蒸汽的消失，模内温度迅速下降至57℃左右。

（4）CB阶段：热空气吹风，保持恒温，使服装干燥去湿。

工艺二［图7-26（b）］：放蒸汽时间15s，吹风定型及干燥时间40s。

结果：

（1）0<t<15：人体模内温度迅速提高，但85℃左右的热定型温度维持的时间较短。

（2）15<t<55：蒸汽停止后，热空气吹风时间较长，故低温保持时间长。

最终的蒸制效果可从表7-3中看出，如以整理为目的进行的蒸制加工，可采用工艺二，虽然定型效果差，但能量消耗低，可节约能源；若以定型和消除褶痕为目的的蒸制加工，可采用工艺一，虽能量消耗大，但可获得良好的定型效果。

表7-3　某毛料女西服立烫工艺比较

项　　目	工艺一	工艺二
升温效率	低	高
高温段的时间	长	短
定型效果	好	差
能量消耗	高	低

因此，蒸制工艺参数的选择除设备和面料因素外，还需根据蒸制加工的目的来确定。

第二节　成品整理与包装

本节主题：

1. 成品的整理方法。

2. 包装材料的种类与选用。

3. 包装工具和设备。

一、成品整理

在整个生产加工过程中，因机械、运输等因素，会使服装成品出现诸如油污、破损、线头、脏污等疵病。对于有破损或有难以去除油污的衣片或半成品，必须及时修整或换片；而轻微的脏污、线头可在包装前将其清除，以使整件服装的外观保持整洁、美观。

清除污渍时，需根据服装面料及污渍的类别，选择合适的去污剂。首先要考虑的是无毒、无害、无污染的药剂，其次是不能破坏面料的成分和色泽。对于深色面料，在使用去污剂前，最好先用试样做试验，确认所用药剂无碍后，再对服装上的污渍进行清理。

清除服装成品上的污渍时，大多采用干洗的方法，清污工具可使用牙刷或小尼龙刷、光滑的平台、白色清洁的棉质垫布等（图7-27），有条件的可选用除污喷枪（图7-28）或除污清洁抽湿台（图7-29）。

若使用除污喷枪，可先将去污剂注入喷枪的壶中，拧紧上盖，手握喷枪距服装一定距离，对准污渍处按动喷枪，壶内的去污剂便以一定的速度和压力射到污渍处，过一段时间，污渍消除。

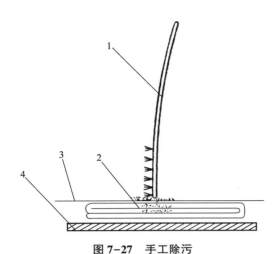

图7-27　手工除污

1—刷子　2—垫布　3—衣物　4—玻璃板

图7-28　除污喷枪

在清除污渍的过程中，应注意：必须在清污处加垫布，作用是吸附污垢和去污剂，否则，污渍部分容易扩散。用刷子去污后，局部遇水易形成明显的边缘痕迹，应立即用刷子把织物的遇水面积加大，再在周围喷水，使印迹淡化。

对于加工后滞留在服装上的线头，处理方法较为简单。以往大多由人工将未剪除干净、残存在成品上的缝纫线剪掉，再将粘在成品上的线头用软刷扫掉。此项工作虽简单，但十分麻烦，要清除所有服装成品上的线头，需花费相当多的工时。许多服装厂已采用带自动剪线装置的缝纫机，使剪线的工作量大为减少。或使用吸线头机（图7-30），利用吸尘器的原理，将粘在服装成品上的线头和灰尘吸掉。此方法既省人工，又提高效率，且能保证成品干净、整洁。

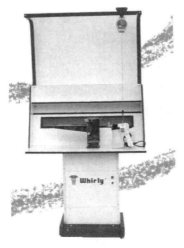

图7-29　除污清洁抽湿台

图7-30　吸线头机

拓展阅读·3D牛仔激光洗水系统

传统牛仔服装工艺需要大量的人工操作，效率低，外观效果不一，如果使用化学品还会污染环境，对员工而言容易造成职业病；而采用激光洗水工艺，一名操作人员可替代传统工艺的40人，高效且环保，一条牛仔裤前后幅一次性完成需25s；洗水过程无须使用任何化学物质；节约能源，每条牛仔裤较传统工艺节水50L；无污染的工作环境，保证从业者健康；整理后的产品效果具有良好的统一性。

3D牛仔激光洗水系统（图7-31）具有红光/投影双定位、多工位循环输送工作台自动送料、精准对位上料等功能，马骝、猫须、雪花、破洞、吊模等多种洗水工艺一气呵成；3D人体模型可充气，前后幅一次完成洗水工艺，2D/3D模式自由切换。

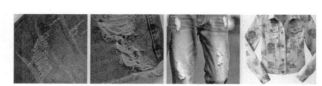

图7-31　3D牛仔激光洗水系统

二、成品包装

对服装成品包装的目的：一是确保服装呈良好的状态运送到指定的地点，二是为激发消费者的购买欲。因此，产品包装是一门综合美学、力学、制造、化学等多项技术的学科。

为使包装好的成品在运输过程中仍能保持良好的外观，且没有褶皱和损伤，应选用适宜的包装形式及材料，使成品包装具有牢固、抗压等特点，以提高产品的附加价值。

（一）包装材料

主要的包装材料如图7-32所示。

1. 包装纸板

根据不同用途，成衣包装所使用的纸有所区别，如厚度为0.3mm的硬纸板通常用作包装盒及男衬衫包装用衬板；波状纸或板具有减震作用，可做纸箱或纸盒，用于需减震的包装；防水纸可用于需运输的成衣包装材料。各企业可依服装的品种、档次等选择合适的纸张种类。

2. 塑料薄膜

塑料薄膜具有轻薄、透明度良好等优点，广泛用作成衣的包装袋。衬衫的领撑通常采用

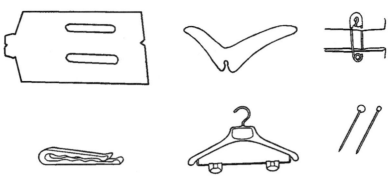

图7-32　包装材料

较硬的塑料制作，以使包装后的领子呈"站立"状。

　　此外，塑料夹、衣架、大头针、别针、吊牌等材料，亦是服装成品上经常使用的包装材料，如别针在包装泳衣、儿童服装时经常使用，能保证成品使用时的安全。

（二）包装形式

　　在服装成品包装中，经常使用的有袋、盒、箱等形式。每种包装形式各有利弊，需根据产品的种类、档次、销售地点等因素合理选用。

　　1. 包装袋

　　包装袋通常由纸或塑料薄膜材料制成，具有保护服装成品、防灰尘、防脏污、占用空间小、便于运输流通等优点，而且品种多，可选择的范围大，价格较低。不同品种的服装，可选择与之相匹配的包装袋形式（图7-33）和尺寸。

图7-33　包装袋形式

　　包装袋的通用性和方便性是其他包装形式难以相比的，但其缺点也十分明显——自撑性差，易使成品产生褶皱，影响服装外观。

　　2. 包装盒

　　包装盒大多采用薄纸板材料制成，也有用塑料制作的，属于硬包装形式，其优点是具有良好的强度，盒内的成衣不易被压变形，在货架上可保持完好的外观。盒的形式分有折叠盒及成形盒，折叠盒为扁平状，运输时所占空间小；成形盒是按使用时的形式制成立体盒

（图7-34），运输时不能压平，占用空间大。

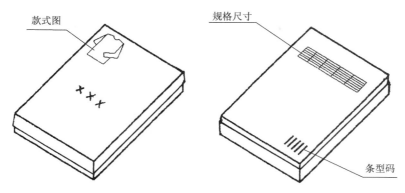

图7-34 立体盒

3. 包装箱

包装箱多是瓦楞纸箱或木箱，主要用于外包装（图7-35）。将独立包装后的数件服装成品以组别形式放入箱中，便于存放和运输。使用机制纸板、双瓦楞结构纸箱，箱内外要保持干燥洁净，箱外按产品要求涂防潮油。纸板材料和技术要求应符合GB 6544瓦楞纸板标准中的有关规定。

4. 挂装

挂装亦称立体包装（图7-36），服装成品以吊挂的形式运输、销售。经整烫的服装表面平整、美观，当以袋、盒的形式包装后，成品往往产生皱褶，影响服装外观。而挂装能使服装在整个运输过程中不被挤压、折叠，始终保持良好、平整的外观。但对服装企业来说，投入较大，如挂衣架、大塑料袋等包装材料的消耗，且运输空间增大，提高了运输费用。

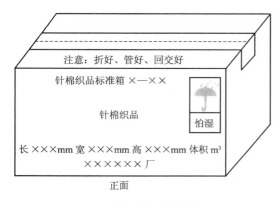

图7-35 包装箱

图7-36 挂装

5. 真空包装

由于袋、盒包装易使服装产生皱褶，而挂装成本高、占用体积大，在 20 世纪 70 年代，开始出现真空包装的形式。真空包装可使成衣的存储和运输体积减小（图 7-37）、重量减轻，在整个运输过程中，能有效地防止服装产生皱褶或破损。

一些妇婴卫生保健服装、医用服装等产品大多采用真空包装的形式，以确保经过消毒的服装成品不会在运输、销售过程中被再次污染。

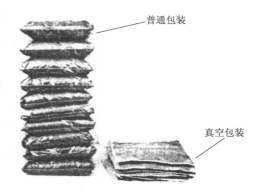

普通包装

真空包装

图 7-37　真空包装

相关链接·服装包装的环保性

在设计服装的包装时，企业要考虑到环保性，它包含两个含义：

（1）包装材料应符合环保要求，即应选用无毒、无害、可回收、可降解的包装材料。

目前，在国际市场上，对纺织品和服装的环保性能要求日益严格，中国纺织品和服装的出口，遭遇到前所未有的"绿色贸易壁垒"的冲击。因服装产品中或多或少地含有一些有害物质或因服装产品不符合国外相关环保法规和标准，造成百万元经济损失的事例已发生数起。

（2）防止过度包装，即要避免一味追求装潢精美而使用大量的包装材料。

在有些服装品种中，特别是儿童服装包装中，采用多层的礼品包装现象十分普遍，而这些材料往往会被消费者丢弃不再使用，从而造成大量的材料浪费。因此，服装成品的包装可考虑尽可能简洁，或建议采用一些能多次使用的包装设计，如带拉链的手提袋等，既提高了产品外观的整体效果和档次，消费者又可用它再次盛装玩具等日用品，实现一物多用，减少资源的浪费。

目前，一些国家已采用法律规定回收率等多种措施，使包装材料再利用。例如：荷兰规定包装材料的可回收比例必须达到其重量的 65%；日本于 1991 年颁布实施了《再生塑料利用法规》《处理和清除废弃物法规》等，并在 1993 年通过了《省能源再生资源法》，以使材料尽可能多次使用或可回收，减少浪费。

(三) 包装工具和设备

1. 装袋机

已折叠好的衬衫、内衣等服装成品，可采用装袋机（图 7-38）包装。将服装放入导轨，按动开关，衣服便沿导轨被送入包装袋中，随后由封袋口机将袋口封住。装袋机的操作简单方便，且包装整齐、美观。有的机器为装袋、封袋一体机，如图 7-39 所示。

2. 吊牌枪

在市场上销售的服装，需挂有标明厂商、商标、规格、条形码等资料的吊牌或备用扣袋。通常，将吊牌或备用扣袋挂到服装的扣眼、缝口之间或缝份上，以免损坏成品。连接吊牌和服装的附件大多采用塑料细线［图7-40（a）］，用吊牌枪［图7-40（b）］将吊牌附件对合封住。不同类型的吊牌附件可使用相应的吊牌针［图7-40（c）］及吊牌枪。

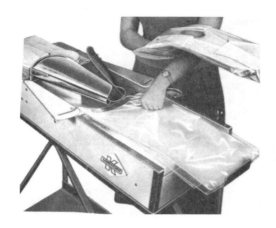

图7-38 装袋机

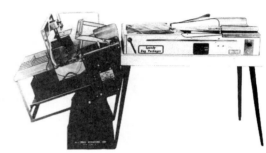

图7-39 装袋、封袋一体机

（a）塑料细线

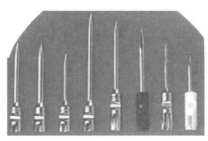

（c）吊牌针

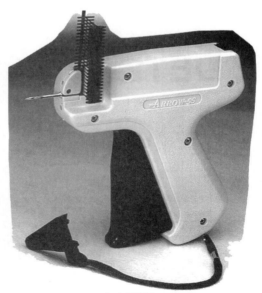

（b）吊牌枪

图7-40 吊牌枪及其配件

3. 立体包装机

图7-41所示为半自动服装立体包装机，操作员将服装连同衣架挂到机械吊轴上，按下

按钮，塑料袋自上而下将服装套入，由电眼感应器控制自动停止，自动热封、切割。取下成衣，踏脚板，吊轴复位，准备开始下一工序。

全自动立体包装系统（图7-42），操作员只需将服装成品挂上运输带，系统便可将服装运送到包装机，自动套入塑料袋，封口后送出。

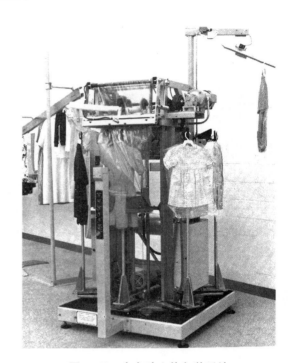

图7-41　半自动服装立体包装机　　　　图7-42　全自动立体包装系统

4. 真空包装机

真空包装的原理是将服装的含湿量降低到一定程度，服装面料在很低的湿度下，便不易发生永久或半永久性的折痕。其工作过程：降低服装的含湿量→把服装插入塑料袋中→抽出袋中和服装内的空气→封袋口。

5. 自动折衣机

图7-43所示的自动折衣机主要用于衬衫的折叠，具有自动放纸板、可调式自动衣领定型功能；折衣板和衣领定型模，能依服装款式随时更换；内置式灯管，方便对位；两个折叠器可单方向高速转动，提高折叠效率。

（四）包装规格

1. 内包装

内包装也称小包装，是指将若干件服装，如五件或十件、半打或一打组成一个最小的包装整体。内包装是为了加强对成衣的保护，便于调拨、销售时计量的需要。

图 7-43　自动折衣机

小包装内成品的品种、等级需一致，颜色、花型、尺寸规格等应符合订货方的要求，有独色独码、独色混码、混色独码、混色混码等多种方式。在包装的明显部位要注明厂名（国别）、品名、货号、规格、色别、数量、等级、生产日期等。对于外销产品或部分内销产品，需注明纤维名称、纱支及混纺比例以及产品使用说明等。

2. 外包装

外包装亦称大包装或运输包装，是指在商品的内包装外再加一层包装。外包装主要用于保障成衣在流通过程中的安全，便于装卸、运输、存储和保管，一般使用五层瓦楞结构纸箱或使用较坚固的木箱。大包装的箱外通常应印刷产品的唛头标志，如厂名（国别）、品名、货号（或合同号）、箱号、数量、尺寸规格、色别、重量（毛重、净重）、体积（长×宽×高）、等级、生产日期等。

一般来说，服装的包装规格可按客户要求的尺寸、数量和形式设计。对于针棉织品的包装规格，国家制定了推荐性标准 GB/T 4856，服装企业可参照执行。

第三节　服装成品检验

本节主题：

1. 抽样基本概念和方法。
2. 服装成品检验内容和程序。
3. 成品缺陷与等级判定。

一、成品检验规则及标准

从 1993 年修订各类服装产品标准开始，国家标准中对服装成品检验做出了规定和要求，包括：检验（试验）方法、检验程序、检验工具的要求、缺陷程度的判定、等级划分规则、抽样规则等，使内销服装的成品检验有了统一的参照和标准。

成品检验规则一般包括抽样规定、缺陷分类和判定、等级划分等内容。对于具体产品，其缺陷的判定依据不同，需参考相应的产品标准，如《GB/T 2664—2009 男西服、大衣》《GB/T 2666—2009 男、女西裤》等标准的相关要求执行。

对于进出口服装的成品检验，相关部门也制定了一系列的专业标准，如：

《进出口服装检验规程　第1部分：通则 SN/T 1932. 1—2007》；

《进出口服装检验规程　第2部分：抽样 SN/T 3702. 6—2014》；

《进出口服装检验规程　第10部分：防寒服 SN/T 1932. 10—2010》；

《进出口纺织品质量符合性评价方法　服装　针织服装 SN/T 3472—2012》；

《进出口纺织品质量安全风险评估规范　第9部分：服装 SN/T 3317. 9—2012》；

《羽绒服商品验收技术要求 SB/T 10586—2011》；

《T恤衫商品验收技术要求 SB/T 10585—2011》。

由于科技的迅猛发展，近年来服装材料和工艺技术变化较大，标准的更替速度也随之加快。服装企业应密切关注有关标准的变化和更新，及时制定与之对应的企业内部成品检验规则和要求，以适应时代和需求的变化。

二、成品检验中的抽样

（一）抽样的基本概念

抽样是按照某种目的，从母体（总体）中抽取部分样品，其目的是为了以"部分样品"推测"批量总体"的特征值，并由此对"批量总体"进行合理的处置。通过抽样检验的结果，来推测某批产品具有哪些质量特征，并以此做出判断，即该批产品是否合格，属于何类质量等级。

抽样时，根据不同特征值（如规格、外观、缝制质量）的具体要求，取样方法也不同，但必须满足下列条件：

（1）根据检验目的抽样。

（2）具体实施与管理方便、简单。

（3）考虑经济效益。

（4）抽样应不加入人为因素。

（5）抽样者具有判断抽样方法是否恰当的能力。

相关链接·成品检验的基本术语

（1）检验批（简称批）：为实施抽样检验而汇集起来的在一致条件下生产的一定数量的单位产品，用以从中抽取样本进行检验，以确定是否接受或拒收。检验批又称交验批、提交批或验收批，通常简称批。

（2）批量：检验批中所包含的单位产品的个数；包含的单位产品越多，批量越大。

（3）样本：在抽样检验中，取自一个批并且能提供该批信息的一个或一组单位产品。

（4）样本量：样本中所包含的单位产品的个数。

（5）过程平均：在规定的时间段或生产量内质量水平的平均，在 GB/T 2828.1 中，是指过程处于统计控制状态期间的质量水平（用每百单位产品不合格数表示）。

（6）接受质量限（新标准中替代原"合格质量水平"的术语）：当一个连续系列批被提交验收抽样时，可容忍的最差过程平均质量水平，用 AQL 表示。接受质量限是决定抽样方案宽严程度的一个重要参数，AQL 值小，检索出的抽样方案严格；反之，AQL 值大，检索出的抽样方案宽松。

（二）抽样方法

1. 随机抽样

随机抽样是在一批产品中任意选抽样品。可采用在随机表上由铅笔随意触及的数字作为抽样代码，或用掷骰子取其上面的数字决定抽样代码。

当抽样者对批量知识在技术上和统计方法上不完全具备足够知识时，通常采用此抽样方法。

2. 系统抽样

系统抽样亦称机械抽样，指抽样时，选抽按一定时间或数量间隔生产出的产品。如缝制车间检验员巡视抽检时，可确定选抽每隔 10min 或每隔 10 件生产出的那件产品。而成品检验时可对某批产品编号，然后按一定规则间隔抽取某件产品。

例如，要从 150 件产品中抽取 5 件样品，由于此时的抽样比是 150：5＝30：1，因此可从随机表中 1~30 的数字中随机点取，若点中 10，则取该批产品中编号分别为 10、40（即10+30）、70（即 10+2×30）、100（即 10+3×30）以及 130（即 10+4×30）的 5 件产品作为样品进行检验。

3. 抽样数量的确定

抽样数量的大小随抽检方案不同而有所差异。

（1）"百分比"抽检方案：即按所检产品总数量的百分比抽样检验，这是使用较广的一种抽检方案，抽检样本的数量通常是根据以往的经验制订出的，如一般从批量中抽取 10%作为样本进行检验。

"百分比"抽检方案的确定科学性较差，会使批量大的样本太大，而批量小的样本反而太小。如某批服装为 5000 件，则样本数量为 500 件，其实不必检验 500 件就能够判断出批量合格与否。相反，若批量为 100 件，则样本为 10 件，样本数量较小，不一定能客观地反映出批量的质量水平。

（2）"计数调整型"抽检方案：即遵照抽样检验的结果，按设定的规律选用某一种抽样水平的抽检方案确定的抽检数量进行检验。我国以国际标准 ISO 2859 为基础，修改公布了国标"GB 2828 计数调整型抽检标准"。

该方案确定的抽样数量较为科学，可以根据产品质量检验情况，调整抽检方案的宽严程度。该标准规定了三种抽样水平，分别用于下述三种情况下的抽检方案：

正常抽样水平——用于产品质量稳定、正常的情况。

加严抽样水平——用于产品质量不稳定或变坏的情况。

放宽抽样水平——用于产品质量很稳定，比标准还好的情况。

（3）"调整规则"抽检方案：调整型抽样方案，其严格性可分为正常检验、加严检验和放宽检验。

三、成品检验项目

运用相应的检验手段，包括感官检验、化学检验、仪器分析、物理测试等，对服装的品质、规格、数量、包装标识、安全、卫生、环保等项目进行检验。服装成品检验的范围较广，归纳起来，主要包括外观质量检验与内在质量检验两大方面。

（一）外观质量检验

1. 成衣外观

外观质量检验主要是对服装的款式、花样（花色）、面辅料缺陷、整烫外观、缝制、折叠包装及有无脏污、线头等方面的检验。

2. 规格检验

规格检验指对所抽取的样品，按产品标准要求进行规格尺寸的测量。

3. 数量检验

数量检验指核对总箱数、总件数是否与规定要求相符。

（二）内在质量检验

内在质量检验主要是根据相关的服装产品标准，如国标（GB）、行标（FZ）等，如果是出口服装，则根据合同、信用证的要求，对规定的项目进行物理、化学及感官测试，如对线密度、染色牢度、安全卫生、缝合强度等方面的检验。

（三）包装检验

1. 外包装检验

（1）外包装应保持内外清洁、牢固、干燥、适应运输。

（2）箱底箱盖封口严密、牢固，封箱纸贴正。

（3）内、外包装大小适宜。

（4）外包装完好无损，不能有塌陷、破洞、撕裂等破损现象。加固带要正，松紧适宜，不准脱落。

（5）箱（袋）外唛头标记要清晰、端正，对品名、规格、重量的标注及纸箱大小应与货物相符。

2. 内包装检验

（1）实物装入盒内松紧适宜，有衣架的要摆放端正，用固定架固定平整。

（2）纸包折叠端正，捆扎适宜。

（3）盒（包）内外清洁、干燥。

（4）盒（包）外标记字迹清晰。

（5）包装塑料袋大小需与实物相适应，实物装入塑料袋要平整，封口松紧适宜，不得有开胶、破损现象。

（6）包装塑料袋透明度要高，所印字迹图案要清晰，不得脱落，并与所装服装上下方向一致。

3. 装箱检验

包装的数量、颜色、规格、搭配应符合要求。

四、成品检验的程序和过程

进行成品检验时，应注意以下几点要求：

（1）对照有关生产技术文件及质量标准，确认裁剪、缝制、整烫的外观与操作规定的指标一致。

（2）检验的重点放在成品的正面外观上，按规定的操作方法和检验程序进行。

（3）在抽查服装规格时，除测量几个主要控制部位的规格尺寸外，还必须测量口袋大小、领子宽窄等重点细部的尺寸。

（4）检验的姿势以站立为宜，也可坐在较高的凳子上检验，如图7-44所示。

（5）成品质量检验结果必须记录在册。当一批产品检验完毕后，检验员按规定进行疵点统计，打出相应的分数，分出优等品、一等品及合格品，将检验结果汇总整理，填入相应的表格（表7-4）中，交给管理人员，使其根据情况采取相应措施，改进加工质量；同时，此表还可用作今后同类产品生产时的参考资料。

图7-44 成品检验

表 7-4 成品检验结果汇总

产品名称	男衬衫	检验员		检验日期	
检验数量/件		返修数量/件		返修率/%	
检验部件	部位名称	裁剪疵点		缝制疵点	
前　片	口　袋 门　襟				
后　片	背　缝 后　褶				
袖　子	大、小袖片 袖口开衩				
……					
合　计					
优等品/件		一等品/件		合格品/件	

检验结果的原始记录可用一些符号表示，如："√"代表合格、"—"代表轻缺陷、"△"代表重缺陷、"×"代表严重缺陷等。

进行成品检验时，对周围环境和所用工具、设备有一定的要求，例如：①采光自然，为免受阳光直接照射的影响，应使光线从北面窗户引入；②灯光照度为 400～1500 lx；③检验工作台面应在 1000mm×2000mm 以上等。

成品检验时，对具体部位需按规定程序进行，通常是以"从上到下、从左（右）至右（左）、由外及里"为原则，确保能迅速、准确地检查成品加工质量。

西服上衣检验内容和方法，如表 7-5 所示。

表 7-5 西服上衣检验内容和方法

检验项目及顺序	检验方法	检验部位	质量规定	备　注
1　外观				
1.1　领子	将衣服挂在立体模架上			
1.1.1　领形	尺量目测	领子，领头	领形对称，领头高低、左右一致	—
1.1.2　驳头	尺量目测	左、右驳头	左、右驳头宽窄一致，串口长短一致且顺直，左、右对称	—
1.1.3　领面，驳头面	尺量目测	领，驳头	领面、驳头面平服，止口顺直，不反吐，领翘适宜，领外口圆顺	—
1.2　肩部	尺量目测	左、右肩	肩部平服，肩缝顺直，不后甩，左、右小肩宽窄一致	
1.3　胸部	尺量目测	左、右胸	胸部丰满、平挺，左、右对称，位置适宜，里、面、衬服帖	

续表

检验项目及顺序	检验方法	检验部位	质量规定	备 注
1.4 腰部	尺量目测	中腰全部	中腰平服,清晰	—
1.5 袖	尺量目测	左、右袖	两袖圆顺、对称,吃势均匀,前后适宜,袖子不翻、不吊,袖形呈自然弯曲状态	—
1.6 前门襟	尺量目测	前身	门襟圆顺或直顺、平服,止口不搅不豁	系一个扣观察
1.7 后背,下摆	尺量目测	后背,前、后下摆	后背方顺、不吊,开衩平服、不搅不豁,下摆圆顺	—
2 规格	尺量			
2.1 衣长	由前身左肩最高点,垂直量至底边	左侧前身	按国家标准执行,允许偏差±1.0cm	—
2.2 袖长	由左袖最高点量至袖口边中间	左袖	按国家标准执行,允许偏差±0.7cm	—
2.3 袖长对比	由左、右袖最高点量至袖口边中间	左、右袖	按国家标准执行,允许偏差±0.5cm	—
2.4 总肩宽	由肩袖缝交叉点横量	后背	按国家标准执行,允许偏差±0.6cm	—
2.5 胸围	放置在检验台上,将前、后身摊平,横量一周计算	左至右	按国家标准执行,允许偏差±2.0cm	—
3 加工质量	目测、对比、尺量			
3.1 领子	将衣领翻起			
3.1.1 绱领	将衣领翻起	底领,领窝	绱领端正,领窝圆顺,吊带整齐、牢固;串口及领窝缝头叠牢	—
3.1.2 领头、领嘴	将衣领翻起	左右领头、领嘴	左右领头、领嘴、领缺口大小一致,缺口严密,无毛漏	—
3.2 左、右前身	将衣服平放,对比目测			
3.2.1 门襟	将衣服平放,对比目测	左、右止口	门襟止口顺直,长短一致;圆下摆圆顺,直下摆门襟不短于里襟;左右均衡对称	—
3.2.2 锁眼,钉扣	将衣服平放,对比目测	门襟	眼距均匀,扣眼大小一致,钉扣牢固	拉动纽扣测试
3.2.3 袋	将衣服平放,对比目测	手巾袋,明暗袋	手巾袋板、明暗袋袋牙宽窄一致,左右袋高低、前后一致,袋盖宽窄、袋口大小一致,封结牢固	—

续表

检验项目及顺序	检验方法	检验部位	质量规定	备　注
3.2.4　前身省	将前身平放对比	胸省，腰省	省道顺直、平服、叠牢，左右对称	—
3.2.5　下摆	将前身平放对比	下摆	圆顺，平整	—
3.3　右袖子	将所检部位放平，目测			
3.3.1　袖窿	将所检部位放平，目测	袖窿叠线	牢固、机翻里袖窿叠线应占 2/3 以上，手缲袖窿为全部叠线	—
3.3.2　袖里	将手插入袖子，手摸	袖里叠线，袖口里	牢固，袖口里与袖口边宽窄一致	—
3.3.3　袖口	手持袖口目测	袖口	面、里、衬平服，袖口直顺、叠牢	—
3.3.4　袖装饰扣	将袖子放平	袖衩部	扣位均匀、牢固	—
3.3.5　摆缝	将所检部位放平，目测	摆缝	直顺、平服	—
3.4　左袖子	同右袖，重复 3.3.1~3.3.5 的内容			
3.5　两袖	对比	袖口，袖开衩，扣	袖口大小一致，袖装饰扣对称，袖开衩长短一致	—
3.6　左侧里	将衣服折翻露里			
3.6.1　上部	目测	领窝	圆顺，叠线牢固	—
3.6.2　过面	将所检部位放平，目测	过面里口	顺直，叠线牢固	—
3.6.3　左里袋	将所检部位放平，目测	封结、里袋缝线、垫袋、襻	袋口封结牢固，里袋方顺，大小适宜，垫袋齐整，襻、扣牢固	—
3.6.4　商标	将所检部位放平，目测	过面	端正、号型清晰正确	—
3.6.5　下摆	将所检部位放平，目测，手摸	贴边	里与底边宽窄一致，缲线牢固，贴边不浮	—
3.6.6　摆缝	将所检部位放平，目测，手摸	摆缝里	直顺、叠牢；面、里缝相对	—
3.7　右侧里	同左侧里，重复 3.6.1~3.6.6 的内容			
3.8　里袋对比	将衣服折翻露里，目测	过面	左、右袋高低适宜、一致；前后、大小相同	—
3.9　后背里	将衣服折翻露里，目测	后背里	领窝圆顺，商标端正，号型清晰（女装）；后中缝直顺	—

续表

检验项目及顺序	检验方法	检验部位	质量规定	备 注
3.10　下摆里	将衣服折翻露里，目测		松紧适宜，贴边叠牢，不透针	—
3.11　后背面	将衣服后背放平，目测			
3.11.1　省	将衣服后背放平，目测	肩省	直顺，平服	—
3.11.2　后中缝	将衣服后背放平，目测	中缝	直顺，开衩平服	—
3.11.3　下摆	将衣服后背放平，目测	底边	顺直	—
4　产品外观	目测	产品整体	产品整洁，无污渍，不允许熨烫变质、变色、残破、漏活、违反工艺操作和有毛漏等	—
5　手针	尺量	袖口、袖窿、底边、后开衩、领窝等处	任取 3cm，针数按标准执行	—
6　色差、疵点	尺量	产品整体	按标准执行	—
7　对条、对格、拼接范围	尺量	产品整体	按标准执行，见表 7-6	—
8　其他				
8.1　黏合	目测		黏合部位不起泡、不起皱、不脱胶	—
8.2　明线	目测		各部位明线直顺、宽窄一致	—
8.3　线迹密度	尺量	明、暗线，锁眼、钉扣等线迹	任取 3cm，按标准执行，见表 7-7	—

表 7-6　对条对格检验（图 7-45）

序号	部位名称	对条对格规定	
		高　档	中　档
1	左、右前片	胸部以下条料顺直、格料对格，互差不大于 0.3cm，斜料对称	胸部以下条料顺直、格料对格，互差不大于 0.3cm，斜料对称
2	袋盖与前片	条料对条，格料对格，互差不大于 0.3cm，斜料对称	条料对条，格料对格，互差不大于 0.4cm，斜料对称
3	袖子与前片	格料对格，互差不大于 0.5cm	格料对格，互差不大于 0.6cm
4	前、后片摆缝	格料对格，互差不大于 0.3cm	格料对格，互差不大于 0.4cm
5	背缝	条料对条，格料对格，互差不大于 0.2cm	条料对条，格料对格，互差不大于 0.3cm
6	领头	后领与后背条子对齐，领角驳头左、右对称，互差不大于 0.2cm	后领与后背条子对齐，领角驳头左、右对称，互差不大于 0.3cm
7	袖子	条格顺直，两袖对称，格料对格，互差不大于 0.3cm	条格顺直，两袖对称，格料对格，互差不大于 0.4cm

袖与前身、袖肘线以上与前身格料对横，两袖互差不大于0.5cm

袖子要求条格顺直，以袖山为准，两袖互差不大于0.5cm

左、右前身，条料对条顺直，格料对横，如果面料的格子有大小，应以前身的1/2上部为准，极限互差不大于0.3cm

领子、驳头要求左、右对称，条格对称，互差不大于0.2cm

手巾袋与前身，条料对条，格料对横，互差不大于0.2cm

大袋与前身，条料对条，格料对横，互差不大于0.3cm

后背中领窝位置要求保持整花型，背缝与领面后中条料对条，互差不大于0.2cm

背缝要求条料对条，格料对横，互差不大于0.2cm

袖肘线以下，前、后袖缝格料对横，互差不大于0.3cm

摆缝在袖窿以下10cm处，格料对横，互差不大于0.3cm

图 7-45　成衣的对条对格要求

表 7-7　西服缝制的针距密度要求

项　目		针距密度	备　注
明、暗线		11～13 针/3cm	—
包缝线		不少于 9 针/3cm	—
手工针		不少于 7 针/3cm	肩缝、袖窿、领子不低于 9 针
手拱止口/机拱止口		不少于 5 针/3cm	
三角针		不少于 5 针/3cm	以单面计算
锁眼	细线	12～14 针/1cm	
	粗线	不少于 9 针/1cm	—
钉扣	细线	不少于 8 根线/孔	缠脚线高度与止口厚度相适应
	粗线	不少于 4 根线/孔	

注　细线指 20tex 及以下缝纫线；粗线指 20tex 以上缝纫线。

五、缺陷判定

按照产品不符合标准和对产品的使用性能、外观的影响程度，标准中将缺陷分为三类：

1. 严重缺陷

严重降低产品的使用性能、严重影响产品外观的缺陷称为严重缺陷。

2. 重缺陷

不严重降低产品的使用性能、不严重影响产品外观但较严重不符合标准规定的缺陷称为重缺陷。

3. 轻缺陷

不符合标准的规定，但对产品的使用性能和外观影响较小的缺陷称为轻缺陷。

对于具体的服装产品，缺陷的判定依据不同，需参考相应的产品标准。以男西服为例，其质量缺陷判定依据如表 7-8 所示。

对照上一版标准，2009 年修订的男西服、大衣标准中，对质量缺陷判定内容有较大变动，对产品缺陷认定的内容有所增加，如针对产品的使用说明、所用辅料等都做了相应要求（表 7-8）。

表 7-8 男西服质量缺陷判定（部分）

项目	序号	轻缺陷	重缺陷	严重缺陷
使用说明	1	商标、耐久性标签不端正，明显歪斜；钉商标线与商标底色的色泽不适应；使用说明内容不规范	使用说明内容不正确	使用说明内容缺项
辅料	2	缝纫线色泽、色调与面料不相适应；钉扣线与扣色泽、色调不适应	里料、缝纫线的性能与面料不适应	—
锁眼	3	锁眼间距互差大于 0.4cm；偏斜大于 0.2cm，纱线绽开	跳线，开线，毛漏，漏开眼	
钉扣及附件	4	扣与眼位互差大于 0.2cm（包括附件等），钉扣不牢	扣与眼位互差大于 0.5cm（包括附件等）	纽扣、金属扣脱落（包括附件等），金属件锈蚀
经纬纱向	5	纬斜超标准规定 50% 及以内	纬斜超标准规定 50% 以上	—
对条对格	6	对条、对格超标准规定 50% 及以内	对条、对格超标准规定 50% 以上	面料倒顺毛，全身顺向不一致
色差	7	表面部位色差不符合标准规定的半级以内；衬布影响色差低于 4 级	表面部位色差超过标准规定半级以上；衬布影响色差低于 3~4 级	—
针距	8	低于标准规定 2 针以内（含 2 针）	低于标准规定 2 针以上	—
规格允许偏差	9	规格超过标准规定 50% 及以内	规格超过标准规定 50% 以上	规格超过标准规定 100% 及以上

续表

项目	序号	轻缺陷	重缺陷	严重缺陷
外观及缝制质量	10	—	—	使用黏合衬部位脱胶、渗胶、起皱
	11	领子、驳头面、衬、里松紧不适宜，表面不平挺	领子、驳头面、衬、里松紧明显不适宜，不平挺	—
	12	领窝不平服、起皱，绱领（领肩缝对比）偏斜大于0.5cm	领窝严重不平服、起皱，绱领（领肩缝对比）偏斜大于0.7cm	—
	13	领翘不适宜，领外口松紧不适宜，底领外露	领翘严重不适宜，底领外露大于0.2cm	—
	14	两肩宽窄不一致，互差大于0.5cm	两肩宽窄不一致，互差大于0.8cm	—
	15	胸部不挺括，左右不一致；腰部不平服，省位左右不一致	胸部严重不挺括，腰部严重不平服	—
	16	袋位高低互差大于0.3cm，前后互差大于0.5cm	袋位高低互差大于0.8cm，前后互差大于1.0cm	—
	17	袋盖长短、宽窄互差大于0.3cm；口袋不平服、不顺直；嵌线不顺直、宽窄不一致；袋角不整齐	袋盖小于袋口（贴袋）0.5cm（一侧）或小于嵌线；袋布垫料毛边无包缝	—
	18	门、里襟不顺直、不平服，止口反吐	止口明显反吐	—
	19	底边明显宽窄不一致，不圆顺；里子底边宽窄明显不一致	里子短，面明显不平服；里子长，明显外露	—
	20	绱袖不圆顺，吃势不适宜；两袖前后不一致大于1.5cm；袖子起吊、不顺	绱袖明显不圆顺，两袖前后明显不一致大于2.5cm；袖子明显起吊、不顺	—
	21	袖长左、右对比互差大于0.7cm；两袖口对比互差大于0.5cm	袖长左、右对比互差大于1.0cm；两袖口对比互差大于0.8cm	—
	22	后背不平、起吊；开衩不平服、不顺直，开衩止口明显搅豁，开衩长短互差大于0.3cm	后背明显不平服、起吊	—
	23	衣片缝合明显松紧不平，不顺直；连续跳针（30cm内出现两个单跳针按连续跳针计算）	表面部位有毛、脱、漏；缝份小于0.8cm；链式缝迹跳针有1处	表面部位有毛、脱、漏，严重影响使用和美观
	24	有叠线部位漏叠2处（包括2处）以下；衣里有毛、脱、漏	有叠线部位漏叠超过2处	—

续表

项目	序号	轻缺陷	重缺陷	严重缺陷
外观及缝制质量	25	明线宽窄、弯曲	明线双轨	—
	26	轻度污渍；熨烫不平服；有明显水花、亮光；表面有大于1.5cm的连根线头3根及以上	有明显污渍，污渍大于2cm²；水花大于4cm²	有严重污渍，污渍大于30cm²；烫黄等严重影响使用和美观

注　①以上各缺陷按序号逐项累计计算。

②上述规定未涉及的缺陷可依据标准规定，参照规则相似缺陷酌情判定。

③丢工为重缺陷，缺件为严重缺陷。

④理化性能一项不合格即为该抽验批不合格。

相关链接·检针机

1995年，日本政府开始正式执行"产品负责法"，引起与出口日本产品有关的企业的极大关注，服装企业尤其注意到此法规中有关断针遗留在衣物中的条例。因留在衣物中的断针会直接伤害到使用者，对婴幼儿的伤害尤为严重。要确保成衣中没有断针，只靠检验员的眼和手的检查是不可能的。因此检针机应运而生。

目前的检针机主要有手持式检针机（手提机）、台式检针机（平板机）及输送带式检针机、隧道式检针机四类，各类型机种分别在不同场合使用。

1. 手持式检针机

手持式检针机亦称为手提机（图7-46），具有体积小、重量轻、携带方便等优点，当有断针被探测到时，指示灯及信号会有显示，其敏感度是由探测面与断针的距离而定的。因体积小，探测面有限，操作者使用时，要把手提机紧贴衣物的每个位置，需花费较长的时间才能检查完一件成衣，此类检针机大多用于检验员抽查货品时，随身携带使用。

2. 台式检针机

台式检针机亦称为平板机（图7-47），探测面积属于中等。使用时，将被探测成衣折叠后平放在机器上，再横推过探测面。因衣服的厚度会影响探针的准确性，检针时至少要把衣服的两面各推过一次，探测面才能保证检测的可靠。

图7-46　手持式检针机

图7-47　台式检针机

台式检针机的价格较低，适合于使用频率不高的服装加工厂。检测时，操作者手上一定不能有类似首饰、手表等金属物。衣物在推过探测面时，要紧贴探测面。此外，机器要放在平稳的桌面上，以避免因较大的振动出现误鸣。

3. 输送带式检针机

输送带式检针机（图7-48）是探测面积较大的检针机，适合于使用频率较高的服装加工厂。使用时，操作者只需把衣物放在输送带上，衣物被带到检测隧道中，当有断针被检测出时，指示灯及信号显示，同时输送带停止运动，或自动倒退。检针机设有标准的数字计数器，仅对检测的合格品计数，对含有金属物的不合格品不计数。

4. 隧道式检针机

当被检测的服装为挂装形式时，可采用隧道式检针机（图7-49），与其他三种检针机相比，隧道式检针机占地面积大、价格高，但所检服装无须折叠，检测方便、快捷。

图 7-48　输送带式检针机

图 7-49　隧道式检针机

与手提机和平板机不同的是，在使用输送带式或隧道式检针机过程中，不会受操作者人为因素的影响，各类型检针机的性能比较如表7-9所示。

在选用检针机时，要考虑机器的探测范围、操作方法、敏感度、探测速度、体积、价格等因素。其中，特别要注意的是机器的"敏感度"，即在指定范围内能探测到的最细微的金属。

表 7-9　检针机性能比较

种类 项目	手持式检针机	台式检针机	输送带式或隧道式检针机
探测范围	小	中　等	大
操作方法	人工移动检测机	人工移动衣服	自动传送衣服
敏感度	距探测面 4mm 能检出 $\phi1.00$mm 铁球	距探测面 4mm 能检出 $\phi1.00$mm 铁球	所有位置能检出 $\phi1.00$mm 铁球
每小时探测件数	约20	500~800	1500~2000

项　目　　　种　类	手持式检针机	台式检针机	输送带式或隧道式检针机
体　积	小	中　等	大
使用电源	干电池	交流电	交流电
价　格	低	中　等	高

六、成品等级判定规则

成品等级判定以缺陷是否存在及其轻重程度为依据，抽样样本中的单位成品以缺陷的数量及其轻重程度划分等级，批等级则以抽样样本中各单件产品的品等数量划分。

1. 单件（样本）判定

依各类服装产品的不同，各等级限定允许存在缺陷的具体数量有所差异。如棉服装产品，参照 GB/T 2662—2008，其判定规则为：

优等品：严重缺陷数 =0　　重缺陷数 =0　　轻缺陷数 ≤4

一等品：严重缺陷数 =0　　重缺陷数 =0　　轻缺陷数 ≤7 或

　　　　严重缺陷数 =0　　重缺陷数 =1　　轻缺陷数 ≤3

合格品：严重缺陷数 =0　　重缺陷数 =0　　轻缺陷数 ≤10 或

　　　　严重缺陷数 =0　　重缺陷数 ≤1　　轻缺陷数 ≤6

与棉服装产品标准 GB/T 2662—1999 版对比，在合格品的认定上大幅提高了门槛。

2. 批量判定

虽然各类服装产品单件样本判定规则有所不同，但批量产品的等级判定规则是相同的，如棉服装 GB/T 2662—2008 中的批量判定规则：

（1）理化性能有一项或一项以上不合格，即为该抽验批不合格。

①优等品批：外观样本中的优等品数 ≥90%，一等品数和合格品数 ≤10%，理化性能测试达到优等品指标要求。

②一等品批：外观样本中的一等品以上的产品数 ≥90%，合格品数 ≤10%（不含不合格品），理化性能测试达到一等品指标要求。

③合格品批：外观样本中的合格品以上的产品数 ≥90%，不合格品数 ≤10%（不含严重缺陷），理化性能测试达到合格品指标要求。

（2）当缝制外观判定与理化判定不一致时，执行低等级判定。

（3）抽验中各批量判定数符合上述规定为等级品出厂。

（4）抽验中各批量判定数不符合本标准规定时，应进行第二次抽验，抽验数量应增加一倍，如仍不符合本标准规定，应全部整修或降等。

（5）与修订前的标准对比，略有变化。

相关链接·烫整车间组织结构及工作职责（图7-50、表7-10）

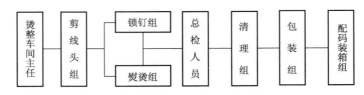

图7-50　烫整车间主要组织结构

表7-10　总检人员的工作职责

部门名称	后整理车间
职　务	质量检验
相关职员/部门	车间主任、质检部、后整理各组
工作环境	坐姿工作

主要职责：
1. 负责协助车间主任贯彻实施质量管理制度和措施
2. 以封样合格为标准，严格按产品质量检验程序把好每道质量关
3. 负责检查服装成品污渍、疵点、数量、颜色、规格、配饰、扣眼、标志、整熨、包装、配码、装箱、封存等情况
4. 对送检成品的质量问题，应及时发现并指出原因，交有关部门处理，确保包装前的服装完全符合品质标准
5. 负责准确、齐全地填写品质记录表和末期质检报告表
6. 对不合格成品出厂造成的不良影响负主要责任

本章小结

服装烫整工艺包括对服装的熨烫加工、后整理、包装储运、检验等工序。在服装加工过程中，除对衣片各部件进行缝合外，为使服装成品各缝口平挺、造型丰满、富有立体感，需对服装进行大量的熨烫加工，以使最终产品符合人体体形，达到美观实用的目的。

此外，成品在出厂前，还应经过严格的质量检验及整理包装等工序，保证出厂的服装外观平直挺括、干净整洁而且没有污渍、线头等影响产品质量的杂物，以提高服装档次。

思考题

1. 怎样运用"计数调整型"抽检方案确定抽样数量？
2. 服装成品检验包括哪些项目？
3. 怎样进行服装成品的缺陷判定？
4. 如何判定服装成品的等级？

5. 检针机有哪些种类？分别用于什么场合？

6. 通过哪些方式可获得服装的立体造型和平挺的外观？试对各种方式进行对比。

7. 比较各包装形式的优缺点，并说明其应用场合。

8. 试列举男衬衫成品包装中应包括的各种必要材料。

9. 以学生所穿服装为例，进行成品检验示范，相互对服装质量进行评价。

10. 从环保的角度出发，应如何选择各类服装产品的包装？

课外阅读书目

1. 杨以雄主编. 服装生产管理. 东华大学出版社。

2. 姜蕾，赵欲晓编著. 服装品质控制与检验. 化学工业出版社。

3. Clothing Technology：From Fibre to Fashion／H. Eberle［et al.］. Publisher Haan-Gruiten：Europa-Lehrmittel.

4. Gini Stephens Frings. Fashion：From Concept to Consumer. Publisher Upper Saddle River，NJ：Prentice Hall.

5. Ruth E. Glock，Grace I. Kunz. Apparel Manufacturing：Sewn Product Analysis. Upper Saddle River，NJ.

6. 香港理工大学纺织及制衣学系等编著. 牛仔服装的设计加工与后整理. 中国纺织出版社。

参考文献

［1］B. 约瑟夫·派恩. 大规模定制：企业竞争的新前沿［M］. 北京：中国人民大学出版社，2000.

［2］科瓦冬佳·奥谢亚. ZARA：阿曼修·奥尔特加与他的时尚王国［M］. 宋海莲，译. 北京：华夏出版社，2011.

［3］姜蕾. 工业 4. 0：中国服装制造业不止于"秀"［J］. 中国纺织，2016. 08.

［4］中国标准出版社第一编辑室. 服装工业常用标准汇编：上［S］. 8 版. 北京：中国标准出版社，2014.

［5］中国标准出版社第一编辑室. 服装工业常用标准汇编：下［S］. 8 版. 北京：中国标准出版社，2014.

［6］姜蕾，赵欲晓. 服装品质控制与检验［M］. 2 版. 北京：化学工业出版社，2014.

［7］李正，王巧，周鹤. 服装工业制板［M］. 上海：东华大学出版社，2015.

［8］万志琴. 服装生产管理［M］. 4 版. 北京：中国纺织出版社，2013.

［9］周萍. 服装生产技术管理［M］. 北京：高等教育出版社，2009.

［10］姜蕾. 服装生产流程管理［M］. 北京：高等教育出版社，2016.

［11］李世波，金惠琴. 针织缝纫工艺［M］. 3 版. 北京：中国纺织出版社，2006.

［12］弗朗西斯卡·斯特拉奇. 皮革服装设计［M］. 弓卫平，田原，译. 北京：中国纺织出版社，2013.

［13］周莹. 裘皮服装设计与表现技法［M］. 北京：中国纺织出版社，2015.

［14］陈雁，陈超，余祖慧. 针织服装生产管理［M］. 上海：东华大学出版社，2011.

［15］汪建英. 服装设备及其运用［M］. 2 版. 杭州：浙江大学出版社，2013.

［16］杨以雄. 服装生产管理［M］. 2 版. 上海：东华大学出版社，2015.

［17］Gini Stephens Frings. Fashion：From Concept to Consumer / 9th ed. Publisher Upper Saddle River，NJ：Prentice Hall. 2008.

［18］Ruth E. Glock，Grace I. Kunz. Apparel Manufacturing：Sewn Product Analysis［M］. Upper Saddle River，NJ. 2005.

［19］H. Eberle. Clothing Technology：From Fibre to Fashion Publisher Haan-Gruiten ：Europa-Lehrmittel. 2004.

［20］香港理工大学纺织及制衣学系. 牛仔服装的设计加工与后整理［M］. 北京：中国纺织出版社，2002.